“十三五”高等职业教育能源类专业规划教材
校企共建能源类系列教材

智能微电网应用技术

（第二版）

主　编◎张清小　葛　庆
副主编◎张要锋　卢绍群　章小庆　滕　东
主　审◎李毅斌

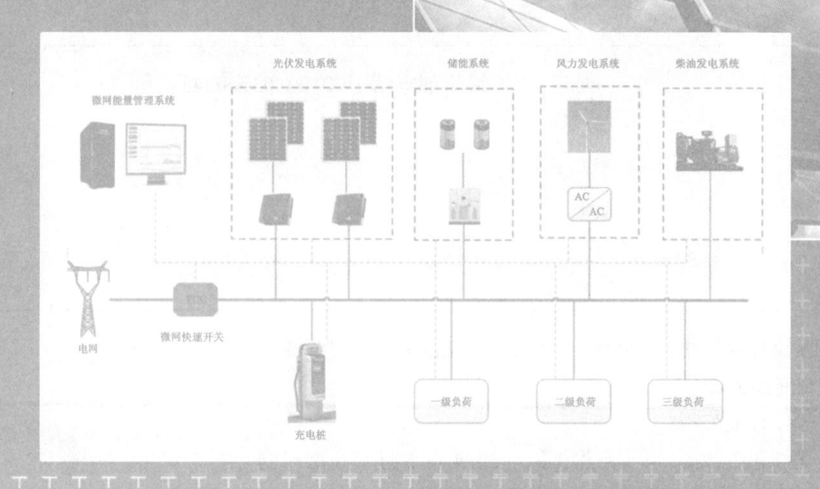

中国铁道出版社有限公司
CHINA RAILWAY PUBLISHING HOUSE CO., LTD.

内 容 简 介

本书较为全面地介绍了智能微电网应用中所涉及的关键技术，重点阐述了智能微电网的定义、组成结构、运行与控制、过电流保护与接地技术、储能技术及应用、通信与监控、能量管理、规划与设计等方面的原理和应用。附录部分则针对目前已建成并投入运行的一些典型的智能微电网示范工程项目进行了总结和概括性介绍。

本书适合作为能源类相关专业专科生和本科生的教材，也可供从事分布式发电及智能微电网研究与工程应用的工程人员参考。

图书在版编目（CIP）数据

智能微电网应用技术/张清小，葛庆主编.—2版.—北京：中国铁道出版社有限公司，2021.1（2024.6重印）
“十三五”高等职业教育能源类专业规划教材
ISBN 978-7-113-27402-3

Ⅰ.①智… Ⅱ.①张… ②葛… Ⅲ.①智能控制-电网-高等职业教育-教材 Ⅳ.①TM76

中国版本图书馆CIP数据核字(2020)第221464号

书　　名：智能微电网应用技术
作　　者：张清小　葛　庆

策　　划：何红艳　　　　编辑部电话：（010）63560043
责任编辑：何红艳　包　宁
封面设计：付　巍
封面制作：刘　颖
责任校对：张玉华
责任印制：樊启鹏

出版发行：中国铁道出版社有限公司（100054，北京市西城区右安门西街 8 号）
网　　址：https://www.tdpress.com/51eds/
印　　刷：三河市兴达印务有限公司
版　　次：2016 年 8 月第 1 版　2021 年 1 月第 2 版　2024 年 6 月第 6 次印刷
开　　本：787 mm×1 092 mm 1/16　印张：11　字数：255 千
书　　号：ISBN 978-7-113-27402-3
定　　价：39.00 元

版权所有　侵权必究

凡购买铁道版图书，如有印制质量问题，请与本社教材图书营销部联系调换。电话：（010）63550836

打击盗版举报电话：（010）63549461

前 言

党的二十大报告在推动绿色发展，促进人与自然和谐共生方面指出："积极稳妥推进碳达峰碳中和。实现碳达峰碳中和是一场广泛而深刻的经济社会系统性变革。立足我国能源资源禀赋，坚持先立后破，有计划分步骤实施碳达峰行动。""深入推进能源革命，加强煤炭清洁高效利用，加大油气资源勘探开发和增储上产力度，加快规划建设新型能源体系，统筹水电开发和生态保护，积极安全有序发展核电，加强能源产供储销体系建设，确保能源安全。"但迄今为止，以可再生能源为主的分布式发电技术由于其自身的不稳定、运行和调度困难、对电网电能质量有较大影响、并网较难等特点，使得其自身的潜力尚未得到充分发挥。

为使分布式发电得到充分利用，将分布式发电供能系统以智能微电网的形式接入大电网并网运行，并与大电网互为支撑，是发挥分布式发电供能系统效能的最有效方式。而储能装置作为智能微电网系统中的一个重要组成部分，近年来，在相关政策和市场的推动下，得到了广泛应用，商业运营盈利的模式越来越多、也越来越成熟，间接带动了智能微电网系统的推广和应用，为了将市场上最新的智能微电网系统的相关应用技术、规划与设计方法、实际运营的模式和经验加以及时地推广和应用，本书内容在第一版的基础上进行了一定程度的修改，将第一版中理论性较强的第 6 章智能微电网的规划与设计部分删除，改为了典型的智能微电网系统的规划设计案例，并借助实际的用户侧带储能装置的智能微电网系统、工商业并离网型智能微电网系统及光储充一体化智能微电网系统的规划设计这三种典型智能微电网系统应用案例来介绍智能微电网系统的规划设计方法，增强了智能微电网规划设计知识的针对性及方法的时效性。

本书围绕智能微电网关键技术的应用，从智能微电网的规划与设计、运行与控制、通信与能量管理、检测与保护等方面来组织内容。全书共分 7 章，第 1 章主要介绍了智能微电网的定义、分类、结构、特点、相关关键技术等内容；第 2 章介绍了智能微电网的运行方式、控制方法及相关应用案例；第 3 章讨论了智能微电网中储能技术的分类和特点；第 4 章讨论了智能微电网中的过流保护和接地保护的相关技术；第 5 章对智能微电网中的通信技术及监控与能量管理系统的组成、结构、功能和工作原理进行了详细叙述；第 6 章介绍了用户侧带储能装置的智能微电网系统的规划设计方法、原则、流程，并通过三种典型的智能微电网系统的规划设计案例，讲解了用户侧带储能装置的智能微电网系统规划设计的步骤及应重点关注的事项；第 7 章进一步讨论了能源互联网的定义、组成结构、工作原理及能源互联网的发展现状和发展趋势；附录部分针对目前已建成并投入运行的一些典型的智能微电网示范工程项目进行了总结和概括性介绍。

本书由张清小、葛庆任主编，由张要锋、卢绍群、章小庆、滕东任副主编，其中，第 1、2 章由湖南理工职业技术学院张清小编写；第 3、4 章由湖南理工职业技术学院葛庆编写；第

5 章由湖南理工职业技术学院张要锋编写；第 6 章由湖南理工职业技术学院滕东编写；第 7 章由湖南理工职业技术学院卢绍群编写；附录部分由江西新能源科技职业学院章小庆编写，本书的部分图形和数据表格由卢明轩、黄志伟等同学参与编辑，全书由张清小统稿，由李毅斌主审。

本书在编写过程中得到了浙江瑞亚教育科技有限公司陆胜洁总经理、王水钟经理、浙江瑞亚能源科技有限公司易潮总经理、衢州职业技术学院廖东进主任的大力支持和帮助，在此表示衷心的感谢！

另外，本书在编写过程中还参考了大量的书籍和论文，在此对相关书籍和论文的作者致以诚挚的谢意。

由于编者水平有限，再加上时间仓促，书中不足与疏漏之处在所难免，恳请广大读者批评指正。

编　者

2023 年 8 月

目　录

第1章　概述......1

1.1　智能微电网的历史背景和现实意义......1

1.1.1　智能微电网产生的历史背景......1

1.1.2　智能微电网发展的现实意义......2

1.2　智能微电网的定义......4

1.2.1　各国对智能微电网给出的定义......4

1.2.2　智能微电网与传统分布式发电并网网络的区别......6

1.3　智能微电网的分类和结构......6

1.3.1　直流智能微电网和交流智能微电网......7

1.3.2　并网型智能微电网和孤岛型智能微电网......8

1.3.3　单相并网型智能微电网和三相并网型智能微电网......12

1.3.4　智能微电网系统的典型结构......13

1.3.5　智能微电网的控制体系结构......14

1.4　智能微电网的特点及优缺点......14

1.4.1　智能微电网的特点......14

1.4.2　智能微电网的优点......15

1.4.3　智能微电网的缺点......16

1.5　智能微电网的关键技术......16

1.5.1　智能微电网的规划与设计技术......16

1.5.2　智能微电网的运行与控制、通信与能量管理技术......17

1.5.3　智能微电网的保护与接地方面的技术......17

1.5.4　智能微电网电能质量与储能方面的技术......17

1.5.5　分布式发电技术......17

1.6　智能微电网的发展现状和发展趋势......18

1.6.1　智能微电网的国外发展现状......18

1.6.2　智能微电网的国内发展现状......19

1.6.3　智能微电网的发展趋势......20

习题......20

第2章 智能微电网的运行与控制......21
2.1 智能微电网的运行模式......21
2.1.1 智能微电网的启动......22
2.1.2 智能微电网的孤岛运行......22
2.1.3 智能微电网的并网运行......23
2.2 智能微电网的控制方法......23
2.2.1 智能微电网内分布式电源的控制方法......23
2.2.2 智能微电网系统的控制方法......25
2.3 智能微电网的稳定性控制方法......28
2.3.1 单主或多主控制法......29
2.3.2 孤岛下垂控制法......29
2.3.3 采用储能装置平滑控制法......29
2.3.4 甩负荷控制法......29
2.3.5 再并网控制法......29
2.4 智能微电网运行与控制的应用案例......30
2.4.1 运行模式设定......31
2.4.2 运行控制测试......31
习题......41
第3章 智能微电网的储能技术......42
3.1 智能微电网中储能技术的定义、分类和特点......42
3.1.1 储能技术及设备的定义和分类......42
3.1.2 各种储能技术的特点......45
3.2 储能技术的实际应用领域......46
3.2.1 储能技术在电力系统中的应用......46
3.2.2 储能技术在智能建筑领域中的应用......48
3.2.3 储能技术在智能交通领域中的应用......49
3.3 储能技术在智能微电网系统中的作用及典型应用案例......49
3.3.1 储能技术在智能微电网中的作用......49
3.3.2 储能技术在张家口国家风光储输示范工程中的应用......51
3.3.3 储能技术在青海光储项目中的应用......52
3.3.4 储能技术在上海漕河泾松江南部智能微电网中的应用......54
习题......54

第4章 智能微电网的过电流保护与接地技术 55
4.1 智能微电网的接入对配电网的影响 55
4.1.1 智能微电网接入对配电网潮流分布的影响 55
4.1.2 智能微电网接入对配电网电流保护的影响 60
4.1.3 智能微电网接入对配电网自动重合闸的影响 70
4.2 智能微电网的纵联过电流保护方案 72
4.2.1 含智能微电网的配电网闭环运行原理 72
4.2.2 智能微电网纵联过电流保护方案组成结构及原理 73
4.3 智能微电网的接地保护 74
4.3.1 低压配电网的接地保护系统 74
4.3.2 智能微电网的接地保护系统 80
4.4 智能微电网的保护与接地的应用案例 81
习题 81
第5章 智能微电网的通信与管理技术 82
5.1 智能微电网的通信技术 82
5.1.1 智能微电网通信的特殊性 82
5.1.2 智能微电网中常用的通信技术 83
5.1.3 智能微电网中通信网络的基本架构 87
5.2 智能微电网的监控系统 89
5.2.1 智能微电网监控系统的结构及特点 90
5.2.2 智能微电网监控系统的功能 91
5.3 智能微电网监控和能量管理系统的应用案例 96
习题 102
第6章 典型智能微电网系统的规划设计案例 103
6.1 用户侧带储能装置的智能微电网系统的规划设计案例 103
6.1.1 储能装置的应用类型和运营模式 104
6.1.2 用户侧带储能装置的智能微电网系统的规划设计流程 107
6.1.3 用户侧带储能装置的智能微电网系统的设计原则 109
6.1.4 用户侧带储能装置的智能微电网系统的规划设计案例 110
6.2 工商业并离网型智能微电网的规划设计案例 113
6.2.1 工商业并离型智能微电网系统组成结构和工作原理 113

6.2.2 工商业并离型智能微电网系统方案设计 114
6.3 光储充一体化智能微电网系统的设计案例 118
6.3.1 光储充一体化智能微电网系统简介 118
6.3.2 光储充一体化智能微电网系统的规划设计 120
习题 126
第7章 能源互联网 127
7.1 全球能源发展的现状和挑战 127
7.1.1 全球能源发展的现状 127
7.1.2 全球能源发展的挑战 129
7.2 能源互联网概述 130
7.2.1 能源互联网的定义及特点 130
7.2.2 能源互联网的层次、结构和主要模块 132
7.3 能源互联网应用案例 136
7.3.1 北京市延庆区智能微电网示范工程 136
7.3.2 多能互补智能微电网社区示范项目 143
习题 145
附 录 智能微电网应用案例 146
附录A 新大陆智能微电网应用实训系统 146
附录B 海南三沙市永兴岛智能微电网工程 154
附录C 浙江鹿西岛离网型智能微电网综合示范工程 155
附录D 浙江南鹿岛离网型智能微电网综合示范工程 156
附录E 珠海东澳岛智能微电网示范工程 157
附录F 高速公路远程智能微电网供电系统 163
参考文献 168

第1章 概述

学习目标

（1）了解智能微电网产生的历史背景；

（2）掌握智能微电网的定义、分类、结构和特点；

（3）了解智能微电网的关键技术；

（4）了解发展智能微电网的作用及意义；

（5）了解智能微电网的国内外发展现状。

本章简介

基于可再生能源的分布式发电技术得到了越来越广泛的应用，但像光伏发电、风力发电等分布式发电（Distributed Generation，DG）具有间歇性、随机性等特点，大量并网会给电网带来诸如安全稳定性及电能质量等相关问题。为协调电网和分布式发电之间的矛盾，充分挖掘分布式发电的潜力，提高分布式发电为电网和用户带来的社会及经济效益，智能微电网的相关概念及技术应运而生。智能微电网可实现分布式发电的有效利用，并具有灵活、智能等特点，受到了世界各国的广泛重视。本章从智能微电网的产生背景、定义、分类、结构、特点、关键技术和发展现状等方面进行阐述，逐步使读者建立起对智能微电网的整体印象。

1.1 智能微电网的历史背景和现实意义

分布式发电与电网的结合，被国内外许多专家学者认为是降低能耗、提高电力系统可靠性和灵活性的主要形式。分布式发电具有投资小、环保好以及灵活性高等优点，但同时也存在着如单机接入成本高、控制相对困难等缺点。分布式发电相对于电网来说，是一个不可控电源，电网不得不采取限制、隔离等方式来处理分布式发电，以减小分布式发电对大电网的冲击。现在并网运行的分布式发电，当电力系统发生故障时，必须马上退出运行，这就限制了分布式发电的利用。因此如何协调大电网与分布式发电之间的矛盾，充分利用分布式发电为用户和电网带来社会和经济效益是我们必须面对和迫切需要解决的问题。

1.1.1 智能微电网产生的历史背景

随着国民经济的快速发展，电力需求迅速增长，能源短缺及能源发展的可持续性日渐成

为经济发展的瓶颈。目前，电力供应主要建立在火电、水电及核电等大型集中式电源和超高压远距离输电网络的基础上。然而，随着电压等级的逐步提高，电网规模的不断扩大，这种超大规模电力系统的运行弊端逐渐显现出来：成本高，运行难度大，难以适应用户越来越高的安全、可靠、多样化的供电需求；电煤紧张、远距离输电的大风险、能源结构的不合理等问题日益显现，尤其是近年来世界范围内接连发生了几次大规模的停电事故（1996 年 7 月，美国爱达荷州输电线路发生故障，致使美国西部 15 个州和加拿大、墨西哥的部分地区断电，波及 200 万人；1998 年 1 月，由于冻雨使电线冻结折断，加拿大东部 300 万人在 7 天中失去电力供应；2003 年 8 月 14 日，美国东北部部分地区以及加拿大东部地区出现大范围停电，受影响的人达到一千万；2012 年 7 月印度北部和东部地区由于超负荷用电导致连续发生两次大面积停电事故。使交通陷入混乱，全国超过 300 列火车停运，首都新德里的地铁也全部停运，造成旅客大量滞留，公路交通出现大面积拥堵，银行系统陷入瘫痪，一度给印度的金融交易带来障碍），使得电网的脆弱性充分暴露出来。因此分布式发电被提上了日程。分布式发电是相对于集中式发电而提出来的，它为解决集中式发电的问题及可再生能源发电的并网找到了突破口。分布式发电可以在负荷中心或偏远的农村建立，具有诸如利于环保、提高能源利用效率、满足负荷增长需求、具备可持续发展等优点，但作为一个新的领域和一项新的技术，还存在许多不足的方面。迄今为止，分布式发电技术的潜力尚未得到充分发挥，究其原因，主要存在以下几个方面：

（1）分布式发电电源并网时会产生冲击电流，给电网设备的安全运行造成影响。

（2）分布式发电电源功率减小或退出电网时需要及时补充功率缺额，这就需要大量的区域性备用设备及无功补偿装置，经济性不是很好。

（3）由于分布式发电电源（光伏、风机等）的输出功率具有一定的随机性，其输出功率的波动会导致电网电压和频率的不稳定性。

（4）有些分布式发电系统（光伏、燃料电池等）采用的并网逆变器，是由很多的电力电子器件组成的，其运行时会对电网造成谐波污染。

（5）分布式发电电源的功率波动会造成电网电压波动及闪变，导致电网电压偏差，从而影响电网电能的质量。

（6）传统的电网是辐射状的，由单侧电源供电；而分布式发电电源既可以向电网提供电能，又可以从电网吸收电能，因此当分布式发电接入配电网后，配电网的结构将发生改变。例如，当电网发生短路故障时，除了电网系统向故障点提供短路电流外，分布式发电电源也将对短路故障点提供短路电流，这将对配电网继电保护装置的正常运行造成影响。

总之，阻碍分布式发电技术得到广泛应用的不仅仅是分布式发电本身的技术问题，还存在现有的电网技术仍不能完全适应分布式发电的接入要求。为使分布式发电得以充分利用，一些学者提出了微型电网（MicroGrid，简称“微网”）的概念。

1.1.2 智能微电网发展的现实意义

由于智能微电网能实现内部电能和负荷的一体化运行，并通过和电网的协调控制，平滑接入电网或独立运行，这就使得作为分布式发电的优点得以充分发挥，因此推广使用智能微电网在能源的可持续发展及能源供应的稳定性、安全性及可靠性等方面具有十分重要的意义。就我国而言，智能微电网对电力系统和国民经济发展的意义主要体现在以下几个方面：

(1) 智能微电网可以提高电力系统的安全性和可靠性，有利于电力系统抗灾能力的提高。目前，我国电力工业发展已进入大电网、高电压、长距离、大容量阶段。六大区域电网（六大区域电网分别是东北电网、华北电网、华中电网、华东电网、西北电网和南方电网。其中，东北电网、华北电网、华中电网、华东电网、西北电网由国家电网公司管理，南方电网由南方电网公司管理）已实现互联，网架结构日益复杂。实现区域间的交流互联，理论上可以发挥区域间的事故支持和备用作用，实现电力资源的优化配置。但大范围交流同步电网存在大区间的低频振荡和不稳定性，其动态事故难以控制，造成大面积停电的可能性大；另一方面，厂网分开后，市场利益主体多元化，厂网矛盾增多，厂网协调难度加大，特别是对电网设备的安全管理不到位，对电力系统安全稳定运行构成了威胁。相较于传统的发电技术，分布式发电系统由于采用就地能源，可以实现分区分片灵活供电。通过合理的规划设计，在灾难性事件发生并导致大电网停电事故的情况下，智能微电网能够迅速脱离大电网而单独给智能微电网内的负荷供电，提高了供电的可靠性和稳定性；当大电网故障排除后，智能微电网有助于大电网快速恢复供电，降低大电网停电造成的社会经济损失。分布式发电系统还可利用天然气、冷能、热能易于在用户侧存储的优点，与大电网配合运行，实现电能在用户侧的分布式替代存储，从而间接解决电能无法大量存储这一难题；同时，智能微电网中优先并大量使用高渗透率的可再生能源进行分布式发电还可以降低环境污染。

(2) 智能微电网可以促进可再生能源分布式发电的并网，有利于可再生能源在我国的发展。 处于电力系统管理边缘的大量分布式发电并网有可能造成电力系统不可控、不安全和不稳定，从而影响电网运行和电力市场交易，所以分布式发电面临许多技术障碍和质疑。智能微电网通过各种检测、运行控制策略将地域相近的微电源、储能装置与负荷结合起来进行协调控制，使分布式发电的优势得以充分发挥，消除分布式发电对电网的冲击和负面影响，使得智能微电网相对配电网表现为“电网友好型”的单个可控单元，可以与大电网进行能量交换，并能在大电网发生故障时独立运行。

(3) 智能微电网在能量管理系统的管理下，可以为智能微电网内的用户提供个性化服务，提高重要负荷的供电可靠性和电能质量，有利于提高电网企业的服务水平。智能微电网可以根据终端用户的需求提供差异化的供电服务。智能微电网根据用户对电力供给的不同需求，将负荷分为重要负荷、可控负荷和一般负荷，智能微电网能集中自身的优势资源保障重要负荷的持续稳定供电。负荷分级的思想体现了智能微电网个性化供电的特点，智能微电网的应用有利于电网企业向不同终端用户提供不同的电能质量及供电可靠性。

(4) 智能微电网可以减少电网投资，降低网损，有利于建设资源节约型社会。传统的供电方式是由集中式大型发电厂发出的电能，经过电力系统的远距离、多级变送为用户供电，这种发配输电的方式需要耗费大量的建设经费且远距离、多级变送的电能损耗也很大。智能微电网中存在大量的分布式发电和储能系统，其所发出和储存的电能能实现“就地消费”，因此能够有效减少对集中式大型发电厂电力生产的依赖以及远距离电能传输、多级变送的损耗，从而减少电网投资，降低网损。

(5) 智能微电网可以扶贫，有利于社会主义新农村建设。智能微电网能够比较有效地解决我国西部地区目前常规供电所面临的输电距离远、功率小、线损大、建设变电站费用昂贵等问题，为我国边远及常规电网难以覆盖地区的电力供应提供有力支持，从而间接为这些地方的经济社会发展做出相应的贡献。

总之，随着智能微电网应用技术水平的提高，分布式发电成本的进一步降低，可以预期，在不远的将来，分布式发电必将与常规集中式发电构成未来的两种相辅相成的发电方式，并在电力系统中占据重要的地位。

1.2 智能微电网的定义

1.2.1 各国对智能微电网给出的定义

由于世界各国发展智能微电网的侧重点不同，所以对智能微电网的定义也有所差别。目前获得学术界和工业界认可的智能微电网的定义主要有以下几种：

1. 美国给出的定义

（1）美国电力可靠性技术解决方案协会（The Consortium for Electric Reliability Technology Solution，CERTS）给出的定义：智能微电网是一种由负荷和微电源共同组成的系统，它可同时提供电能和热能；智能微电网内部的电源主要由电力电子器件负责能量的转换，并提供必需的控制。智能微电网相对于大电网表现为单一的受控单元，并可同时满足用户对电能质量和供电安全方面的需求。当智能微电网与主网因为故障突然解列时，智能微电网还能够维持对自身内部的电能供应，直到故障排除。

美国 CERTS 针对智能微电网的定义，给出了相应的智能微电网的结构，如图 1-1 所示。

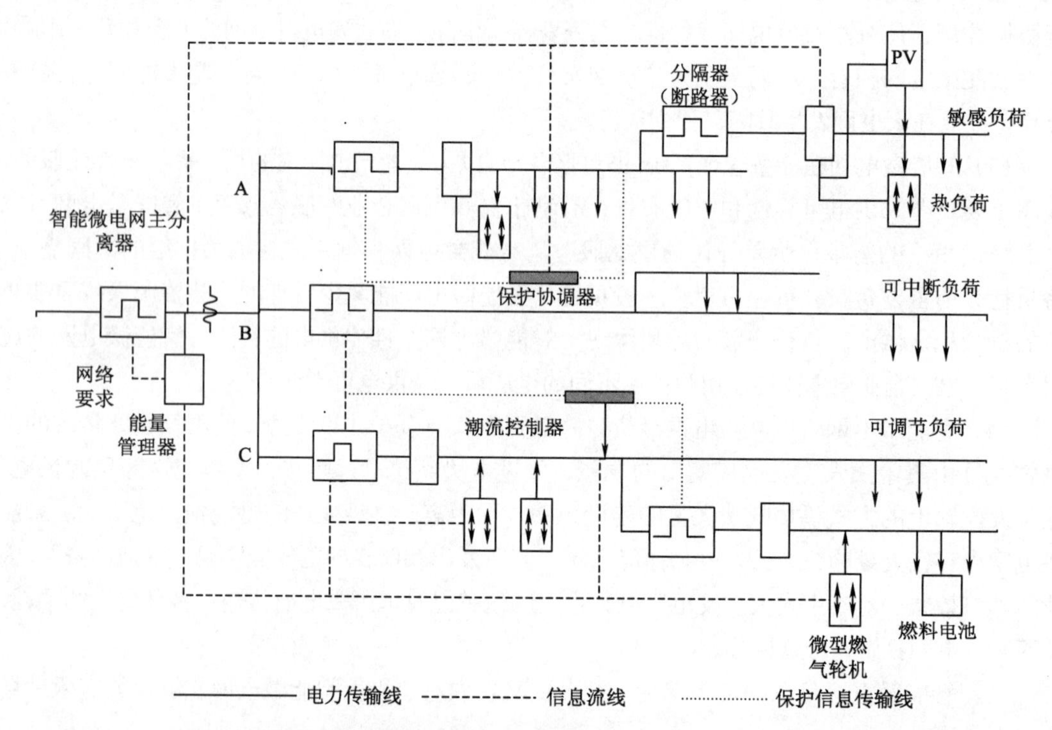

图1-1 美国电力可靠性技术解决方案协会（CERTS）智能微电网结构

（2）美国能源部（Department of Energy，DoE）给出的定义：智能微电网由分布式发电和电力负荷构成，可以工作在并网与离网两种模式下，具有高度的可靠性和稳定性。

2. 欧盟给出的定义

欧盟智能微电网项目（European Commission Project MicroGrid）给出的定义：利用一次能源，使用分布式发电，分为不可控、部分可控和全控三种，并可冷、热、电联供；配有储能装置；使用电力电子装置进行能量调节。研究包括低压网络、负荷（部分可中断）、可控或不可控的分布式发电、储能装置和基于监控分布式发电和负荷的通信设施的分层管理和控制系统。

3. 日本给出的定义

日本东京大学给出的定义：智能微电网是一种由分布式发电组成的独立系统，一般通过联络线与大系统相连，由于供电与需求的不平衡关系，智能微电网可选择与主网之间互供或者独立运行。

日本三菱公司给出的定义：智能微电网是一种包含电源和热能设备以及负荷的小型可控系统，对外表现为一整体单元并可以接入主网运行；并且将以传统电源供电的独立电力系统也归入为智能微电网研究范畴。这大大扩展了 CERTS（美国电力可靠性技术解决方案协会）对智能微电网的定义范围。

4. 国际电工委员会给出的定义

国际电工委员会（International Electrotechnical Commission，IEC）给出的定义：微电网是由相互关联的负荷和分布式能源（包括微燃机、柴油机、储能、可再生能源等在内的各类分布式能源）组成，运行在可定义电气边界的配电网范围，具备黑启动能力且可以运行在并网或者孤岛模式。

5. 我国给出的定义

我国在《微电网管理办法》中将微电网的定义为：由分布式电源、用电负荷、配电设施、监控和保护装置等组成的小型发配用电系统（必要时含储能装置），微电网分为并网型微电网和独立型微电网，可实现自我控制和自我管理。并网型微电网既可以与外部电网并网运行，也可以离网独立运行；独立型微电网不与外部电网连接，电力电量自我平衡。

从各个国家对智能微电网的定义可以看出，由于历史上的大停电事故，美国利用智能微电网关注的是如何提高电能质量和供电可靠性方面，而欧洲重点关注的是多个智能微电网的互联和市场交易问题，日本则侧重于能源多样化方面。尽管各个国家在给出智能微电网定义时阐述的侧重点不同，但从各个国家给出的智能微电网定义中可以归纳出智能微电网的一般性特点，即智能微电网是一种新型网络结构，是一组微电源、负荷、储能系统和控制装置构成的系统单元。智能微电网是一个能够实现自我控制、保护和管理的自治系统，既可以与外部电网并网运行，也可以独立运行。智能微电网是相对传统大电网的一个概念，是指多个分布式发电及其相关负荷按照一定的拓扑结构组成的网络，并通过开关关联至常规电网。智能微电网能够充分促进分布式发电与可再生能源的大规模接入，实现对负荷多种能源形式的高可靠性供给，是实现主动式配电网的一种有效方式，是传统电网向智能电网的过渡。

1.2.2 智能微电网与传统分布式发电并网网络的区别

从智能微电网的定义中可以看出，智能微电网与单纯的分布发电并网网络的主要区别在于智能微电网中拥有集中管理单元，使得各分布式发电、负荷与电网之间不仅存在电功率的交互，还存在通信信息、控制信息及其他信息的检测与交互，具体的区别如图 1-2 和图 1-3 所示。

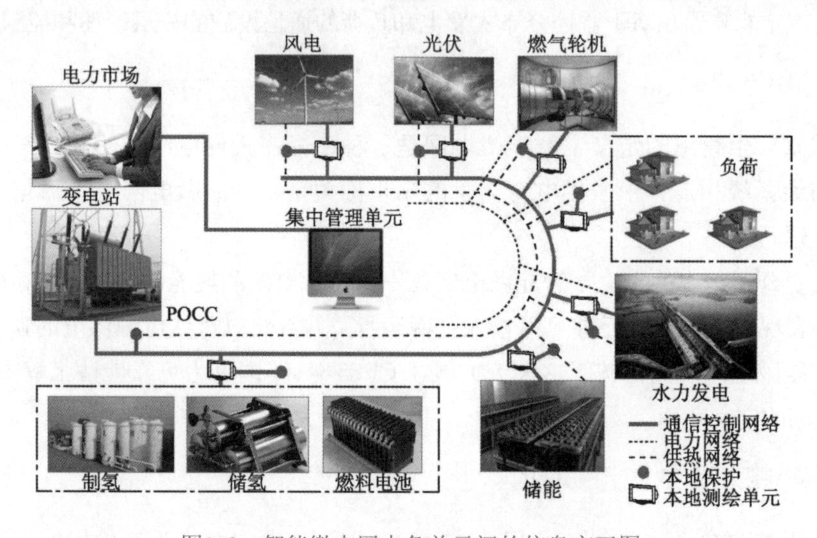

图1-2 智能微电网中各单元间的信息交互图

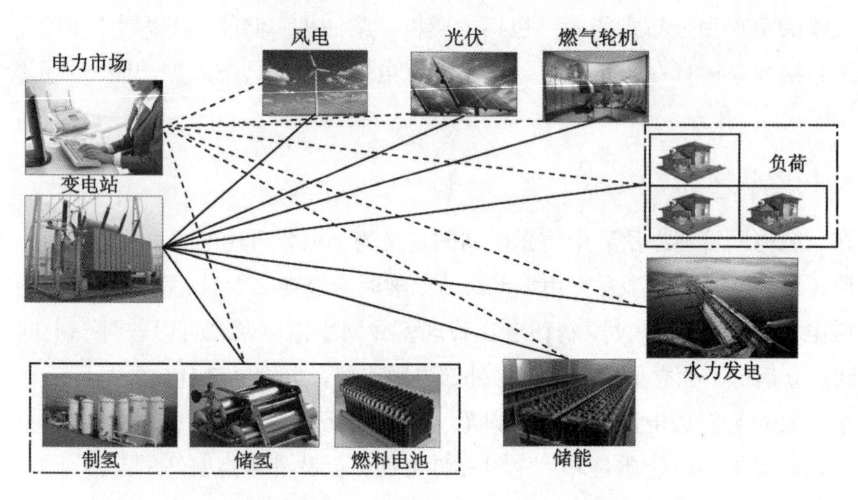

图1-3 传统分布式发电并网网络中各单元间的信息交互图

1.3 智能微电网的分类和结构

智能微电网按照母线传送的电流类型来分可以分为直流智能微电网和交流智能微电网；按照智能微电网输出的电压高低可以分为低压智能微电网和高压智能微电网；按照是否与大电网

并网运行可以分为并网型智能微电网和孤岛（离网）型智能微电网；按照输出的相数来分则可以分为单相智能微电网和三相智能微电网。

1.3.1 直流智能微电网和交流智能微电网

1. 直流智能微电网

直流智能微电网是指系统中的 DG（分布式发电）、储能装置、负荷等均通过电力电子变换装置连接至直流母线上，直流网络再通过逆变装置连接至外部交流电网。其结构框图如图 1-4 所示。

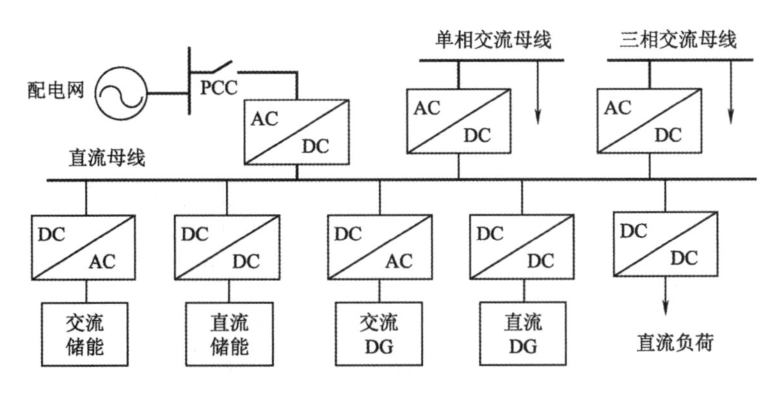

图1-4 直流智能微电网结构框图

直流智能微电网的优点是建设成本低、控制易实现——不需考虑各个 DG 同期并网问题；其对应的缺点有直流保护、变流器、配电设备等设备不成熟，建设规模较小，适用范围较窄。

2. 交流智能微电网

交流智能微电网是指系统中的 DG、储能装置等均通过电力电子变换装置连接至交流母线上，再通过对公共连接点（PCC）处开关的控制，既可实现并网运行，又可实现孤岛运行。交流智能微电网仍然是智能微电网的主要形式。其结构框图如图 1-5 所示。

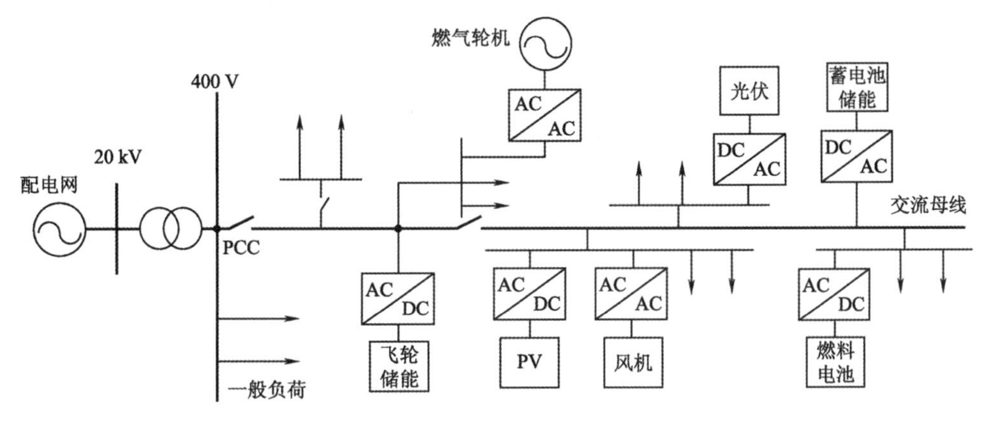

图1-5 交流智能微电网结构框图

交流智能微电网的优点是交流保护、变流器、配电设备等成熟，建设规模可大可小，适用范围广；其缺点是建设成本较高、控制复杂。

1.3.2 并网型智能微电网和孤岛型智能微电网

智能微电网是由分布式能源系统、储能系统、能量转换装置、相关的负荷和监控系统、控制保护装置汇集而成的小型发配电系统，它既可以接入大电网并网运行，也可以离网独立运行，因此按照智能微电网是否与大电网并网运行，可以把智能微电网分为并网型智能微电网和孤岛（离网）型智能微电网。

1. 并网型智能微电网

1）系统组成及特点

并网型智能微电网系统结构图如图 1-6 所示。

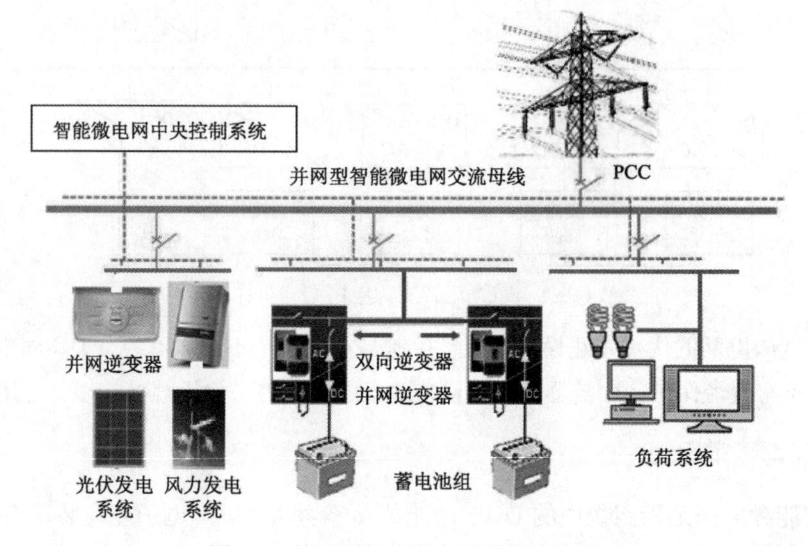

图1-6 并网型智能微电网系统结构图

(1) 系统组成。并网型智能微电网主要包括光伏发电、风力发电等分布式发电系统，储能系统（由蓄电池组和双向逆变器等组成）、负荷系统、并网逆变器、智能微电网中央控制系统等。

其中：光伏发电系统由光伏阵列和光伏并网逆变器组成；风力发电系统由风力发电机组和风电并网逆变器组成；储能系统由蓄电池组和双向逆变器组成；负荷系统由必须保障的重要负荷和其他可切除的非重要负荷组成；系统中的各个组成部分都要接受智能微电网中央控制系统的控制和调度。并网型智能微电网既可以并网运行，也可以脱离大电网以孤岛模式运行。

(2) 系统特点。并网型智能微电网采用光伏、风力发电等较成熟的分布式发电技术，为负荷提供清洁、绿色的电力能源；具备并网和孤岛两种运行能力，并且可以在两种运行模式间实现平滑切换；采用三层控制架构（能量管理及监控层、中央控制层和底层设备层），既能向上级电力调度中心上传智能微电网信息，又能接收调度下发的控制命令；可对负荷用电进行长期和短期的预测，通过预测分析实现对智能微电网系统的高级能量管理，使智能微电网能够安全、经济运行。

2）关键技术装备

(1) 光伏发电系统。光伏发电系统是由单晶硅、多晶硅、非晶硅等光伏组件及并网逆变器构成的发电系统，主要包括：太阳能电池组件、光伏并网逆变器、监控系统及其他辅助发电设备。光伏发电系统主要设备的外观图如图 1-7 所示。

(2) 风力发电系统。风力发电系统是由风力发电机组和并网逆变器构成的发电系统，主要包括：风叶，发电机，调向机构，调速机构，停车机构，风力机的塔架、控制器，光伏并网逆变器，监控系统及其他辅助发电设备等。风力发电系统主要设备的外观图如图 1-8 所示。

（a）光伏阵列

（b）光伏发电并网逆变器

图1-7　光伏发电系统主要设备的外观图

（a）风力发电机组

（b）风力发电并网逆变器

图1-8　风力发电系统主要设备外观图

(3) 储能系统。储能系统既能向负荷供电，又能作为负荷吸收电网发出的能量，在智能微电网孤岛运行时，储能系统为整个智能微电网提供电压和频率的支撑，作为智能微电网系

统的重要调节和支撑单元，具有非常重要的意义，主要包括：储能蓄电池、储能双向变流器、电池管理系统、监控系统及其他电力电子设备。储能系统主要设备的外观图如图 1-9 所示。

（a）储能蓄电池

（b）储能双向变流器

图1-9　储能系统主要设备外观图

（4）智能微电网中央控制系统。智能微电网中央控制系统是整个智能微电网的核心，主要对系统中分布式发电、储能、负载功率等做出控制决策，实现智能微电网系统安全运行及经济利益的最优化。主要功能有：对智能微电网内的分布式发电、储能系统和负荷进行数据采集、监控、分析及控制，接收能量管理系统对发电、负荷用电情况的预测曲线及结果；改变分布式发电系统的功率参考值，优化整个系统的功率调度；完成智能微电网并/离网模式的切换命令等。智能微电网中央控制系统中的主要设备中央控制器的外观图如图 1-10 所示。

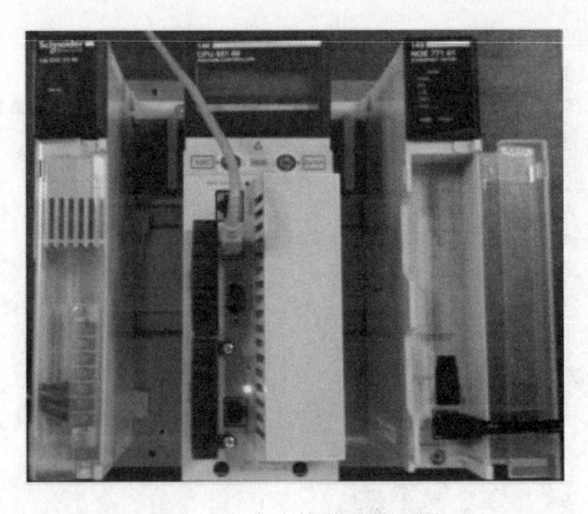

图1-10　中央控制器外观图

（5）能量管理系统。能量管理系统是智能微电网的最上层管理系统，主要对智能微电网的分布发电单元设备的发电功率进行预测，对智能微电网中能量按最优的原则进行分配，协同大电网和智能微电网之间的功率流动。主要功能：对智能微电网内的分布式发电、储能系统和负荷进行监控、数据分析；基于数据分析结果生成实时调度运行曲线；根据预测调度曲线，制订合理的功率分配曲线下发给智能微电网中央控制器。

（6）智能微电网监控系统。智能微电网监控系统（Supervisory Control And Data Acquisition，SCADA）即数据采集与监视控制系统，主要完成智能微电网综合监控。主要功能：数据采集及故障录波、系统负荷容量监控及管理、光伏发电单元的有功/无功功率调度、系统储能管理、故障保护管理等。

2）并网型智能微电网运行控制方案

（1）并网运行控制。智能微电网系统接入大电网运行，可通过恒功率模式或下垂模式调度有功/无功功率，满足调节时间和控制精度的要求；智能微电网系统和大电网同时对负荷供电，并且由智能微电网中央控制系统来协调各发电单元的输出功率情况，进行系统的经济优化调度；智能微电网系统并网运行时注入电网的电流和功率因数等相关电能质量指标要满足配电网的要求。

（2）孤岛运行控制。智能微电网系统由并网运行模式切换到孤岛运行模式时，切换过程可实现无缝平滑过渡。孤岛运行时电压和三相不平衡度等相关电能质量指标应能满足智能微电网安全稳定运行的要求。

2. 孤岛型智能微电网

1）系统组成及特点

孤岛型智能微电网系统结构图如图 1-11 所示。

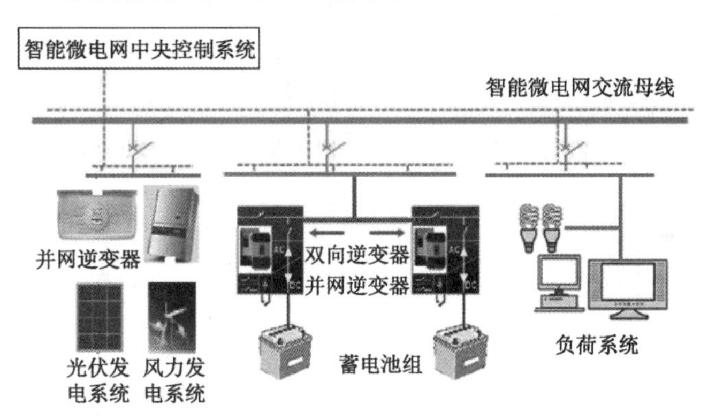

图1-11　孤岛型智能微电网系统结构图

（1）系统组成。孤岛型智能微电网系统主要包含：风力发电系统、光伏发电系统、并网逆变器、蓄电池组、双向逆变器、智能微电网中央控制系统等。

其中：风力发电系统由风机和变流器组成；光伏发电系统由光伏阵列和光伏并网逆变器组成；储能系统由蓄电池组和双向逆变器组成；负荷系统由必须保障的重要负荷和其他可切除的非重要负荷组成。孤岛型智能微电网系统在孤岛模式下运行，系统中的各分布式发电都要接受智能微电网中央控制系统的调度。

（2）系统特点。系统采用光伏、风电等较成熟的分布式发电技术，为负荷提供清洁、绿色的电力能源；系统只能在孤岛模式下运行，储能系统为整个微网系统提供电压和频率的支撑。

系统采用三层控制架构（能量管理及监控层、中央控制层和底层设备层）。其中，能量管理及监控层主要进行发电功率的预测和经济优化，中央控制层接收能量管理系统的输出结果，并下发控制命令调度底层设备的功率输出。

风力发电系统和光伏发电系统可单独发电，也可同时工作发电。在输入状态不稳定或中断时，供电系统可自动切换到储能逆变发电系统，由储能逆变器给负荷供电；当输入状态恢复后，可自动切换到稳定供电和对蓄电池组的充电状态。系统具备自动监测工作状态的能力，发生故障时具备声光报警功能。系统可对负荷用电进行长期和短期的预测，通过预测分析实现对智能微电网系统的高级能量管理，使智能微电网能够安全、经济运行。

2）运行控制方案

（1）孤岛型智能微电网运行控制方案一。风力发电系统或光伏发电系统单独发电，风力发电或光伏发电输出功率应等于负载功率。

当风力发电或光伏发电输出功率小于负载功率时，另外一种发电方式即为能量补充，经智能微电网中央控制系统调度后，确保风力发电和光伏发电输出功率等于负载功率，剩余电能通过储能系统给蓄电池充电，用于无太阳能和风能时使用。通过智能微电网中央控制系统智能控制管理功能，实现风力发电和光伏发电的互补工作，稳定负载供电。智能微电网中央控制系统实时检测风力发电和光伏发电以及负载功率，在无太阳能和风能时具备快速切换到应急发电模式的功能。

（2）孤岛型智能微电网运行控制方案二。系统无太阳能和风能输入时，由智能微电网中央控制系统自动切换到蓄电池组供电状态，通过储能逆变器控制单元给负载提供稳定的功率输出。在该模式下储能双向逆变系统保证对重要负荷的持续、稳定供电。

（3）孤岛型智能微电网运行控制方案三。系统恢复到由风力发电和光伏发电两种能源输入时，智能微电网中央控制系统自动切换系统到风力发电和光伏发电稳态供电模式状态。在该模式下由风力发电和光伏发电为负载供电，并利用给负载供电的剩余电能给蓄电池充电。

1.3.3　单相并网型智能微电网和三相并网型智能微电网

按智能微电网与配电网并网的相数分为单相并网型智能微电网和三相并网型智能微电网。

1. 单相并网型智能微电网

单相并网型智能微电网是指智能微电网的输出以单相交流电的形式接入配电网，其对应的结构如图 1-12 所示。

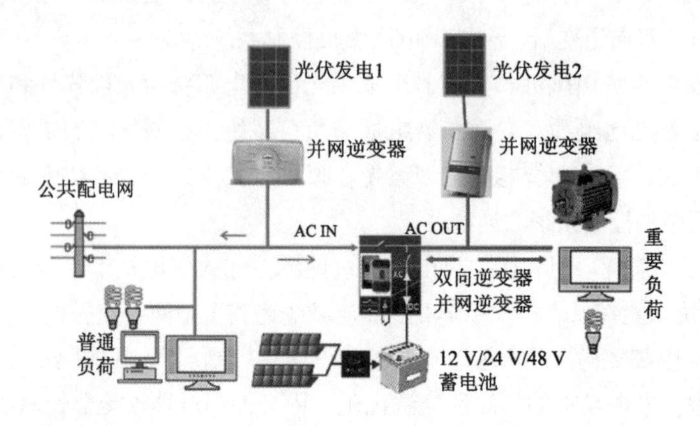

图1-12　单相并网型智能微电网结构

单相并网型智能微电网的特点是光伏发电发出的直流电要经过并网逆变器与配电网交流母线相连，蓄电池等储能装置则通过双向逆变器与配电网交流母线相连。

2. 三相并网型智能微电网

三相并网型智能微电网则是指智能微电网的输出以三相交流电的形式接入配电网，其对应的结构如图 1-13 所示。

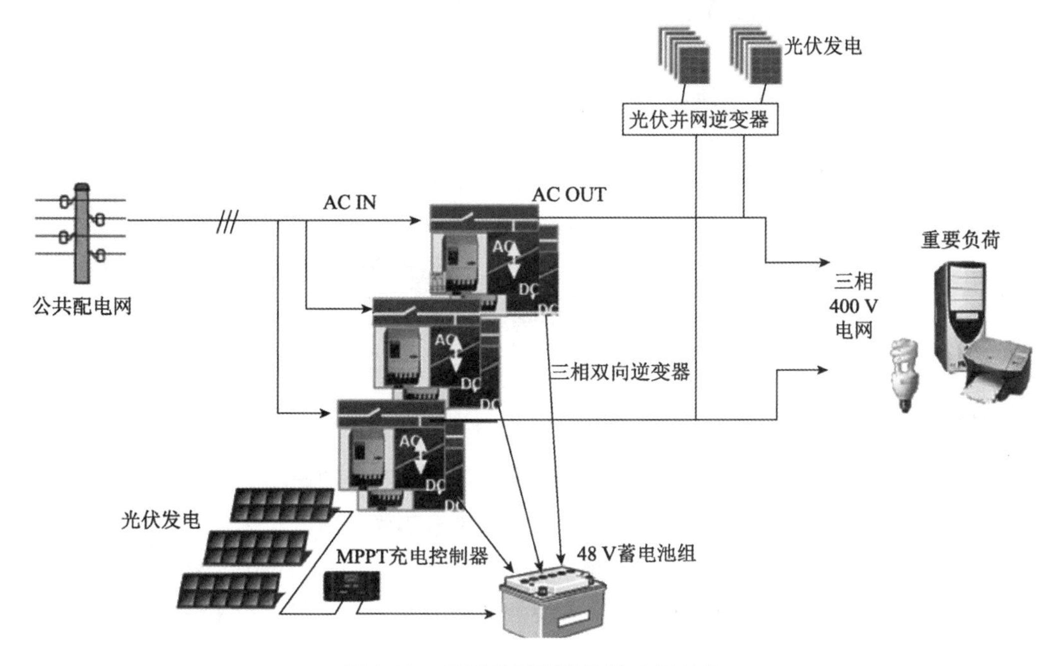

图1-13　三相并网型智能微电网结构

1.3.4　智能微电网系统的典型结构

智能微电网系统的典型结构中一般包含分布式发电、储能系统、控制系统、能量管理系统、监控系统及负荷系统等，其结构图如图 1-14 所示。

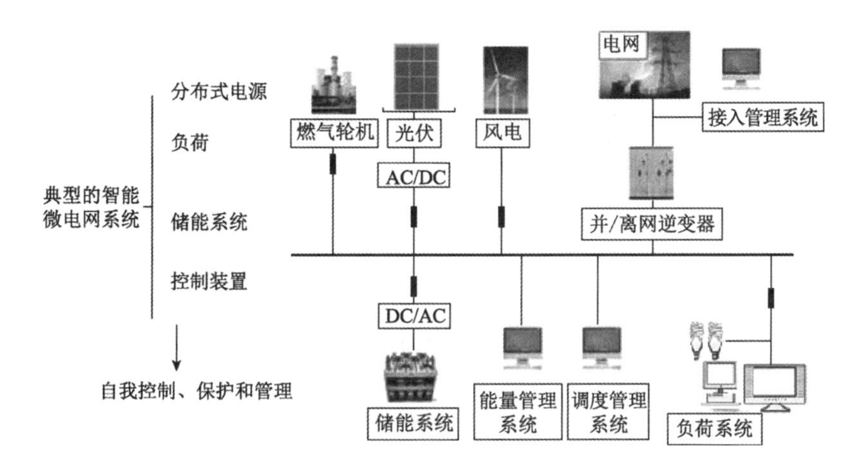

图1-14　智能微电网的典型结构

1.3.5 智能微电网的控制体系结构

智能微电网的控制体系结构如图 1-15 所示。

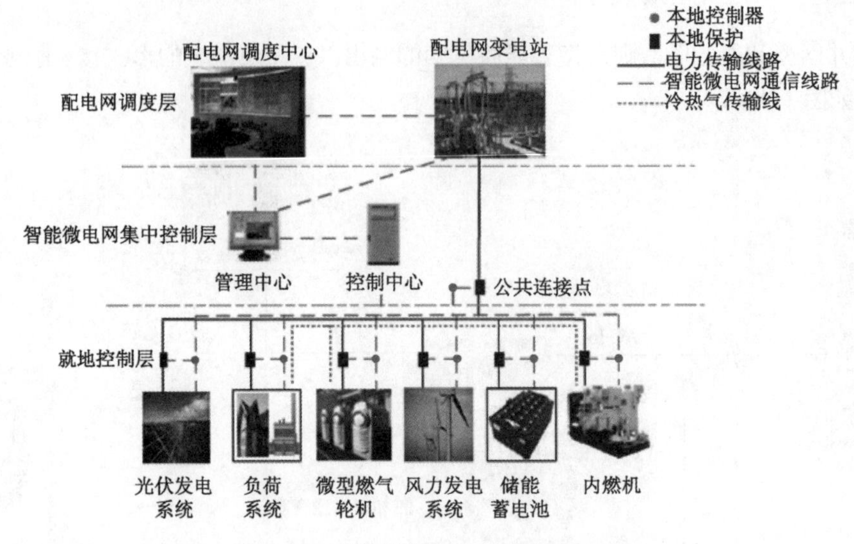

图1-15 智能微电网的控制体系结构

智能微电网的控制体系结构中包含底层的就地控制层、中间层的智能微电网集中控制层和最上层的配电网调度层，其中底层的就地控制层主要用来实现故障保护、孤岛检测、低压低频减载、系统电压稳定、有功及无功功率自动调节等功能，实现智能微电网的暂态过程控制；中间层的智能微电网集中控制层主要用来实现智能微电网的实时监控，并根据实时采集来的数据完成离网能量平衡控制、分布式发电输出电能的平滑控制、自动电压无功控制、分布式发电发电互补经济运行分析、冷热电联供优化控制、削峰填谷等高级应用功能；最上层的配电网调度层，从配电网的安全、经济运行的角度协调调度智能微电网，同时接受上级配电网的调度控制命令，主要用来实现智能微电网与配电网的交互，将智能微电网交换功率、并/离网状态等重要信息上传至配电网调度中心，并接受配电网调度中心对交换功率、电压等运行指标的远方控制。

1.4 智能微电网的特点及优缺点

1.4.1 智能微电网的特点

从智能微电网的定义和结构上可以看出，智能微电网具有以下几个显著特点：

（1）智能微电网集成了多种能源输入（太阳能、风能、常规化石燃料、生物质能等）、多产品输出（冷、热、电等）、多种能源转换单元（燃料电池、微型燃气轮机、内燃机，储能系统等），是化学、热力学、电动力学等行为相互耦合的复杂系统，具有实现化石燃料和可再生能源的一体化循环利用的特点。

（2）智能微电网中包含多种分布式发电，且安装位置灵活，一般通过电力电子接口接入，并通过一定的控制策略协调运行，共同统一于智能微电网这个有机体中。因此，智能微电网在运行、控制、保护等方面需要针对自身独有的特点，发展适合不同接入点的分析方法。

（3）一般来说，智能微电网与外电网之间仅存在一个公共连接点（PCC），因此，对外电网来说，智能微电网可以看作电网中的一个可控电源或负载，它可以在数秒内反应以满足外部输配电网络的需求。智能微电网可以从外电网获得能量，在智能微电网内电力供应充足或外电网供电不足时，智能微电网甚至可以向电网倒送电能。

（4）智能微电网存在两种运行模式：正常状况下，与外电网并网运行，智能微电网与外电网协调运行，共同给智能微电网中的负荷供电；当监测到外电网故障或电能质量不能满足要求时，则智能微电网转入孤岛运行模式，由智能微电网内的分布式发电给智能微电网内关键负荷继续供电，保证负荷的不间断电力供应，维持智能微电网自身供需能量平衡，从而提高了供电的安全性和可靠性；待外电网故障消失或电能质量满足要求时，智能微电网重新切换到并网运行模式。智能微电网控制器需要根据实际运行条件的变化实现两种模式之间的平滑切换。

（5）智能微电网一般存在上层控制器，通过能量管理系统对分布式发电进行经济调度和能量优化管理，可以利用智能微电网内各种分布式发电的互补性，更加充分合理地利用能源。

1.4.2 智能微电网的优点

智能微电网一般通过单点接入大电网，即从电网端来看，智能微电网是一个可控发电单元或负荷。这样可以充分利用智能微电网内各种分布式发电的互补性，能源的利用更加充分，并且减少各类分布式发电直接接入电网后对大电网的影响，同时方便配电网的运行管理，降低因电网升级而增加的投资成本，降低输电损耗，并有利于减少大型电站的发电备用需求。此外，智能微电网有两种运行模式：并网运行模式和孤岛运行模式。在并网运行模式下，负荷既可以从电网获得电能，也可以从智能微电网中获得电能，同时，智能微电网既可以从电网获得电能，也可以向电网输送电能；当电网的电能质量不能满足用户要求或者电网发生故障时，智能微电网与主电网断开，独立运行，即孤岛运行模式，从而有利于提高供电质量和可靠性。

智能微电网技术是新型电力电子技术和分布式发电、储能技术的综合，相较于传统发电技术，智能微电网的优点主要体现在以下几个方面：

（1）智能微电网为多个 DG 的集成应用，解决了大规模 DG 的接入问题，继承了单个 DG 系统所具有的优点；同时可以克服单个 DG 并网时的缺点，减少单个分布式发电可能给电网造成的影响，实现不同 DG 的优势互补，有助于 DG 的优化利用，能够充分挖掘出分布式发电的潜力。

（2）智能微电网灵活的运行模式，提高了用户侧的供电可靠性。用户侧负荷，按重要性程度可分为普通负荷、次重要负荷和敏感负荷（即重要负荷）；当外电网发生较严重的电压闪变及跌落时，可以根据负荷的重要性等级，通过静态开关将重要负荷隔离起来孤岛运行，保证局部供电的可靠性。

（3）智能微电网通过缩短发电与负荷供电间的距离，降低输电损耗和因电网升级改造而带来的成本增加。

（4）对用户来讲，广泛使用智能微电网可以降低电价，获得最大限度的经济效益。例如，利用峰谷电价差。峰电期，智能微电网可以向电网输送电能，以延缓电力紧张，而在电网电力过剩时智能微电网可直接从电网低价采购电能。

1.4.3 智能微电网的缺点

智能微电网目前在国内外都还处于实验室和工程示范阶段，在实际应用中还存在诸多挑战。

首先，智能微电网建设、运营模式与目前电力法规存在一定的冲突，国家相关政策尚不明晰，已成为智能微电网发展的主要障碍。

其次，智能微电网中使用大量的电力电子装置作为接口。一方面，电力电子装置的可控性，有潜力为用户提供更高的电能质量；另一方面，使得智能微电网内的分布式发电相对于传统大发电机惯性很小或无惯性，在能量需求变化的瞬间，分布式发电无法满足其需求，所以智能微电网通常需要依赖储能装置来达到能量平衡；另外，基于电力电子器件的本身电气特性和控制特点，通过逆变器接口的电源过载能力低，故障特性与旋转发电设备具有明显不同，使得智能微电网的运行及故障特性与传统电网有明显区别，增加了继电保护及自动化控制等方面的配置难度。

最后，智能微电网中的关键设备如储能变流器、并网接口、协调控制器、继电保护及自动化设备还不够完善，还缺乏统一的技术标准，特别是智能微电网中多种接口形式的电源协调稳定运行技术还有待进一步的研究和深入的实验验证。

1.5 智能微电网的关键技术

智能微电网包括发电、输电、储电、配电和用电的全过程，具有内部分布式发电种类多样、孤岛运行和并网运行两种模式等众多独特的特点。因此，必须要有一系列相关技术保证智能微电网能够稳定、高效、可靠运行，并最大可能地提高分布式发电的渗透率，发挥出分布式发电的潜力。智能微电网的关键技术包括智能微电网的规划与设计、运行与控制、通信与能量管理、保护与接地、电能质量与储能方面的技术。

1.5.1 智能微电网的规划与设计技术

智能微电网的规划与设计方面的关键技术包括：智能微电网结构、分布式发电的优化组合、负荷预测、规划评价等方面的技术。

在进行智能微电网系统的规划与设计时要根据区域内用电负荷及可用能源和资源情况，综合考虑相关智能微电网设备的运行与响应特性、初期投资与运行维护费用、能源的利用效率、环境友好程度及系统控制策略等因素，通过优化计算确定智能微电网的结构和分布式发电单元的配置，实现整个智能微电网的可靠性、安全性、经济性、环境友好性等多个目标。

1.5.2 智能微电网的运行与控制、通信与能量管理技术

（1）智能微电网的运行与控制方面的关键技术包括：自动控制的结构和体系、无缝切换、黑启动、接入点控制、自动发电、频率控制（独立运行时）等方面的技术。

（2）智能微电网通信方面的关键技术包括：智能微电网计量模式与通信模式切换、通信控制规约、各种通信接入方式及接口等方面的技术。

（3）智能微电网能量管理方面的关键技术包括：智能微电网经济调度、多元能量优化管理、融合能量管理和需求侧管理、联合调度等方面的技术。

1.5.3 智能微电网的保护与接地方面的技术

（1）智能微电网保护方面的关键技术包括：故障特征分析与计算、保护原理与配置、保护间协调、反孤岛策略及其与保护间的协调技术、发电机和负荷容量对保护的影响等。

（2）智能微电网接地方面的关键技术包括：适用于智能微电网的接地系统、分布式发电接地方式及接地电极种类等方面的技术。

1.5.4 智能微电网电能质量与储能方面的技术

（1）智能微电网电能质量方面的关键技术包括：智能微电网电能质量问题特殊性与产生机理、检测及分析、综合控制与治理等技术。

（2）智能微电网储能方面的关键技术包括：储能对智能微电网稳定运行的作用机理与控制方法、分布式储能的规划设计等技术。

1.5.5 分布式发电技术

1. 适应光伏发电的电力电子变换器技术

目前常用的光伏并网逆变器大多采用 DC-DC-AC 的双级结构。这是因为光伏阵列提供的直流电压普遍低于要求的交流输出电压，而 DC-AC 变换电路中，应用最广泛的全桥逆变器和半桥逆变器，瞬时输出电压总低于输入电压，只能实现降压变换。为此，一般在桥式逆变电路前增加一级可升压变换的 DC-DC 变换电路，将输入直流电压升高。双级结构的光伏并网逆变器虽然能够灵活适应各种输入 / 输出电压指标，还具有更高的自由度等级（即更多的可控变量），可同时实现多种功能（例如，电气隔离、最大功率点跟踪、无功补偿、有源滤波等），但功率级的数量增多，将降低整体的效率、可靠性和简洁程度，增加系统开销。为此，目前逆变器研究的一大发展趋势，就是直接将多功率级的系统架构整合为单级系统，即所谓单级逆变器。

2. 网络拓扑结构及其优化配置技术

包括太阳能在内的可再生能源的能量密度低、随机性强，由其构成的分布式发电系统的网络拓扑结构与传统的集中式发电系统的网络结构有显著的区别。因此，应根据对当地可再生能源的分布预测、随机性与可用性评估、负荷水平评估，提出基于可再生能源的分布式发电系统的网络拓扑；研究分布式发电系统中母线电压的形式（交流或直流）、大小、频率（对于交流形式）等物理量的选择方法；提出该分布式发电系统中对太阳能光伏发电单元、风力发电单元、

多元复合储能单元（含飞轮、超级电容器和蓄电池）的容量配置方法，以降低系统成本；研究分布式发电系统中各种电力电子变换器的配置及其输入 / 输出电压、功率等级的选择。

3. 分布式发电系统并网控制技术

由于分布式发电系统具有多能量来源、多变流器（主要是逆变器）并网的特点，因此必须对其并网控制进行研究。包括：针对具有多能源多并网逆变器的分布式发电系统，研究其并网运行时相互耦合影响的机理和并网协调控制问题；研究独立运行时多个逆变器的电压和频率的协调控制，以实现动态和稳态负荷的合理分配；研究合适的并网、独立控制模式和协调一致的切换控制策略；研究柔性并网、暂态过程以及分布式发电系统对电网或本地负荷的冲击影响等问题；开展适合并网逆变器的无盲区孤岛检测方法和防伪孤岛技术研究。

4. 分布式发电系统的能量管理技术

针对分布式发电(Distributed Resources, DR)的随机性、分布式发电单元的投切和负荷变化、敏感负荷对供电可靠性和电能质量高要求、分布式发电系统附近配电线路拥塞、分布式发电系统与电网之间的供购电计划等问题，研究分布式发电系统各种运行模式下分布式发电单元、储能单元与负荷之间的能量优化，以满足经济运行的要求；针对分布式发电系统并网和故障解列时的能量变化，研究分布式发电系统运行模式变化时的能量调度策略，以满足分布式发电系统运行模式切换的要求。

5. 光伏系统的安全性和可靠性技术

在分布式发电系统的相关并网规范中，对各发电单元的端口特性提出了具体的要求。为此，需要分析分布式发电系统的稳态及动态特性，包括不同分布式发电单元以及分布式发电系统并网端口特性。稳态情况下主要包括：有功、无功、电压、频率和谐波等特性，考虑到分布式发电系统高度随机性，还要研究这些特性随时间的变化规律。例如：并网逆变器的直流分量注入问题；光伏并网单元的对地漏电流问题；孤岛及其检测技术问题。

1.6 智能微电网的发展现状和发展趋势

目前，一些国家立足于本国电力系统的实际问题与国家的可持续发展能源目标，已纷纷开展了智能微电网方面的研究，提出了各自的智能微电网概念和发展目标。作为一个新的技术领域，智能微电网在各国的发展呈现不同特色。

1.6.1 智能微电网的国外发展现状

1. 智能微电网在美国的发展现状

美国 CERTS 最早提出了智能微电网的概念，并且是众多智能微电网概念中最权威的一个。美国 CERTS 提出的智能微电网主要由基于电力电子技术且容量小于或等于 500 kW 的小型微电源与负荷构成，并引入了基于电力电子技术的控制方法。电力电子技术是美国 CERTS 智能微电网实现智能、灵活控制的重要支撑，美国 CERTS 智能微电网正是基于此形成了“即插即用”

(Plug and Play）与“对等”（Peer and Peer）的控制思想和设计理念。

目前，从美国电网现代化角度来看，提高重要负荷的供电可靠性、满足用户定制的多种电能质量需求、降低成本、实现智能化将是美国智能微电网的发展重点。美国 CERTS 智能微电网中电力电子装置与众多新能源的使用与控制，为可再生能源潜能的充分发挥及稳定、控制等问题的解决提供了新的思路。

2. 智能微电网在日本的发展现状

日本立足于国内能源日益紧缺、负荷日益增长的现实背景，也展开了智能微电网的研究，但其发展目标主要定位于能源供给多样化、减少污染、满足用户的个性化电力需求。日本学者还提出了灵活可靠和智能能量供给系统（Flexible Reliability and Intelligent Electrical Energy Delivery System，FRIENDS），其主要思想是在配电网中加入一些灵活的交流输电系统装置，利用其控制器快速、灵活的控制性能，实现对配电网能源结构的优化，并满足用户的多种电能质量需求。目前，日本已将该系统作为其智能微电网的重要实现形式之一。

3. 智能微电网在欧洲及其他国家的发展现状

从电力市场需求、电能安全供给及环保等角度出发,欧洲于 2005 年提出“聪明电网”计划，并在 2006 年出台该计划的技术实现方略。作为欧洲 2020 年及后续的电力发展目标，该计划指出未来欧洲电网需要具备以下特点：

（1）灵活性：在适应未来电网变化与挑战的同时，满足用户多样化的电力需求。

（2）可接入性:使所有用户都可接入电网，尤其是推广对可再生、高效、清洁能源的利用。

（3）可靠性：提高电力供应的可靠性与安全性，以满足数字化时代的电力需求。

（4）经济性：通过技术创新、能源有效管理、有序市场竞争及相关政策等提高电网的经济效益。

基于上述特点，欧洲提出要充分利用分布式能源、智能技术、先进电力电子技术等实现集中供电与分布式发电的高效紧密结合，并积极鼓励社会各界广泛参与电力市场，共同推进电网发展。智能微电网以其智能性、能量利用多元化等特点也成为欧洲未来电网的重要组成部分。目前，欧洲已初步形成了智能微电网的运行、控制、保护、安全及通信等理论，并在实验室智能微电网平台上对这些理论进行了验证。其后续任务将集中于研究更加先进的控制策略、制定相应的标准、建立示范工程等，为分布式发电与可再生能源的大规模接入及传统电网向智能电网的初步过渡做积极准备。

除美国、日本、欧洲外，加拿大、澳大利亚等国也展开了智能微电网的研究。从各国对未来电网的发展战略和对智能微电网技术的研究与应用中可清楚看出，智能微电网的形成与发展绝不是对传统集中式、大规模电网的革命与挑战，而是代表着电力行业服务意识、能源利用意识、环保意识的一种提高与改变。智能微电网是未来电网实现高效、环保、优质供电的一个重要手段，是对大电网的有益补充。

1.6.2 智能微电网的国内发展现状

目前，国内对智能微电网的研究取得了一定的进展，但与欧洲、美国及日本等由研究机构、

制造商和电力公司组成的庞大研究团队相比，我国在研究力量和取得的成果上仍存在较大差距，主要表现在以下几个方面：

（1）缺乏统一、规范的智能微电网体系技术标准和规范。目前国内尚无统一、规范的智能微电网体系技术标准和规范，很大程度上影响了智能微电网技术的研究和示范工程的建设。

（2）电力电子技术在智能微电网中的应用水平不高。智能微电网技术的发展与先进的电力电子技术、计算机控制技术、通信技术紧密相关。根据智能微电网的特殊需求，需要研究使用电力电子技术并研制一些新型的电力电子设备。

（3）智能微电网的保护控制技术尚不成熟。

（4）投资及运维成本高。智能微电网孤岛运行要求配置一定容量的储能系统，储能系统建设投资成本较高。储能系统容量配置越大，效果越好，但成本越高，需要找到一个较好的平衡点。这和智能微电网的运行要求、峰谷电价政策等都有密切的关系。智能微电网监控平台及能量管理系统目前尚处于开发试运行阶段，投资成本高。在运维成本上，也比一般电网要高。

1.6.3 智能微电网的发展趋势

1. 智能微电网将向更加智能化的方向发展

基于先进的信息技术和通信技术，智能微电网系统将向更灵活、清洁、安全及经济的“智能化”的方向发展，未来的智能微电网系统不仅能实现运行控制的智能化，例如，能实现分布式发电的即插即用式的智能化运行与控制，而且还能实现对大电网故障的智能化检测及智能微电网系统内部的故障检测和故障自治、自愈的智能化控制等功能。

2. 智能微电网将逐步向集成化、规模化的方向发展

国内外进行了大量的智能微电网示范项目的实践，智能微电网也从比较单一的、小型的体系结构向复杂的、大型的智能微电网方向发展演化。未来的智能微电网将是分布的、多级的架构。对于多级智能微电网，每个智能微电网都可以是独立运行的，可以自身及连带下级智能微电网一起孤岛运行，还可以与上级智能微电网或大电网并网运行。这种积木式的结构具有良好的可扩充性。智能微电网群、电力互联网等概念，将随着分布式发电及智能微电网的发展，逐步变为现实。

习　　题

1. 我国对智能微电网的定义是什么？
2. 智能微电网有哪些种类？每种类型的智能微电网对应的结构是什么样的？
3. 智能微电网典型结构和控制系统结构分别包含了哪些部分？
4. 智能微电网的特点是什么？
5. 智能微电网中的关键技术和关键设备有哪些？
6. 发展智能微电网的意义是什么？
7. 各国发展智能微电网的思路有哪些相同点，又有哪些不同点？

智能微电网的运行与控制

学习目标

（1）掌握智能微电网系统的运行模式和运行状态；

（2）掌握智能微电网系统中分布式电源的P/Q和V/F控制方法；

（3）掌握智能微电网系统的主从控制、对等控制和分层控制方法；

（4）掌握智能微电网系统的稳定性控制方法。

本章简介

智能微电网系统中包含的分布式电源的类型多样，既可能包含冷热电联供的微型燃气轮机、柴油发电机等易于控制的电源，也可能包含如风力发电、光伏发电等具有间歇性和不易控制的电源，同时还配置了各种各样的储能和储能变流装置。另外，智能微电网的运行模式灵活，既可以和大电网并网运行，也可以脱离大电网进行孤岛（离网）运行，还存在并网与离网之间的过渡运行状态。为了保障智能微电网的电能质量和运行的安全可靠，智能微电网必须要有一套完善和稳定的控制系统，在该控制系统的控制下，智能微电网系统能够安全稳定运行，尤其是当智能微电网脱离大电网进行离网运行时，控制系统必须要有能力控制智能微电网内的电压和频率，提供或者吸收分布式电源和负荷间的暂时功率差，保护智能微电网。

本章首先阐述了智能微电网的运行模式，接着介绍了智能微电网中分布式电源的P/Q和V/F控制方法，智能微电网系统的主从控制、对待控制及分层控制方法，并对智能微电网的稳定性控制方法进行了简单介绍，最后通过实际的案例展示了智能微电网在各种控制方式下的运行参数和运行状态。

2.1　智能微电网的运行模式

智能微电网有并网和离网两种运行模式，在这两种运行模式下存在着并网、孤岛和并网与孤岛运行模式之间过渡的运行状态，另外还存在智能微电网的故障检修及大电网直供负荷的运行状态。智能微电网在两种运行模式下的运行状态图如图2-1所示。

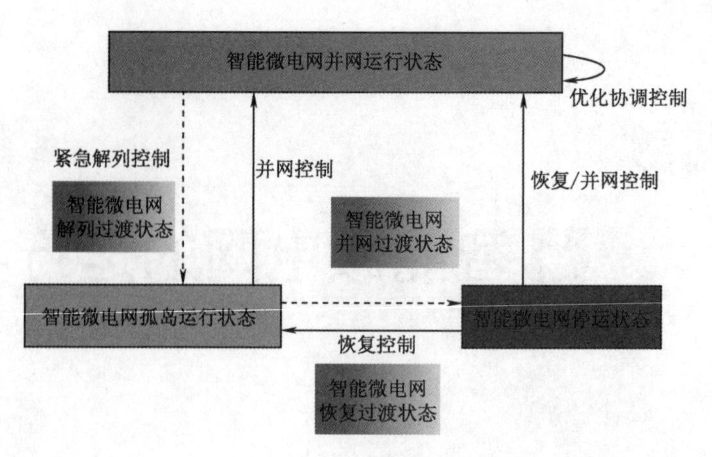

图2-1　智能微电网在两种运行模式下的运行状态图

2.1.1　智能微电网的启动

智能微电网的启动分为冷启动、热启动和黑启动。其中：智能微电网的冷启动是指智能微电网从头开始启动或停运后的再启动；如果智能微电网在运行过程中启动相关设备，这种启动称为热启动；当智能微电网排除故障后启动或人为断电而依靠新能源来加速整个智能微电网的启动，这种启动称为黑启动。智能微电网的启动状态图如图 2-2 所示。

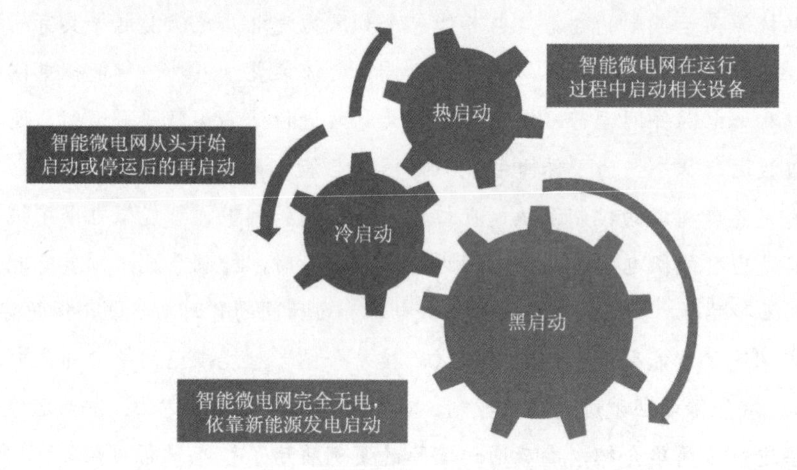

图2-2　智能微电网的启动状态图

2.1.2　智能微电网的孤岛运行

智能微电网的孤岛运行又称智能微电网的离网运行，是指智能微电网与大电网隔离开来独立运行。智能微电网的孤岛运行又可以分为计划内的孤岛运行和计划外的孤岛运行。在外部的大电网发生故障或其电能质量不符合智能微电网系统标准的情况下，智能微电网可以以孤岛的方式独立运行，这种运行模式称为计划外的孤岛运行；基于经济性、电网的消纳能力或其他方面的考虑，大电网远程调度下发指令使智能微电网与大电网脱离或智能微电网主动与大电网隔离起来，使得智能微电网独立运行，这种运行模式称为计划内的孤岛运行。

2.1.3　智能微电网的并网运行

智能微电网的并网运行是指智能微电网通过 PCC 点与大电网相连，并与大电网之间进行有功功率交换，当负荷所需的用电量大于分布式电源的发电量时，智能微电网从大电网吸收部分电能；反之，当负荷所需的用电量小于分布式电源的发电量时，智能微电网向大电网输送多余的电能。

2.2　智能微电网的控制方法

智能微电网的控制主要包括智能微电网内分布式电源的控制和智能微电网系统的控制两部分。

2.2.1　智能微电网内分布式电源的控制方法

智能微电网的稳定运行依赖于各个 DG，智能微电网中的 DG 按照并网方式可以分为逆变型电源、同步机型电源和异步机型电源。智能微电网中大部分的分布式电源是基于电力电子技术的逆变型 DG。目前，逆变型 DG 的控制方法主要有三种：P/Q 控制方法、V/F 控制方法、Droop 控制方法。

1. P/Q控制方法

P/Q 控制即是恒功率控制。采用恒功率控制的主要目的是使分布式电源输出的有功功率和无功功率等于其参考功率，即当并网逆变器所连接的交流电网的频率和电压在允许范围内变化时，分布式电源输出的有功功率和无功功率保持不变。恒功率控制的原理是根据频率和电压的下垂控制曲线，当交流电网的频率和电压在规定的范围内变化时，通过各种控制器和控制算法［如 PI（比例 - 积分）控制器］使得和交流电网并网的分布式电源的输出功率保持不变，其控制原理图如图 2-3 所示。

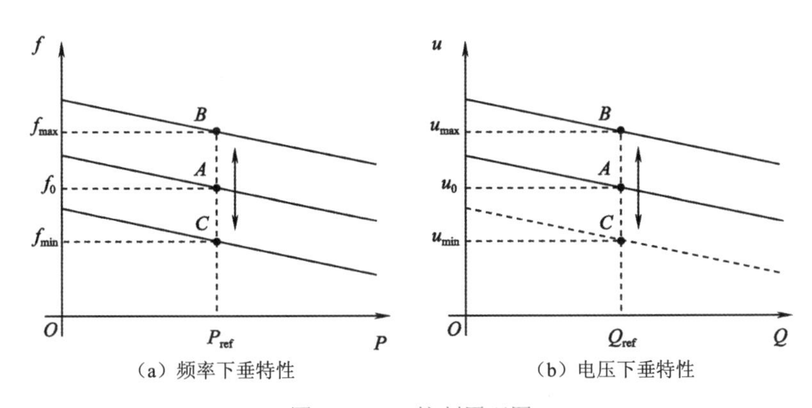

（a）频率下垂特性　（b）电压下垂特性

图2-3　P/Q 控制原理图

P/Q 控制方法具体的控制过程：如图 2-3（a）所示，假定分布式电源的初始运行点为 A，输出的有功功率和无功功率分别为给定的参考值 P_{ref} 与 Q_{ref} 时，系统频率为 f_0，这时对应的

分布式电源所接交流母线处的电压为 u_0，如图 2-3（b）所示。当交流电网频率在允许的范围内（$f_{min} \leqslant f \leqslant f_{max}$）变化时，有功功率控制器根据频率下垂特性曲线进行调整，使分布式电源输出的有功功率维持在给定的参考值 P_{ref} 输出；当交流电网电压在允许的范围内（$u_{min} \leqslant u \leqslant u_{max}$）变化时，无功功率控制器根据电压下垂特性曲线进行调整，使分布式电源输出的无功功率维持在给定的参考值 Q_{ref} 输出，达到恒功率输出的目的。从 P/Q 控制原理图中可以看出，采用该种控制方法进行控制的分布式电源并不能维持智能微电网系统的频率和电压，如果是一个孤岛运行的智能微电网系统，系统中必须要有维持频率和电压在规定范围内变化的分布式电源；如果是并网运行的智能微电网系统，则由常规电网维持电压和频率。

在智能微电网中，对于风力发电和光伏发电之类的分布式电源，由于其输出功率的大小受天气影响较大，发电具有明显的间歇性，如果要求此类分布式电源根据负荷需求调整发电量，则需要配备较大容量的储能装置，这会降低系统的经济性。所以，该类分布式电源的控制目标应该是保证可再生能源的最大利用率，为此更适合采用 P/Q 控制方法，当光伏发电或风力发电输给电网的功率变化时，只要电网的支撑电压和频率在规定的范围内，就可以将光伏发电或风力发电功率稳定在参考功率向电网输出，也即光伏发电或风力发电通过 MPPT（Maximum Power Point Tracking，最大功率点跟踪），最大化功率输出即可。

2. V/F控制方法

V/F 控制即恒压恒频控制，采用恒压恒频控制的原理是不论分布式电源输出的功率如何变化，逆变器所接交流母线的电压幅值和频率维持不变，其控制原理图如图 2-4 所示。

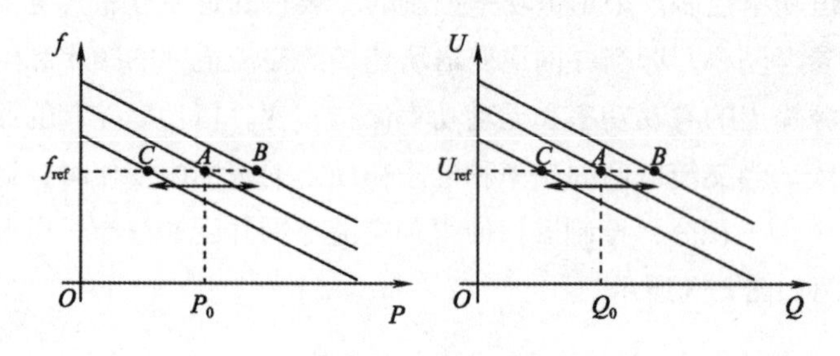

图2-4　V/F控制原理图

假定分布式电源的初始运行点为 A，系统输出频率为 f_{ref}，分布式电源所接交流母线处的电压为 U_{ref}，分布式电源输出的有功功率和无功功率分别为 P_0 与 Q_0。频率控制器通过调节分布式电源输出的有功功率，使频率维持在给定的参考值；电压调节器调节分布式电源输出的无功功率，使电压维持在给定的参考值。该种控制方法主要应用于智能微电网孤岛运行模式，只要智能微电网系统内的分布式电源输出的有功功率和无功功率在规定的范围内，智能微电网就能为整个系统内的负荷提供稳定电压和稳定频率的电能，但由于任何分布式电源都有容量限制，只能提供有限的功率，故采用此种控制方法时需要提前确定孤岛运行条件下负荷与电源之间的功率匹配情况。

3. Droop控制方法

Droop 控制方法即下垂控制方法，其控制原理图如图 2-5 所示。它是利用分布式电源输出有功功率和频率成线性关系而无功功率和电压幅值成线性关系的原理而进行控制的。

假定分布式电源的初始运行点为 A，输出的有功功率为 P_0，无功功率为 Q_0，系统频率为 f_0，分布式电源所接交流母线处的电压为 U_0。当系统有功负荷突然增大时，有功功率不足，导致频率下降；当系统无功负荷突然增大时，无功功率不足，导致电压幅值下降，反之亦然。以系统有功负荷突然增大时频率下降为例，逆变器下垂控制系统的调节作用为：当频率减小时，控制系统调节分布式电源输出的有功功率按下垂特性相应地增大，与此同时，负荷耗电功率也因频率下降而有所减小，最终在控制系统下垂特性和负荷本身调节效应的共同作用下达到新的功率平衡，即过渡到 B 点运行。该控制方法由于具有不需要分布式电源之间通信联系就能实施控制的潜力，所以一般用于对等控制策略中对分布式电源接口逆变器进行控制。

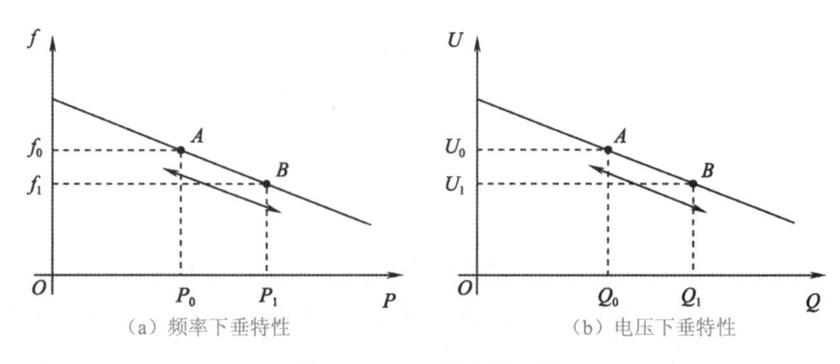

（a）频率下垂特性　　（b）电压下垂特性

图2-5　Droop控制原理图

2.2.2　智能微电网系统的控制方法

1. 主从控制方法

所谓主从控制法，是指在智能微电网处于孤岛运行模式时，其中一个 DG（或储能装置）采取恒压恒频控制（V/F 控制），用于向智能微电网中的其他 DG 提供电压和频率参考，而其他 DG 则可采用恒功率控制（P/Q 控制），如图 2-6 所示。采用 V/F 控制的 DG（或储能装置）控制器称为主控制器，而其他 DG 的控制器则称为从控制器，各从控制器将根据主控制器来决定自己的运行模式。

在采用主从控制方法的智能微电网系统中，如光伏发电系统、风力发电系统等微电源受自然气候影响，输出功率具有波动性、随机性、间歇性，一般采用恒功率控制，只发出恒定的有功功率或是执行最大功率跟踪，不参与网络电压和频率调节。适于采用主控制器控制的 DG 需要满足一定的条件，以维持智能微电网的稳定运行。在智能微电网处于孤岛运行模式时，作为从控制单元的 DG 一般为恒功率控制，负荷的变化主要由作为主控制单元的 DG 来跟随，因此要求主控制器的功率输出应能在一定范围内可控，且在各个 DG 单元之间无通信的前提下，能利用本地电压、电流对智能微电网内扰动在数毫秒内做出反应，足够快地跟随负荷或从控制单元 DG 的功率波动变化。

在采用主从控制的智能微电网中，当智能微电网处于并网运行状态时，所有的 DG 一般都是采用 P/Q 控制，而一旦转入孤岛运行，则需要作为主控制单元的 DG 快速由 P/Q 控制转

换为 V/F 控制，这就要求主控制器能够满足在两种控制模式间快速切换的要求。常见的主控制单元通常是由储能单元、可控的分布式电源（如柴油发电机）及分布式电源和储能单元一起来充当的。

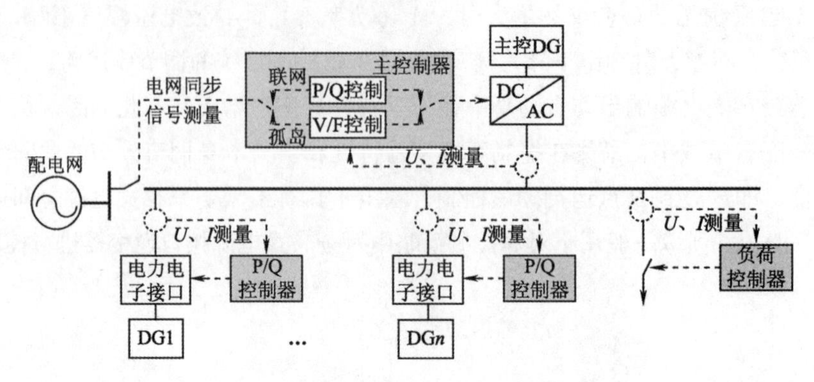

图2-6　采用主从控制方法智能微电网结构

2. 对等控制方法

所谓对等控制方法，是指智能微电网中所有的 DG 在控制上都具有同等地位，各控制器间不存在主和从的关系，每个 DG 都根据接入系统点电压和频率的就地信息进行控制，如图 2-7 所示。

对于这种控制方法，DG 控制器的控制方法选择十分关键，一种目前备受关注的方法就是 Droop 控制方法。对于常规电力系统，发电机输出的有功功率和系统频率、无功功率和端电压间存在一定的关联性：系统频率降低，发电机的有功功率输出将加大；端电压降低，发电机输出的无功功率将加大。DG 的 Droop 控制方法主要也是参照这样的关系对 DG 进行控制。在对等控制方法下，当智能微电网运行在孤岛运行模式时，智能微电网中每个采用 Droop 控制方法的 DG 都参与智能微电网电压和频率的调节。在负荷变化的情况下，自动依据 Droop 下垂系数分担负荷的变化量，亦即各 DG 通过调整各自输出电压的频率和幅值，使智能微电网达到一个新的稳态工作点，最终实现输出功率的合理分配。显然，采用 Droop 控制方法可以实现负载功率变化在 DG 间的自动分配，但负载变化前后系统的稳态电压和频率也会有所变化，对系统电压和频率指标而言，这种控制实际上是一种有差控制。

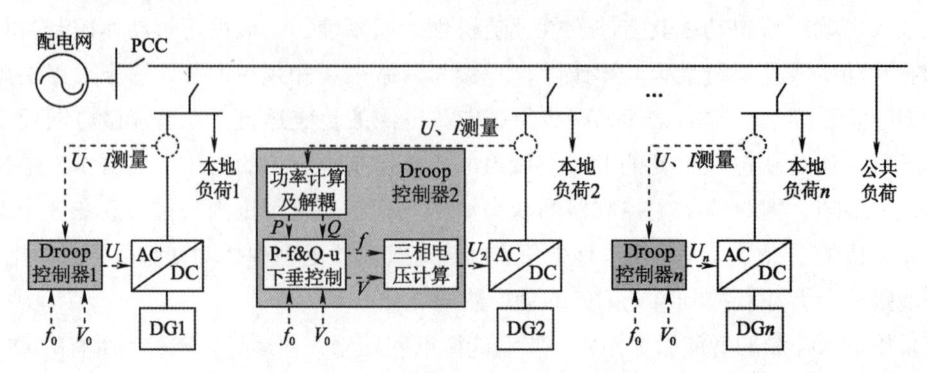

图2-7　采用对等控制方法智能微电网结构

图 2-7 所示的采用对等控制方法的智能微电网结构中，各 DG 以对等的形式接入智能微电网，智能微电网中的每个 DG 都具有电压和频率调节能力，并通过本地下垂控制策略维持智能微电网功率平衡，各 DG 通过调整各自输出电压的幅值和频率，使其达到一个新的稳态工作点，从而实现输出功率的合理分配。如果 DG 的下垂系数相等，则在稳定后各 DG 的输出功率相等；如果 DG 的下垂系数不相等，则斜率大的承担功率小，斜率小的承担功率大。显然，通过这种人为的下垂控制可以实现负载功率的自动可调，但却牺牲了系统输出电压幅值和频率的稳态指标。

与主从控制方法相比，在对等控制中各 DG 可以自动参与输出功率的分配，易于实现 DG 的即插即用，便于各种 DG 的接入。由于省去了昂贵的通信系统，理论上可以降低系统成本。同时，由于无论在并网运行模式还是在孤岛运行模式，智能微电网中 DG 的 Droop 控制策略可以不做变化，系统运行模式易于实现无缝切换。在一个采用对等控制方法的实际的智能微电网中，一些 DG 同样可以采用 P/Q 控制，在此情况下，采用 Droop 控制的多个 DG 共同担负起了主从控制器中主控制单元的控制任务：通过 Droop 系数的合理设置，可以实现外界功率变化在各 DG 之间的合理分配，从而满足负荷变化的需要，维持孤岛运行模式下对电压和频率的支撑作用等。

3. 分层控制方法

所谓分层控制方法，是指通过智能微电网中的中央控制器和 DG 中的本地控制器来分层协同控制，从而达到控制智能微电网内电压、频率的一种控制法。图 2-8 为日本的两层控制智能微电网结构框图。在该智能微电网中中心控制器首先对 DG 的发电功率和负荷需求量进行预测，然后制定相应运行计划，并根据采集的电压、电流、功率等状态信息，对运行计划进行实时调整，控制各 DG、负荷和储能装置的起停，保证智能微电网电压和频率的稳定，并为系统提供相关保护功能。

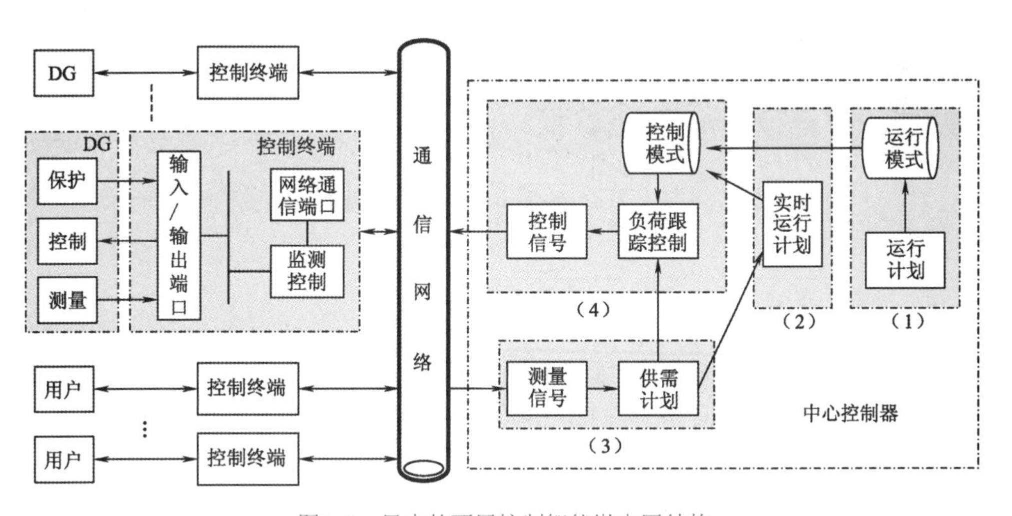

图2-8 日本的两层控制智能微电网结构

在上述分层控制方案中，各 DG 和上层控制器间需要有通信线路，一旦通信失败，智能微电网将无法正常工作。如图 2-9 所示，提供了一种中心控制器和底层 DG 采用弱通信联系的分层控制方案。在这一控制方案中，智能微电网的暂态供需平衡依靠底层 DG 控制器来实现，上层中心控制器根据 DG 输出功率和智能微电网内的负荷需求变化调节底层 DG 的稳态设置点和进行负荷管理，即使短时通信失败，智能微电网仍能正常运行。

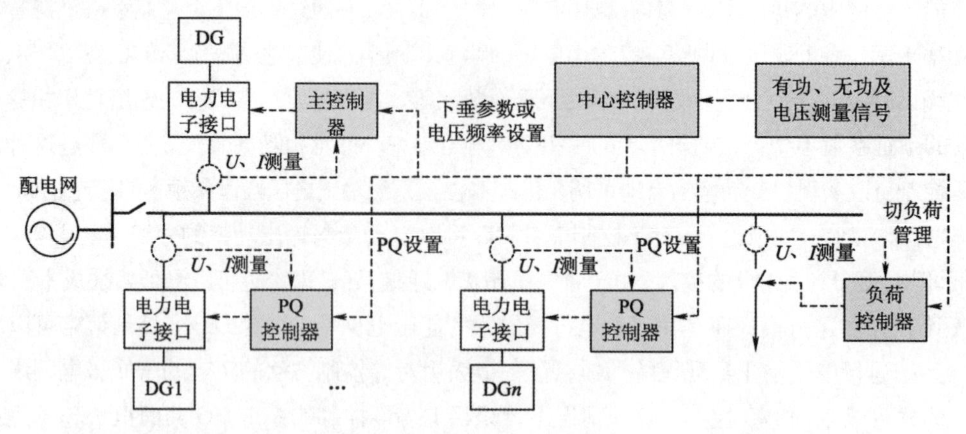

图2-9　弱通信联系的两层控制结构

在欧盟多智能微电网项目“多智能微电网结构与控制”中，提供了三层控制结构，方案如图 2-10 所示。

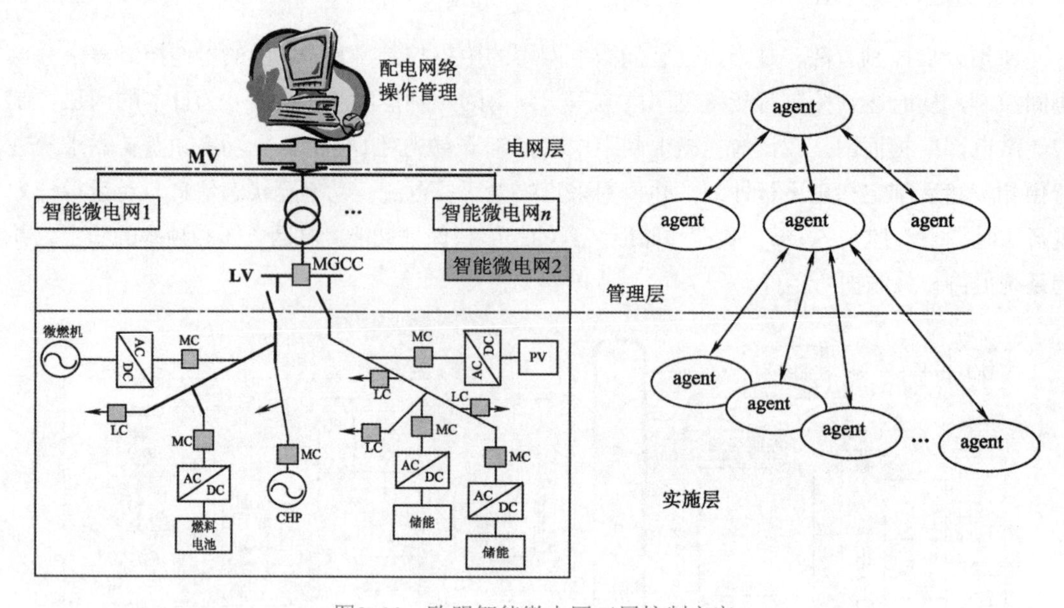

图2-10　欧盟智能微电网三层控制方案

最上层的配电网络操作管理系统主要负责根据市场和调度需求来管理和调度系统中的多个智能微电网；中间层的智能微电网中心控制器（Micro Grid Controlling Center，MGCC）负责最大化智能微电网价值的实现和优化智能微电网操作；下层控制器主要包括分布式电源控制器和负荷控制器，负责智能微电网的暂态功率平衡和切负荷管理。整个分层控制采用多 agent 技术实现。

2.3　智能微电网的稳定性控制方法

智能微电网的稳定分为小信号稳定和暂态稳定。当智能微电网与大电网连接并网运行时，若智能微电网中分布式电源发出的功率大于智能微电网中负荷的需求时，能量通过 PCC 点流向大电网；若智能微电网中分布式电源发出的功率小于智能微电网中负荷的需求时，大电网经 PCC 向智能微电网注入电能。由于智能微电网中的频率和电压是由大电网所决定的，智能微电网中分布式电源不参与电压和频率的调节。大电网发生故障或电能质量不能满足要求或检修时，智能微电网与大电网断开，孤岛运行；当大电网故障排除或电能质量恢复之后，智能微电网重新接入大电网与大电网并网运行。在智能微电网并网与孤岛运行之间相互切换的过程中存在动态的过渡过程，另外，在智能微电网孤岛运行时，为了保证智能微电网的稳定运行，也需要对电压、频率和相角进行稳定性控制。智能微电网的稳定性控制方法主要有单主或多主控制、孤岛下垂控制、采用储能装置平滑控制、甩负荷控制及再并网控制等。

2.3.1 单主或多主控制法

在智能微电网孤岛运行和孤岛与并网切换运行的过程中都需要频率和电压作为参考，仅用一个参考电源时称为单主运行控制，存在两个或多个参考电源时称为多主运行控制。采用单主或多主控制都是为了保障智能微电网孤岛运行和孤岛与并网运行相互切换过程中的稳定性。

2.3.2 孤岛下垂控制法

根据传统同步电动机输出有功功率与频率之间的下垂关系，智能微电网中各分布式电源的逆变器采用 P-f（有功功率－频率）下垂控制和 Q-u（无功功率－电压）下垂控制，负荷和功率差额在各分布式电源之间均衡分配，以达到稳定运行的目的。

2.3.3 采用储能装置平滑控制法

采用分布式储能装置可以起到稳定智能微电网系统，抑制闪变的作用。能量存储使得分布式发电即使在波动较快或较大的情况下也能够运行在一个稳定的输出水平。可靠的分布式发电单元与储能装置结合是解决诸如电压脉冲、电压闪变、电压跌落和瞬时供电中断等动态电能质量问题的有效途径之一。适量的储能可以在分布式电源不能正常运行的情况下起过渡作用，可以降低波动的幅度和频率，从而降低闪变。

2.3.4 甩负荷控制法

在孤岛运行时，负荷所需的电能与分布式电源发出的电能相差较大，智能微电网无论采用何种方式对分布式电源进行控制，都无法使电压或频率控制在可以接受的范围内，此时为了使智能微电网在孤岛运行下不至于崩溃，可对可控制负荷或非重要负荷采用甩负荷的控制策略。

2.3.5 再并网控制法

当电网故障排除或电能质量恢复，智能微电网要求重新并网时，如果并网点的电压与电网电压不同步，并网会引起较大的电流冲击。为避免这种情况的发生，可将电网电压参数发给分布式电源，要求分布式电源调整输出电压使其与电网电压同步，孤岛控制单元检测到电压同步信号后再闭合控制开关，以实现再并网控制。

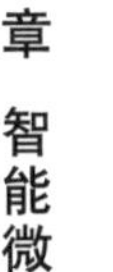

2.4 智能微电网运行与控制的应用案例

应用案例以天津大学“Sunflower”太阳能零能耗建筑为例，分析智能微电网的运行模式与控制方法。该零能耗建筑的供电系统是由太阳能发电系统和蓄电池组构成的一个光蓄智能微电网系统。该建筑为一个 74 m^2 的住宅，内部配备有电视、冰箱、灶具、洗衣机、计算机等全套日常家用电器及家具，在屋顶和房屋的东、南、西三个立面及女儿墙都安装有光伏阵列，其安装效果图如图 2-11 所示。

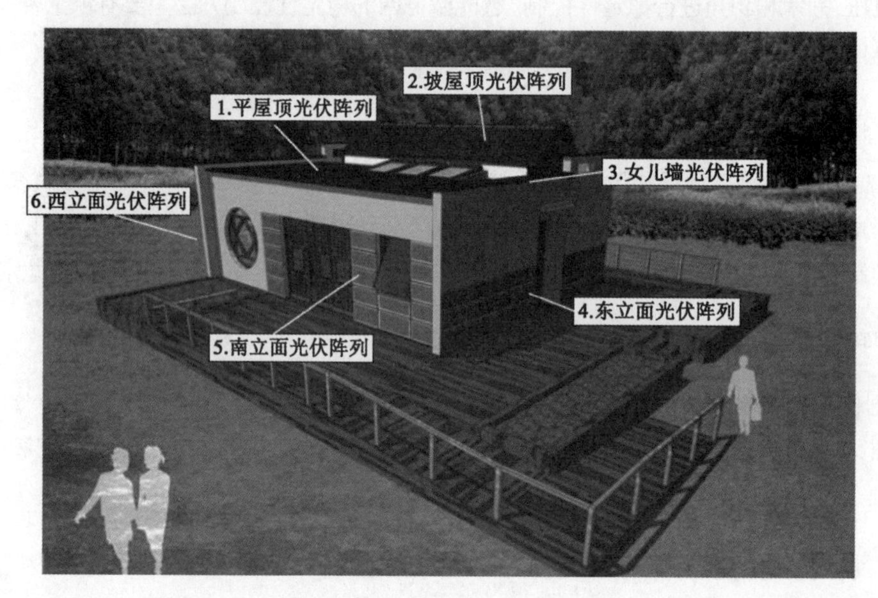

图2-11　零能耗建筑安装效果图

零能耗建筑中安装的光蓄智能微电网系统的结构图如图 2-12 所示。

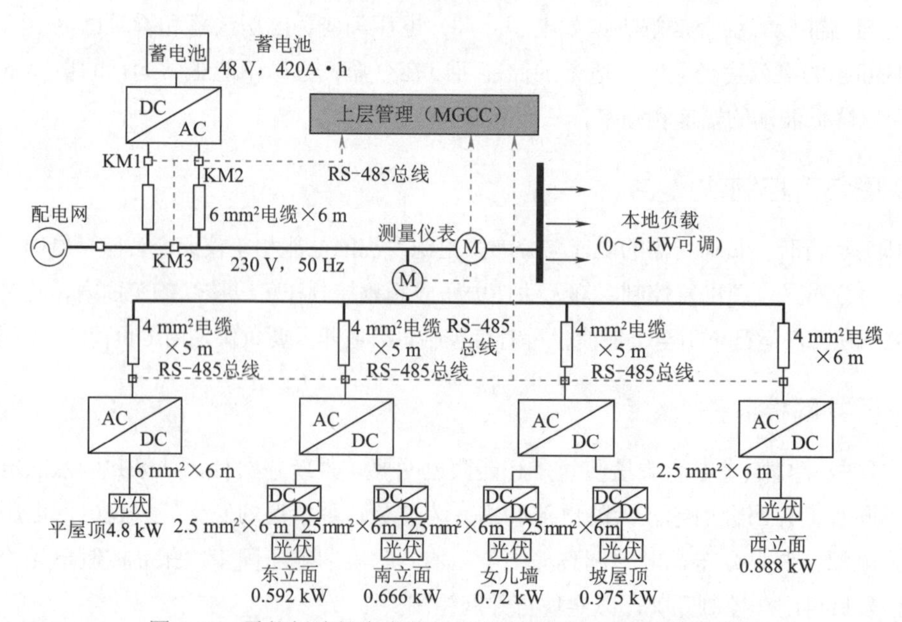

图2-12　零能耗建筑中安装的光蓄智能微电网系统的结构图

2.4.1 运行模式设定

系统设有上层控制器，通过 RS-485 总线与光伏发电系统和储能系统进行通信，采集系统的功率、电压、频率、工作状态等系统信息，并设置光伏并网逆变器的工作模式，保证在孤岛运行模式下的电压和频率符合要求。

以从外电网获得最少功率为原则，设计该光蓄智能微电网系统具备以下四种运行模式：

(1) 光伏发电量大于负荷耗电量，且蓄电池已充满或接近充满（浮充），则 KM1 断开，KM2、KM3 闭合，系统并网运行，光伏发电的富余电能一方面通过 KM2 向蓄电池充电，另一方面则直接通过 KM3 向电网倒送电能。

(2) 光伏发电量大于负荷耗电量，蓄电池荷电状态较低，则 KM1、KM3 断开，KM2 闭合，系统处于孤岛运行模式，光伏发电的富余电能通过 KM2 向蓄电池充电，同时避免了电网对蓄电池进行充电。

(3) 光伏发电量小于负荷耗电量，若蓄电池电量充足，则 KM1、KM3 断开，KM2 闭合，系统处于孤岛运行模式，由蓄电池负责补充系统功率缺额。

(4) 光伏发电量小于负荷耗电量，且蓄电池容量低于一定的下限，为了避免蓄电池的过放电，则 KM1、KM2 断开，KM3 闭合，由电网直接给负荷供电，并避免电网对蓄电池充电。

在实际应用时，光伏系统可以长期并网运行，只有在外电网故障时再进入孤岛运行模式；也可以长期孤岛运行，但用电可靠性会有所降低。总之，上述运行模式的切换原则可以因实际的需要而调整，这一点可以很容易通过调整上层控制器的控制策略来实现。

2.4.2 运行控制测试

孤岛运行时，储能装置需要维持智能微电网内的频率和电压，跟踪光伏系统输出功率与负荷波动。由于储能装置存储的能量有限，若系统中光伏系统输出功率或负荷波动较大，将会影响储能装置的充放电状态，进而影响到智能微电网孤岛运行时的动态行为。另外，由于进行并网和孤岛模式切换时，蓄电池双向逆变器将切换控制策略，并通过运行控制来调整蓄电池输出，以稳定光伏系统，应尽量避免其被切除。

针对本案例的光蓄智能微电网系统，在孤岛、并网及二者之间切换时，利用电能质量分析仪对智能微电网交流母线处电压、频率及各光伏系统、蓄电池的输出功率进行实时采样分析，以检验和分析智能微电网系统在各种控制方法、各种变化条件下对智能微电网运行模式和运行状态的影响。

1. 孤岛运行模式下运行控制测试

孤岛运行模式下，智能微电网系统的运行特性与蓄电池荷电状态（State of Charge，SoC）、光伏系统发电功率、负荷耗电功率密切相关，下面依次进行分析。

1）蓄电池荷电状态（SoC）对孤岛运行控制的影响

(1) SoC 处于正常状态时。通过测试，图 2-13 给出了 SoC=30 时，智能微电网孤岛运行模式下各种不同运行条件的实测曲线。

在 0 ~ 12 s 期间，光伏发电系统和双向逆变器并联运行，共同给负荷供电，蓄电池组作为主电源，其双向逆变器采用恒电压恒频率控制，光伏发电系统作为从单元采用最大功率跟踪控制。在此运行阶段，智能微电网的电压和频率维持恒定，分别为 231 V，50 Hz。

在 12 s 时，负荷从 600 W 阶跃到 1 750 W，破坏了智能微电网的暂态功率平衡。因光伏输出不可调度，蓄电池组双向逆变器将增大输出功率以维持智能微电网功率平衡，智能微电网的电压和频率将发生小幅度波动，频率波动范围仅为 0.02 Hz，短暂调整后可恢复到稳态孤岛运行模式。

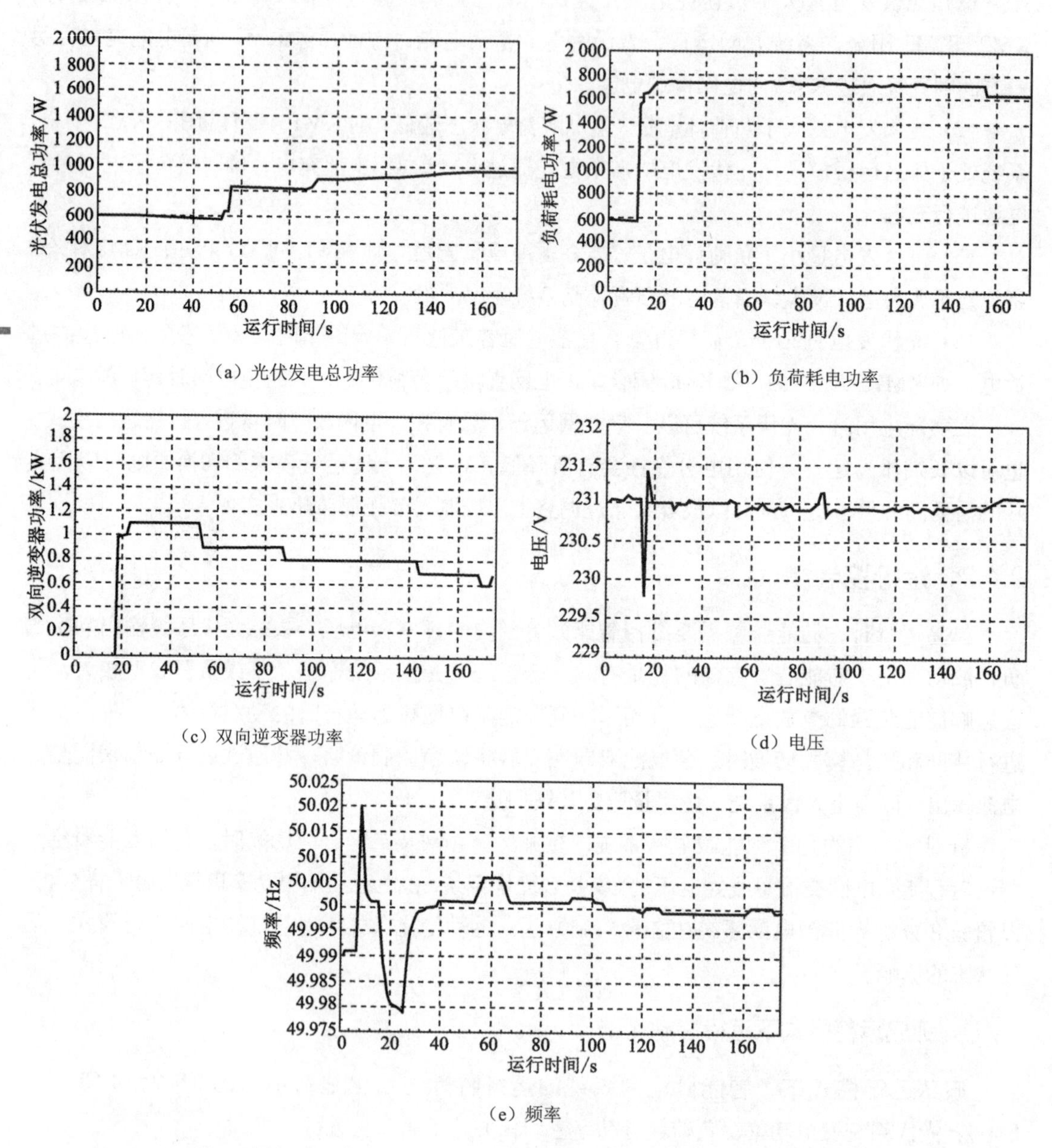

（a）光伏发电总功率

（b）负荷耗电功率

（c）双向逆变器功率

（d）电压

（e）频率

图2-13　智能微电网孤岛运行模式时的状态（SoC=30）

第 52 s 时，光伏发电功率从 590 W 阶跃到 820 W，并在第 90 s 时阶跃到 900 W，而后缓慢上升到接近 1 kW。在这几次光伏发电功率变化的过程中，智能微电网的暂态功率平衡都会遭到破坏，导致电压和频率小幅度波动，但波动范围很小，频率波动范围仅为 0.006 Hz。

可以看出，当蓄电池 SoC 处于正常状态时，在孤岛运行模式下，无论是光伏发电系统波动还是负荷波动，由于蓄电池储能装置的存在，智能微电网中的功率平衡总能快速得到满足。

智能微电网电压和频率虽小幅度波动，但均在可接受范围内，各光伏并网逆变器仍可稳定运行而不被切除。

(2) SoC 很高。图 2-14 给出了蓄电池 SoC=90 时，智能微电网孤岛运行模式下各种不同运行条件的实测曲线。图 2-14 (a) 所示为光伏发电功率及负荷耗电功率曲线，可以看出，当光伏发电功率大于负荷耗电功率时，由于蓄电池充电能力的限制，多余的功率不能被蓄电池完全吸收，智能微电网中暂态功率平衡得不到满足，由于此时光伏发电系统处于 P /Q 控制状态下，根据恒功率控制曲线，为保证光伏发电系统的恒功率输出，蓄电池的双向逆变器作为主控单元，将依据图 2-3 (a) 所示的有功功率 – 频率特性曲线逐步提高智能微电网运行频率，如图 2-14 (b) 所示。当频率上升到 50.8 Hz 时，各光伏并网逆变器达到极限切除时间而依次被切除，直至 t=122 s 时，负荷耗电功率大于光伏发电功率，蓄电池双向逆变器从充电状态切换到放电状态，智能微电网中的功率平衡得到满足，频率才得以稳定在 50 Hz。

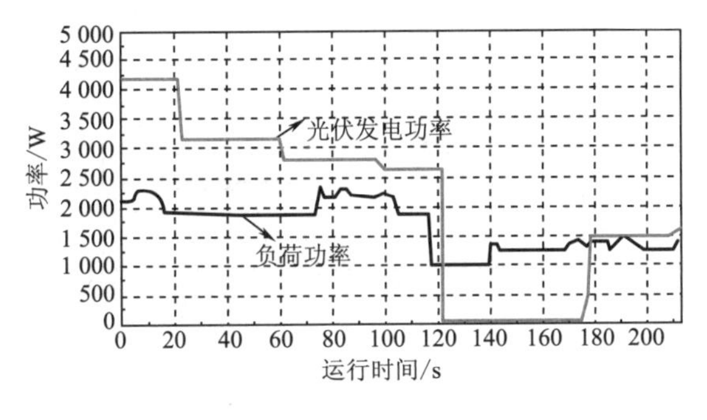

(a) 光伏发电功率及负荷耗电功率

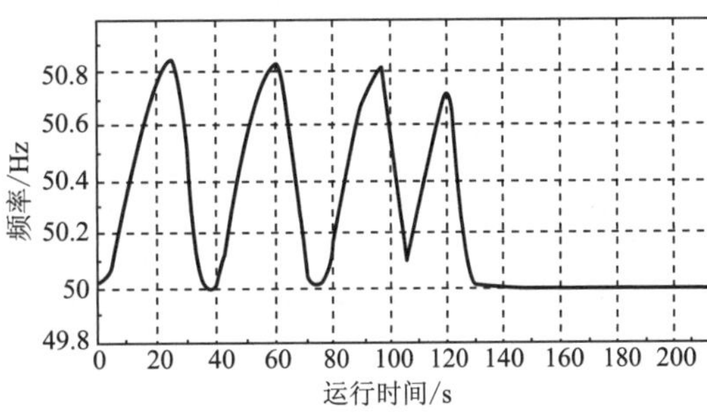

(b) 频率

图2-14　智能微电网孤网运行模式时的状态（SoC=90）

可以看出，蓄电池 SoC 较高时，光伏发电功率大于负荷耗电功率，会造成智能微电网频率上升，进而导致光伏并网逆变器退出运行，以保证智能微电网的功率平衡。光伏并网逆变器退出后，由双向逆变器负责负荷的电力供应，待频率稳定后，光伏并网逆变器再重新并入，这就造成了蓄电池双向逆变器在充电、放电两种模式之间反复切换，对蓄电池系统的使用寿命造成不良影响。事实上，这是一种依据智能微电网频率来调节光伏并网逆变器并入和切除的被动调节方式，当然在智能微电网中还可以采用根据智能微电网频率来调节光伏系统功率输出的主动调节方案及系统中增加智能负荷来消耗智能微电网中的富余电能以保证智能微电网功率平衡的调节方案。

除此之外，还有另一种可行方式是在 SoC 较高且光伏发电功率大于负荷耗电功率时，智能微电网由孤岛模式切换到并网模式，并将富余的电能倒送至电网。

2）负荷波动对孤岛稳定运行的影响

考虑极限情况，即光伏发电为零，并大幅度调节负荷来分析其对智能微电网稳定运行的影响。其实测曲线如图 2-15 所示。

从图 2-15 (a) 可以看出，因整个系统负荷均由蓄电池供电，导致蓄电池 SoC 不断下降。当

负荷在 400 ~ 3 250 W 之间波动时，智能微电网的电压和频率将跟随负荷发生波动，如图 2-15（b）和图 2-15（c）所示，但电压波动范围小于 1 V，频率波动范围不超过 0.1 Hz，均在允许的范围之内。由此可见，负荷的波动并不会影响智能微电网的稳态孤岛运行，且不会造成光伏并网逆变器的退出。

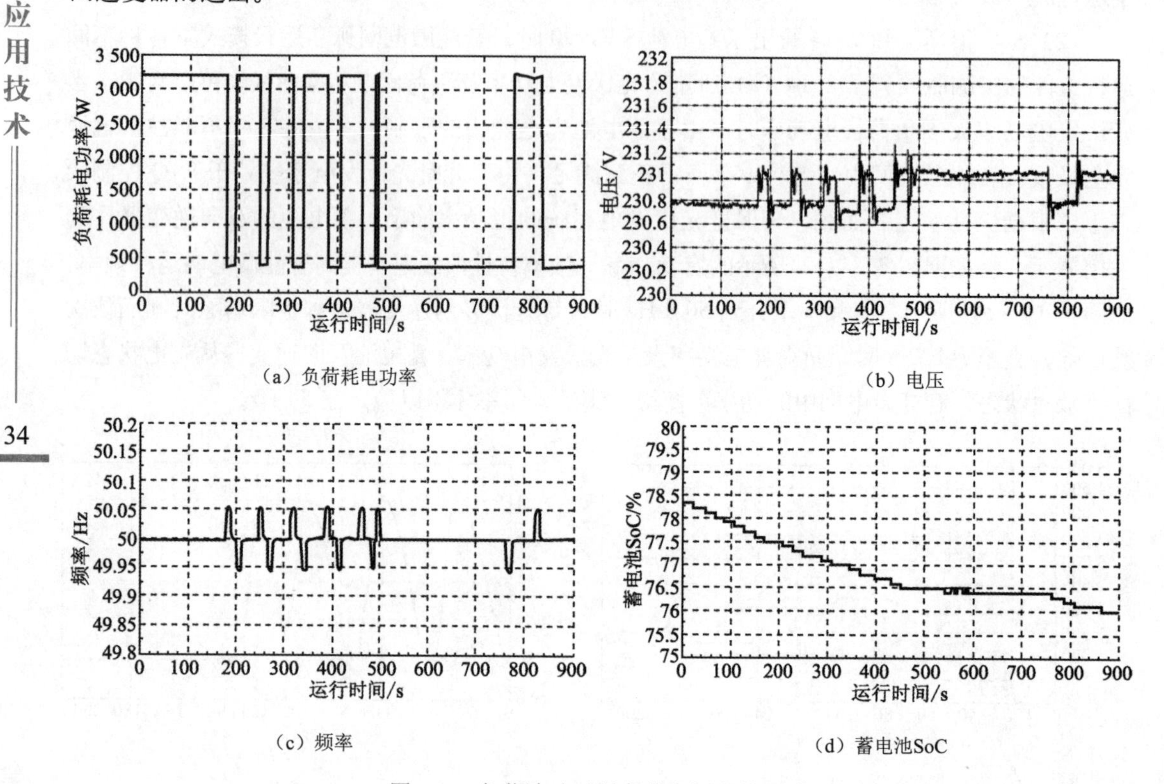

图2-15　负荷波动对孤岛稳定运行的影响

3）光伏发电功率波动对孤岛稳定运行的影响

将负荷耗电功率维持在 500 W 左右不变，通过切掉和并入光伏并网逆变器的形式实现光伏发电功率的波动。图 2-16 所示为该条件下的实测曲线。

在 t=5 s 时，光伏发电功率从 3 750 W 下降到 490 W，并在 t=10 s 下降到 0（相当于光伏发电的切除），这导致智能微电网频率从 50 Hz 下降到 49.93 Hz，并在短暂调整之后稳定于 50 Hz，如图 2-16（f）所示。电压从 231.5 V 下降到 231 V 以下，并经过短暂调整后稳定于 231 V，如图 2-16（e）所示。

t=63 s 时，光伏发电功率从 0 阶跃到 1 600 W（相当于光伏发电的并入），频率发生 0.03 Hz 波动，并经过短暂调整后稳定在 50 Hz，电压经过短暂调整后维持在 231.5 V。

t=257 s 时，光伏发电功率上升至 3 750 W，伴随着功率上升，频率发生 0.04 Hz 波动，经过短暂调整后依然维持在 50 Hz，电压经过短暂调整后维持在 231.7 V。

可以看出，光伏并网逆变器并入和切除对智能微电网电压和频率造成的冲击均在允许的范围内，不会影响到其余光伏并网逆变器的切除。

综上所述，当智能微电网系统孤岛运行时，光伏发电功率波动以及负荷波动对电压和频率所造成的影响均在可允许的范围内，不会影响智能微电网的稳态运行。即使 SoC 很高，且光伏发电功率大于负荷耗电功率的情况下，也能通过切除光伏并网逆变器的方式来实现智能微电网的功率平衡，以保证智能微电网的稳态孤岛运行。

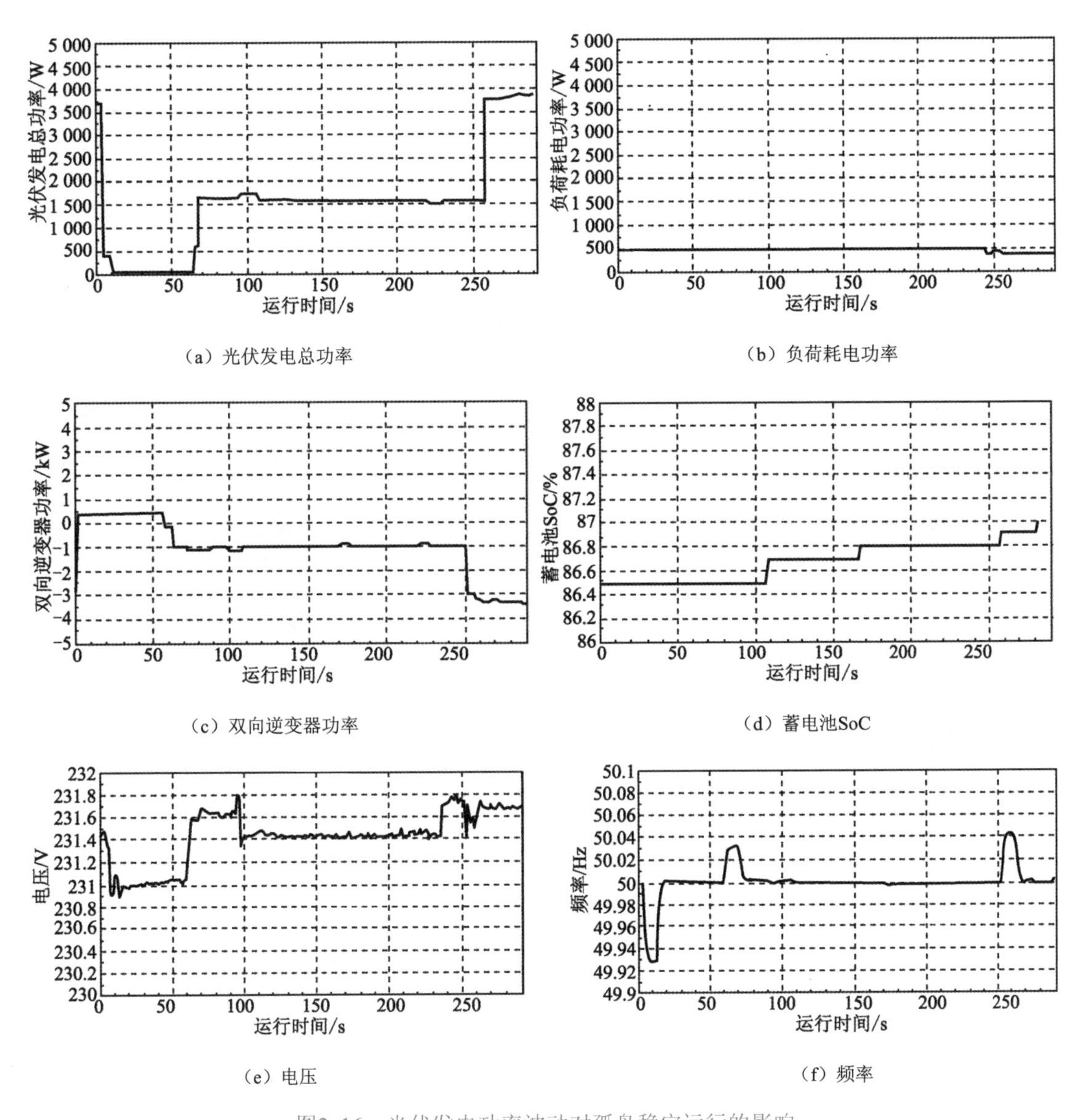

（a）光伏发电总功率　　（b）负荷耗电功率

（c）双向逆变器功率　　（d）蓄电池SoC

（e）电压　　（f）频率

图2-16　光伏发电功率波动对孤岛稳定运行的影响

2. 并网运行模式下运行控制测试

图 2-17 为并网运行模式下智能微电网的运行控制曲线。可以看出，并网运行模式下，以外电网电压和频率为参考，智能微电网的电压和频率随外电网波动而波动。由于光伏并网逆变器和蓄电池双向逆变器均采用恒功率控制，当图 2-17（a）中的光伏发电功率发生波动时，或图 2-17（b）中的负荷耗电功率发生波动时，其导致的功率不平衡均由外电网来平衡，如图 2-17（d）所示。蓄电池双向逆变器的输出功率与外界光伏或负荷的功率变化无关，仅由蓄电池本身的状态决定，如图 2-17（c）所示。

（a）光伏发电总功率

（b）负荷耗电功率

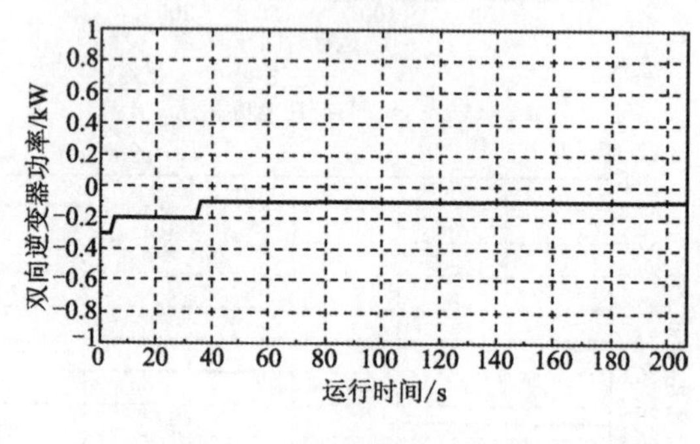

（c）双向逆变器功率

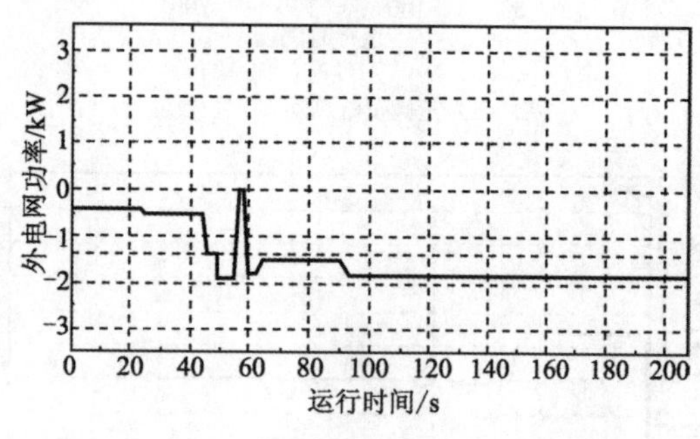

（d）外电网功率

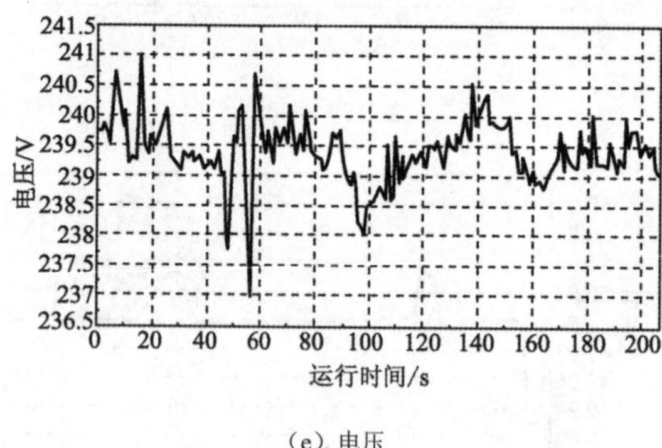

（e）电压

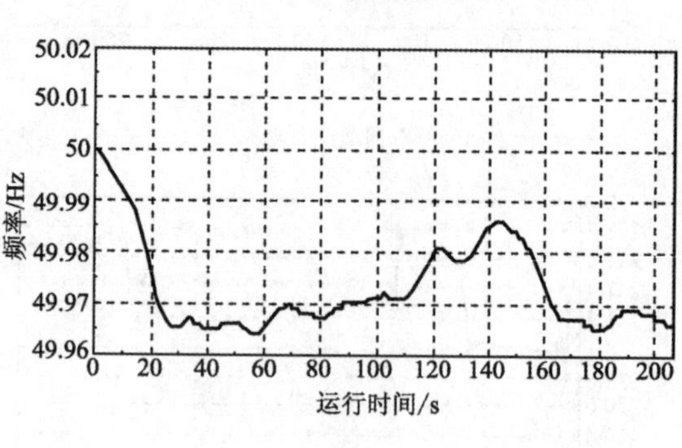

（f）频率

图2-17　并网运行模式下智能微电网的运行控制曲线

3. 孤岛转并网模式下运行控制测试

智能微电网由孤岛切换到并网模式，双向逆变器进行控制策略切换，由恒电压恒频率控制切换到恒功率控制。外电网除了给负荷供电以外，还要通过双向逆变器给蓄电池充电，充电功率由蓄电池本身状态决定。若蓄电池的 SoC 较低，并网时外电网对蓄电池的充电功率较大，当由孤岛向并网模式切换时，蓄电池双向逆变器的功率变化也相对较大，对智能微电网电压和频率的影响相应也就较大。因此，以蓄电池 SoC 较低时孤岛向并网模式切换来衡量智能微电网的动态特性。

当蓄电池 SoC=30 时，从孤岛向并网模式切换时的动态响应曲线如图 2-18 所示。

t=0～70 s 之间，智能微电网孤岛运行，双向逆变器为恒电压恒频率控制（231 V，50 Hz），处于放电状态（功率为正），图 2-18（e）所示的蓄电池 SoC 不断降低。

t=70 s时，发生由孤岛到并网模式的切换，蓄电池双向逆变器切换为恒功率控制，其电压和频率跟随外电网波动而波动，光伏并网逆变器可以继续并网运行而不被切除，实现平稳过渡；同时，外电网功率从 0 上升到 3.3 kW，除了供给负荷之外，还负责给蓄电池充电，充电功率由蓄电池本身状态决定，图 2-18（e）所示的蓄电池 SoC 逐步上升。

可以看出，当发生由孤岛向并网模式切换时，由于外电网可以看作无穷大电源，因此切换后负荷耗电功率及蓄电池充电功率可由外电网迅速得到补充，保证孤岛到并网模式的平稳过渡。切换瞬间智能微电网频率下降 0.07 ~ 49.93 Hz，能保证光伏并网逆变器继续并网运行而不被切除。

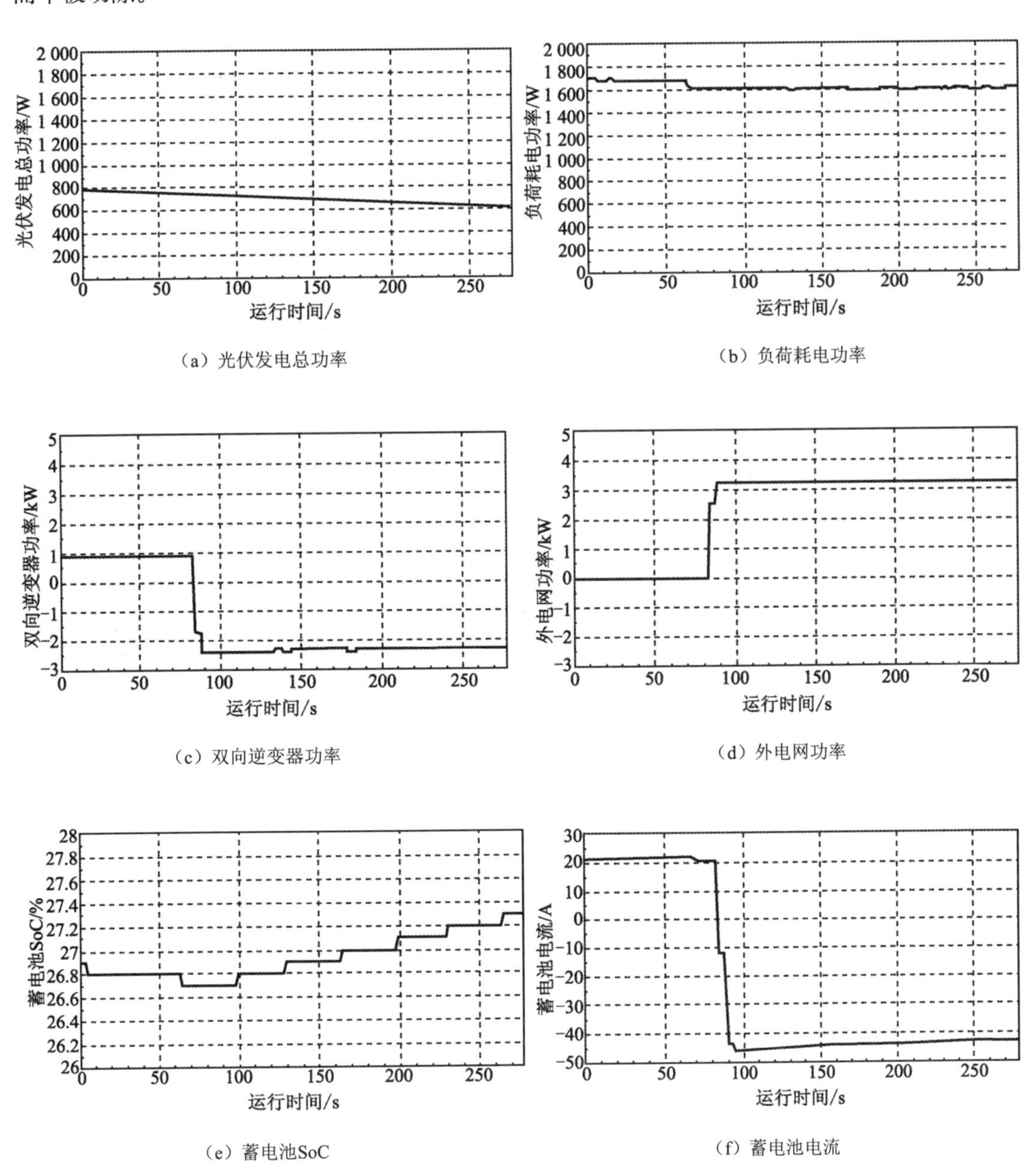

图2-18　从孤岛向并网模式切换时的动态响应曲线（SoC=30）

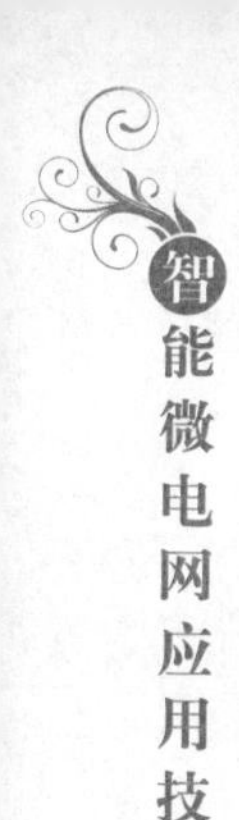

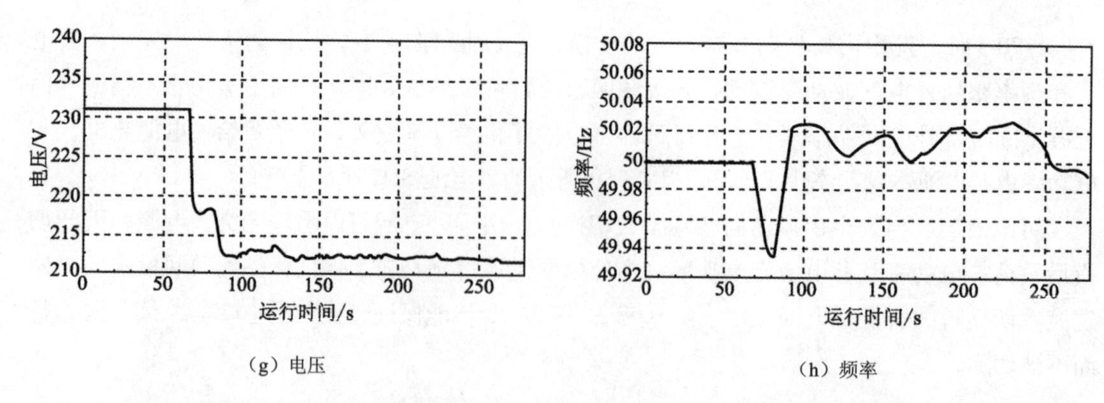

（g）电压

（h）频率

图2-18　从孤岛向并网模式切换时的动态响应曲线（SoC=30）（续）

4. 并网转孤岛模式下的运行控制测试

智能微电网由并网切换到孤岛运行模式时，智能微电网失去外电网的电压和频率参考，双向逆变器切换到恒电压恒频率控制。除了蓄电池本身输出功率要发生变化，外电网所供应的负荷耗电功率也将改由蓄电池来提供，因此蓄电池瞬间的放电能力将决定是否可以实现从并网到孤岛模式的平稳过渡。

图 2-19 所示为蓄电池 SoC=30 时，智能微电网系统从并网到孤岛模式切换时的动态响应曲线。

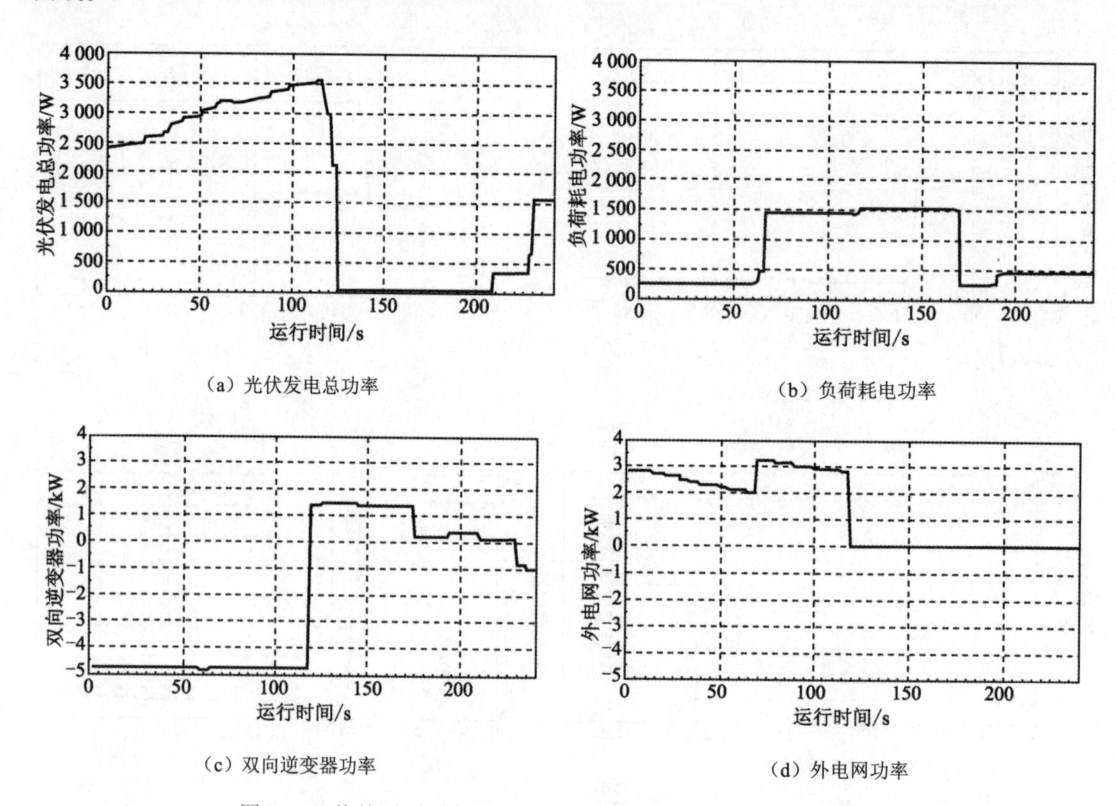

（a）光伏发电总功率

（b）负荷耗电功率

（c）双向逆变器功率

（d）外电网功率

图2-19　从并网到孤岛模式切换时的动态响应曲线（SoC=30）

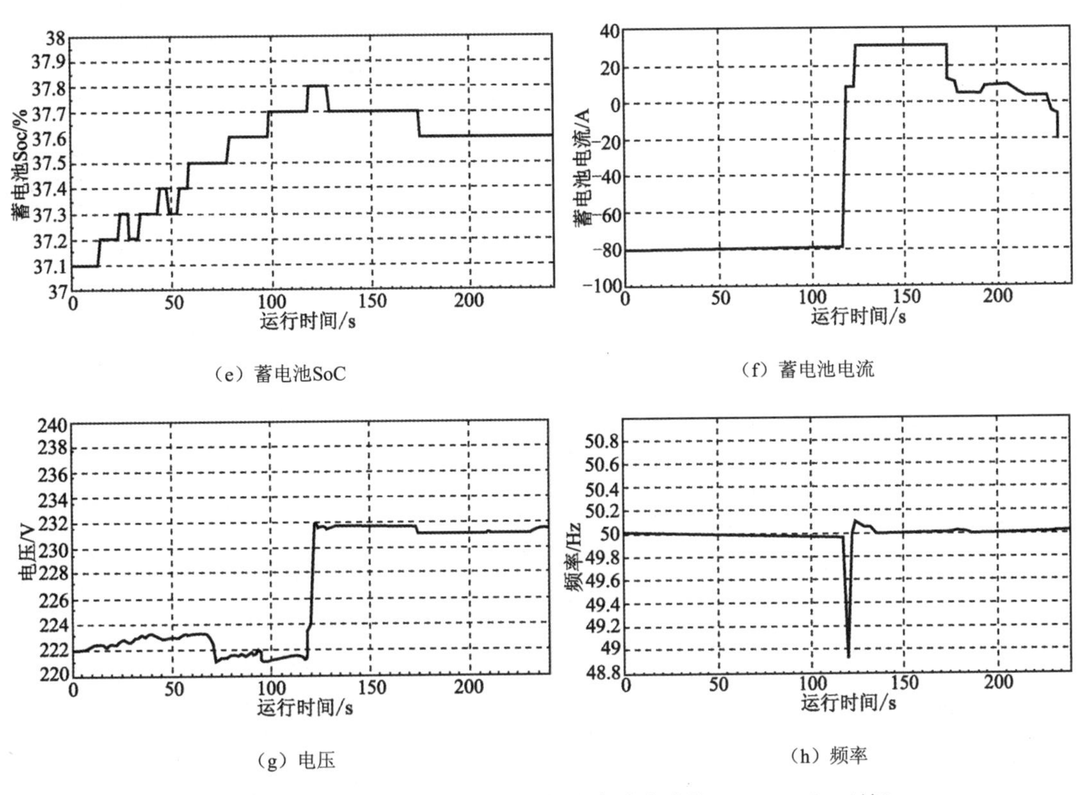

（e）蓄电池SoC （f）蓄电池电流

（g）电压 （h）频率

图2-19 从并网到孤岛模式切换时的动态响应曲线（SoC=30）（续）

t=120 s 时，智能微电网由并网向孤岛模式切换，切换瞬间，因蓄电池放电能力的限制，导致智能微电网的频率发生瞬间跌落。依据 IEEE 1547 所规定的并网系统对不正常频率的响应时间，当频率跌幅超过 0.7 Hz，持续时间超过 0.16 s，将导致并网系统的切除。可以看出，瞬间频率最大跌幅超过 1 Hz，且持续时间超过 0.16 s，因此导致所有光伏并网逆变器达到极限切除时间而被切除（即功率输出为 0），待频率稳定后依次重新并入，如图 2-19（a）所示。

图 2-20 所示为蓄电池 SoC=50 时，系统从并网到孤岛模式切换时的动态响应曲线，切换时刻为 t=98 s。从图 2-20 中可以看出，由于蓄电池 SoC 的提高，智能微电网内电压和频率的瞬间跌落只导致部分光伏并网逆变器达到极限切除时间而被切除，如图 2-20（a）所示。

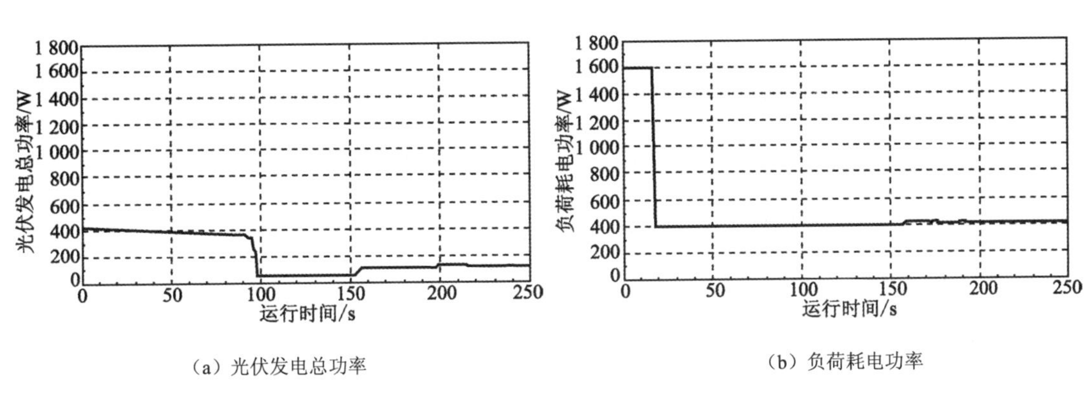

（a）光伏发电总功率 （b）负荷耗电功率

图2-20 从并网到孤岛模式切换时的动态响应曲线（SoC=50）

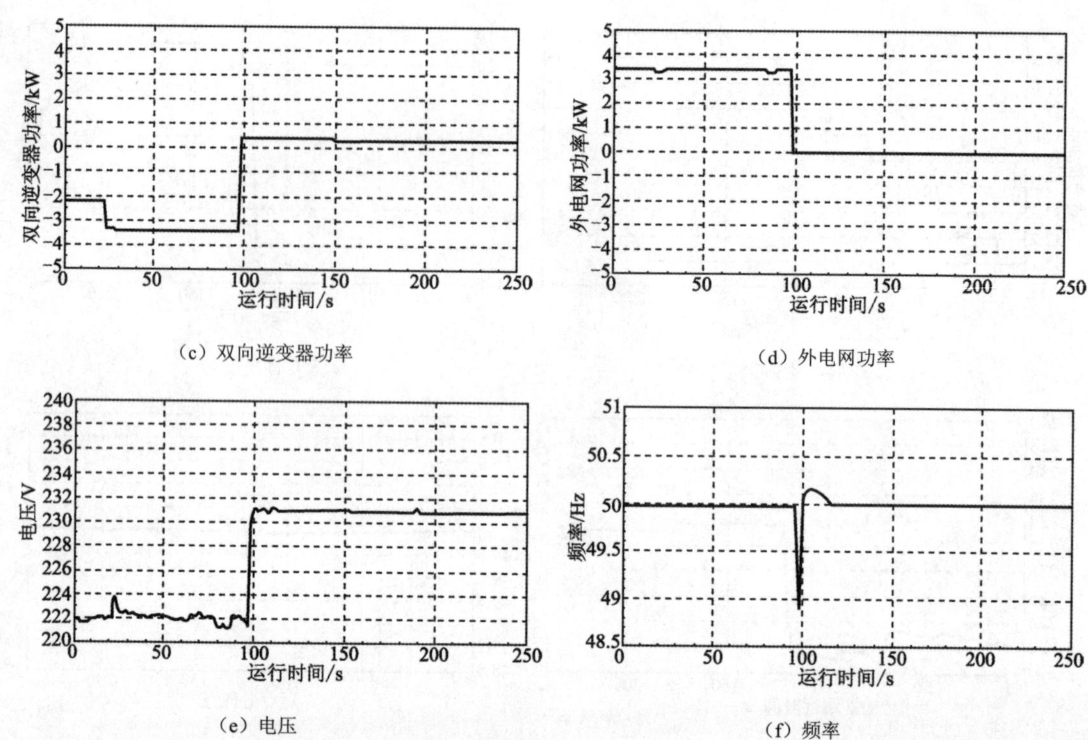

（c）双向逆变器功率　　（d）外电网功率

（e）电压　　（f）频率

图2-20　从并网到孤岛模式切换时的动态响应曲线（SoC=50）（续）

图 2-21 所示为蓄电池 SoC=90 时，系统从并网到孤岛模式切换时的动态响应曲线。在 t=150 s 时，智能微电网从并网向孤岛模式切换，由于蓄电池 SoC 很高，瞬间放电能力能够满足切换瞬间的功率突变，所有光伏并网逆变器均可继续运行而不被切除。但当切换到孤岛模式运行后，由于光伏发电功率大于负荷耗电功率，引起智能微电网频率在 t=168 s 时增加至 50.8 Hz，导致光伏并网逆变器退出智能微电网系统运行。

综上所述，从并网向孤岛模式切换过程中，蓄电池 SoC 是决定光伏并网逆变器是否切除的关键因素，随着 SoC 增加，切除的光伏并网逆变器相应也就越少。但总体来说，蓄电池的快速动态功率补偿能力相对较弱，若要达到切换瞬间快速的动态功率补偿以保证各光伏并网逆变器不被切除，复合储能技术不失为一种合理化的选择。

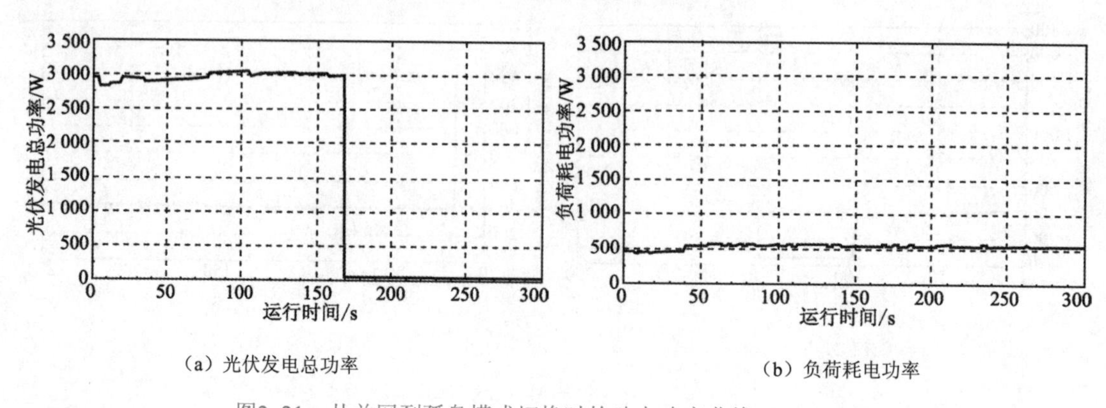

（a）光伏发电总功率　　（b）负荷耗电功率

图2-21　从并网到孤岛模式切换时的动态响应曲线（SoC=90）

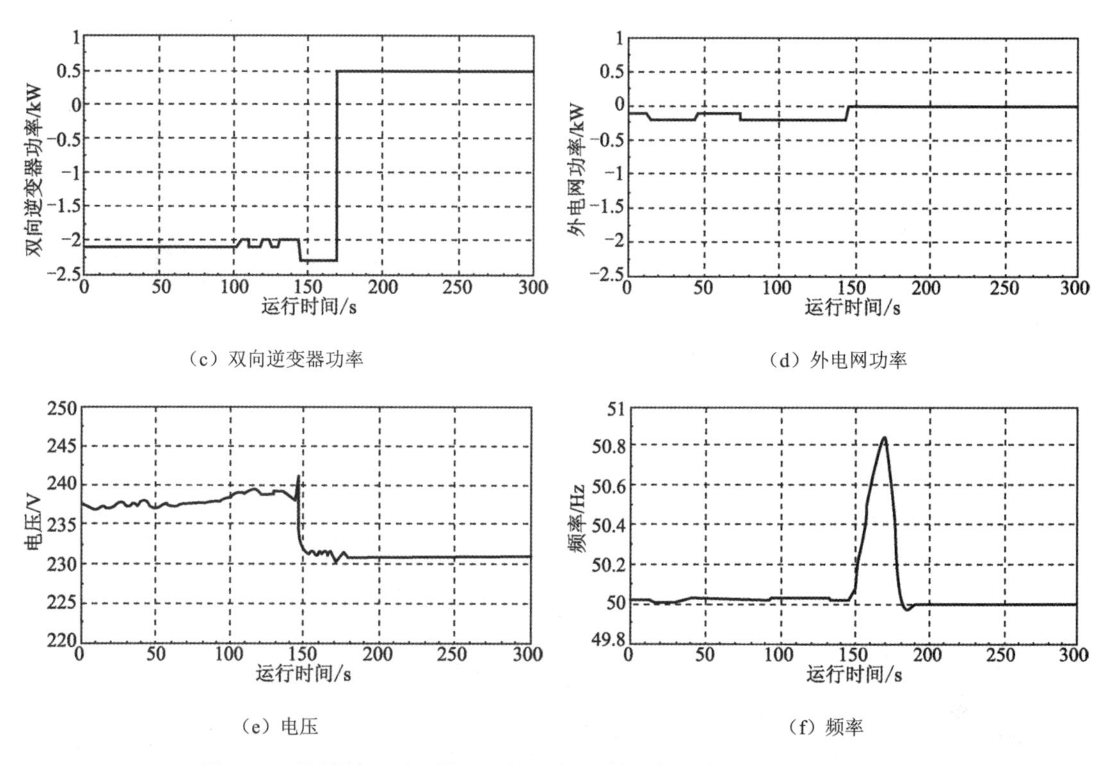

（c）双向逆变器功率　　（d）外电网功率

（e）电压　　（f）频率

图2-21　从并网到孤岛模式切换时的动态响应曲线（SoC=90）（续）

本案例在建立的以蓄电池为核心的光伏智能微电网系统的基础上，进行了并网、孤岛以及二者之间相互切换的实验测试，对影响其稳态性能的各因素均进行了详细分析，表明蓄电池 SoC 对智能微电网系统稳态运行的意义，同时也指出蓄电池储能装置在快速动态跟踪方面的一些问题。但实际运行经验表明，这一智能微电网系统结构及相关控制策略具有一定的通用性，特别适宜与建筑结合的光伏发电系统的组网设计，可提高供电的可靠性，有着较好的示范性，对于推广和应用太阳能建筑及智能微电网技术，促进其应用技术的规模化、产业化有着重要的意义。

习　　题

1. 智能微电网有哪几种运行模式和运行状态？

2. 分布式电源的控制方法有哪几种？其工作原理分别是怎么样的？

3. 智能微电网系统的控制方法有哪些？其控制原理分别是什么？各有什么异同，分别适合在什么情况下应用？

4. 智能微电网中稳定性控制的方法有哪些？并简述其控制原理。

5. 在孤岛运行的智能微电网系统中，蓄电池起什么作用？蓄电池的荷电状态对智能微电网的运行会有什么影响？

6. 当智能微电网并网运行时，为了保障智能微电网内的功率平衡，应采取什么样的控制策略？

7. 当智能微电网孤岛运行时，为了保障智能微电网内的功率平衡，应采取什么样的控制策略？

第3章 智能微电网的储能技术

学习目标

（1）了解储能在智能微电网中的作用；

（2）掌握储能技术的分类和特点；

（3）掌握智能微电网中常用的储能技术定义、工作原理及其优缺点；

（4）掌握各种储能设备在电网中的应用场合；

（5）了解储能系统在智能微电网中的各种典型应用案例。

本章简介

储能是智能微电网系统中不可缺少的一部分，它在智能微电网中能够起到削峰填谷的作用，极大地提高了分布式能源的利用效率，本章主要介绍了储能技术的定义、分类和特点，并详细讲解了各种储能技术的工作原理及其优缺点，最后给出了各种储能技术在智能微电网中的典型应用案例。

3.1 智能微电网中储能技术的定义、分类和特点

3.1.1 储能技术及设备的定义和分类

1. 储能技术的定义

储能技术是特指通过机械的、电磁的、电化学等方法，将能量存储起来，在需要的时候，再通过机械的、电磁的、电化学的方法转变为电能，为用电设备提供电能的技术。

2. 储能设备的定义和分类

（1）储能设备：用来存储能量的设备。

（2）储能设备的分类。储能设备按照其应用领域可以分为便携式储能设备、移动式储能设备和固定式储能设备。各个储能设备对应的功率等级、能量等级及应用场合见表 3-1。

表3-1 各个储能设备对应的功率等级、能量等级及应用场合

功率等级	能量等级	设备类型	应用举例
≤1W	mW・h	便携式储能设备	电子表、手表
1~100W	W・h		电子设备、电动工具
≤500W	≤500W・h	移动储能设备	电动自行车
10~200 kW	2~200 kW・h		节能与新能源汽车
100~500 kW	100~500 kW・h		铁路机车、城市轨道交通车
1 kW	5 kW・h	固定储能设备	家用储能设备
10~100 kW	30 kW・h		小型工业和商业设施
100 kW~1 GW	MW・h、GW・h级		智能电网、新能源、移峰填谷储能电站

3. 储能技术的分类

根据各种储能设备所采用的技术的不同，可以将储能技术分为机械储能技术、化学储能技术和电磁储能技术。

1）机械储能技术

机械储能技术是指将电能通过转换为机械能的形态储存起来，在需要时，可再由机械能转换为电能为用电设备提供电能的技术。机械储能技术包括抽水蓄能技术、压缩空气储能技术、飞轮储能技术。

（1）抽水储能技术。抽水储能技术是用电网低谷时的过剩电能将水从地势低的水库抽到地势高的水库，将电能以水的势能形式进行存储；在电网峰荷时再利用高地势水库中的水回流到下水库推动水轮机发电机发电，再将水的势能转化为电能而加以利用的一种技术。

抽水储能技术的优点：具有电能调节能力，用于调峰和备用，技术上成熟可靠，容量可以做得很大。

抽水储能技术的缺点：建造受地理条件限制，需要合适落差的高低水库，远离负荷中心；抽水和发电中有相当数量的能量被损失，储能密度较差，建设周期长，投资大。

（2）压缩空气储能技术。压缩空气储能技术（Compressed Air Energy Storage，CAES）是利用电力系统负荷低谷时的剩余电能，由电动机带动空气压缩机，将空气压入作为储气室的密闭大容量地下洞穴，当系统发电量不足时，将压缩空气经换热器与油或天然气混合燃烧，导入燃气轮机做功发电的一种技术。

压缩空气储能技术的优点：有调峰功能，适合用于大规模风场，因为风能产生的机械功可以直接驱动压缩机旋转，减少了中间转换的环节，从而提高了效率。

压缩空气储能技术的缺点：效率较低，原因在于空气受到压缩时温度会升高，空气释放膨胀的过程中温度会降低。在压缩空气过程中一部分能量以热能的形式散失，在膨胀之前就必须要重新加热。通常以天然气作为加热空气的热源，这就导致蓄能效率降低。还有就是需要大型储气装置、一定的地质条件和依赖燃烧化石燃料。

（3）飞轮储能技术。飞轮储能技术是利用高速旋转的飞轮将能量以动能的形式储存起来。电能驱动飞轮高速旋转，电能变为飞轮动能储存，需要时，飞轮减速，电动机做发电机运行。飞轮的加速和减速实现了充电和放电。

飞轮储能技术的优点：储能密度高、充放电速度快、效率高、使用寿命长、无污染、应用范围广、适应性强等。

飞轮储能技术的缺点：自放电率高，如停止充电，能量在几到几十个小时内就会自行耗尽，所以只适合于一些细分市场，比如高品质不间断电源等。

2）化学储能技术

化学储能技术是指将电能通过化学反应转化为化学能储存起来，在需要时，再通过化学反应将化学能转换成电能的技术。化学储能技术又包括铅酸电池储能技术、锂离子电池储能技术和钠流电池储能技术。

（1）铅酸电池储能技术。铅酸电池储能技术是一种电极主要由铅及其氧化物制成，电解液是硫酸溶液的蓄电池储能技术。该种储能技术目前在世界上应用广泛。

铅酸电池储能技术的优点：价格低、可以大电流放电，常用于电力系统的事故电源或备用电源。

铅酸电池储能技术的缺点：能量密度低、使用寿命较短，如果放电深度深、放速速度快，则很容易导致其容量下降，另外还会导致铅污染。

（2）锂离子电池储能技术。锂离子电池是一类由锂金属或锂合金为负极材料，使用非水电解质溶液的电池。主要应用于便携式的移动设备中，其效率可达 95% 或更高，放电时间可达数小时，循环次数可达 5 000 次或更多，响应速度快，是电池中能量最高的实用性电池，目前来说用得最多。

锂离子电池储能技术的优点是具有能量密度高、充放电速度快、质量小、使用寿命长、无环境污染等优点。

锂离子电池储能技术的缺点是价格高（4 元 /W • h），过充电会导致发热、燃烧等安全性问题，需要进行充电保护。

（3）钠硫电池储能技术。钠硫电池是一种以金属钠为负极、硫为正极、陶瓷管为电解质隔膜的二次电池。在一定的工作温度下，钠离子透过电解质隔膜与硫之间发生可逆反应，形成能量的释放和储存。

钠硫电池储能技术的优点：钠硫电池的理论比能量高达 760W • h/kg，且没有自放电现象。放电效率几乎可达 100%。钠硫电池的基本单元为单体电池，用于储能的单体电池最大容量达到 650A • h，功率在 120W以上。将多个单体电池组合后形成模块。模块的功率通常为数十千瓦，可直接用于储能。钠硫电池在国外已是发展相对成熟的储能电池。其使用寿命为 10 ～ 15 年。

钠硫电池储能技术的缺点：因为使用液态钠，运行于高温下，容易燃烧；而且万一电网没电了，还需要柴油发电机帮助维持高温。

（4）液流电池储能技术。液流电池一种新的蓄电池，是利用正负极电解液分开，各自循环的一种高性能蓄电池。它具有容量高、使用领域广、循环使用寿命长的特点，最显著的特点是规模化蓄电，在广泛利用可再生能源的呼声高涨的形势下，可以预见，液流电池储能技术将迎来一个快速发展的时期。

3）电磁储能技术

电磁储能技术是指将电能转化为电磁场能进行储存的一种技术。电磁储能技术又可分为超导储能技术和超级电容器储能技术。

（1）超导储能技术。超导储能技术是利用超导体电阻为零的特性储存电能的技术。超导储能系统大致包括超导线圈、低温系统、功率调节系统和监控系统四大部分。超导材料技术开发是超导储能技术的重中之重。超导材料大致可分为低温超导材料、高温超导材料和室温超导材料。

超导储能技术的优点：超导储能系统由于其储存的是电磁能，这就保证了超导储能系统能够非常迅速地以大功率形式与电网进行能量交换。另外，超导储能系统的功率规模和储能规模可以做得很大，并具有系统效率高、技术较简单、没有旋转机械部分等优点。

超导储能技术的缺点：对材料要求高、结构复杂，另外超导储能技术的成本很高（材料和低温制冷系统），使得它的应用受到很大限制，受可靠性和经济性的制约，商业化应用距离还比较远。

（2）超级电容器储能技术。超级电容器储能技术是用活性炭多孔电极和电解质组成的双电层结构获得超大的电容量。与利用化学反应的蓄电池不同，超级电容器的充放电过程始终是物理过程。

超级电容器储能技术的优点：充电时间短、使用寿命长、温度特性好、节约能源和绿色环保。它既具有静电电容器的高放电率优势又像电池一样具有较大电荷储存能力，单体的容量目前已经做到万法［拉］级。同时，超级电容器还具有循环寿命长、功率密度大、充放电速度快、高温性能好、容量配置灵活、环境友好、免维护等优点。超级电容器在微功率电子设备中已经广泛采用并替代蓄电池。在电力系统中，可用于提供短时大功率的峰值功率和短时大功率负载平滑，抑制短时脉冲功率等，如大功率直流电动机的启动功率补偿、瞬态电压恢复、抑制瞬态电压跌落等。

超级电容器储能技术的缺点：和蓄电池相比，其能量密度导致同等质量下存储能量相对较低，直接导致其续航能力差，依赖于新材料的诞生，如石墨烯。

3.1.2 各种储能技术的特点

各种储能技术的特点比较如表3-2所示。

表3-2 各种储能技术的特点比较

储能类型		典型额定功率	额定能量	特点	应用场合
机械储能技术	抽水储能技术	100~2 000 MW	4~10 h	规模大、技术成熟、响应慢、需要地理资源	日负荷调节、频率控制和系统备用
	压缩空气储能技术	10~300 MW	1~20 h	规模大、响应速度慢，需要地理资源	调峰和系统备用
	飞轮储能技术	5 kW~1.5 MW	15 s~15 min	比功率较大、成本高、噪声大	调峰、频率控制、UPS（不间断电源）、电能质量控制
电磁储能技术	超导储能技术	10 kW~1 MW	2~5 min	响应快、比功率高、成本高、维护困难	电能质量控制、输配电稳定、UPS
	超级电容器储能技术	10 kW~1 MW	1~30 s	响应快、比功率高、成本高、储能低	与FACTS（柔性交流输出系统）结合使用

续表

储能类型		典型额定功率	额定能量	特　点	应 用 场 合
化学储能技术	铅酸电池储能技术	1 kW~50 MW	1 min~3 h	技术成熟、成本较低、寿命长、会带来环保问题	电能质量、频率控制、电站备用、黑启动、可再生储能
	液流电池	5 kW~100 MW	1~20 h	电池循环次数长、可深充深放、储能密度低	电能质量、备用电源、调峰填谷、能量管理、可再生储能
	钠流电池储能技术	100 kW~100 MW	数小时	比能量较高、成本高、运行安全问题有待改进	电能质量、备用电源、调峰填谷、能量管理、可再生储能
	锂离子电池储能技术	1 kW~10 MW	10 min~10 h	比能量高、成本较高、安全问题有待改进	电能质量控制、备用电源、UPS

综合上述各种储能技术的特点，可以看出抽水储能技术、压缩空气储能技术和电化学电池储能技术适合于系统调峰、大型应急电源、可再生能源接入等大规模、大容量的应用场合，而超导储能技术、飞轮储能技术及超级电容器储能技术适合于需要提供短时较大的脉冲功率场合，如应对电压暂降和瞬时停电、提高用户的用电质量、抑制电力系统低频振荡、提高系统稳定性等。

铅酸电池尽管目前仍是世界上产量和用量最大的一种蓄电池，但从长远发展看，其不能满足今后大规模高效储能的要求，而液流电池和钠硫电池具有的一系列优点使它们成为未来大规模电化学储能的两种方式，特别是液流电池，有望在未来的10~20年内逐步取代铅酸电池。而锂电池在电动汽车的推动下也有望成为后起之秀。

3.2　储能技术的实际应用领域

3.2.1　储能技术在电力系统中的应用

1. 储能技术在可再生能源中的应用

大规模可再生电源接入后，其波动性、间歇性和随机性不仅增加了电力系统的调峰压力，而且影响电力系统的安全稳定运行。引入储能技术可以有效平抑新能源功率波动，增强新能源发电的可控性，提高新能源的并网接入能力。

储能技术在风力发电和光伏发电领域中的应用，如图3-1所示。

图3-1　储能技术在风力发电和光伏发电领域中的应用

2. 储能技术在智能微电网系统中的应用

当智能微电网系统处于孤岛运行模式时，必须要有储能设备来为智能微电网设备提供电压和频率的支撑，否则在光伏或风力发电系统没有电能输出或输出功率不足时会导致整个智能微电网系统的崩溃。

储能技术在智能微电网系统中的应用如图 3-2 所示。

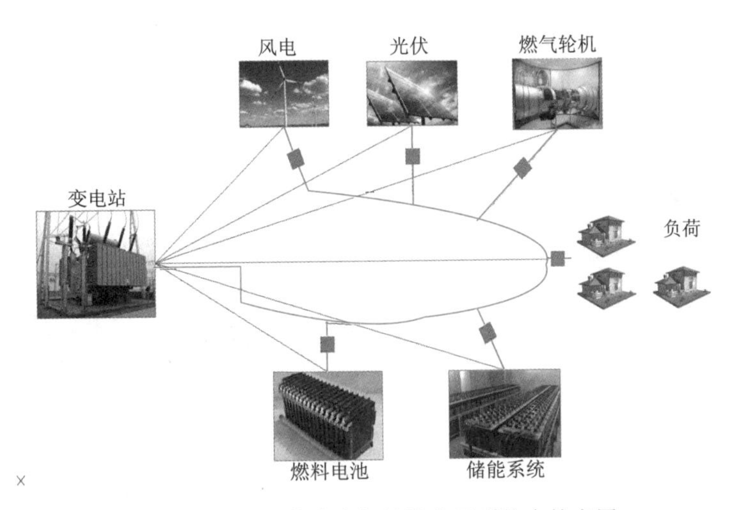

图3-2　储能技术在智能微电网系统中的应用

3. 储能技术在电网调频中的应用

由于储能技术调节速度快，未来在电网调频中将起到积极的作用。目前美国、智利等国均已开展调频储能项目及研究工作。

储能技术在电网调频中的应用如图 3-3 所示。

图3-3　储能系统在电网调频中的应用

图 3-3 所示的是比亚迪在美国实施的 4 MW/2 MW • h 储能调频项目，该项目能有效缓解电网负载压力和增强电网运行的稳定性。

4. 储能技术在用户侧的应用

储能技术可为特定电力用户提供服务，例如可为用户提供消减需求开支并提供后备电源服务；也可在电网故障时，保障对用户的高可靠性供电。

储能技术在用户侧中的应用如图 3-4 所示。

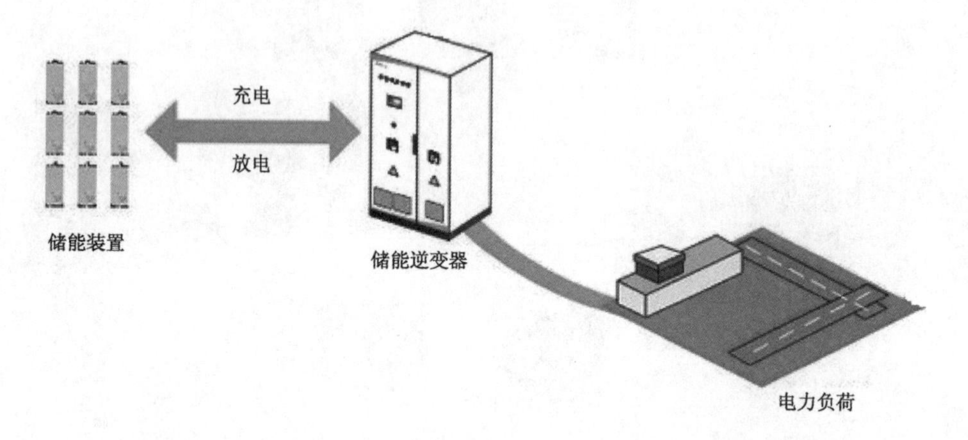

图3-4 储能技术在用户侧中的应用

3.2.2 储能技术在智能建筑领域中的应用

智能建筑围绕智能电网和智能城市的发展，结合智能电网及智能城市未来的发展形态，实现对区域内电力供需进行有效调控。

储能技术在智能建筑领域中的应用如图 3-5 所示。

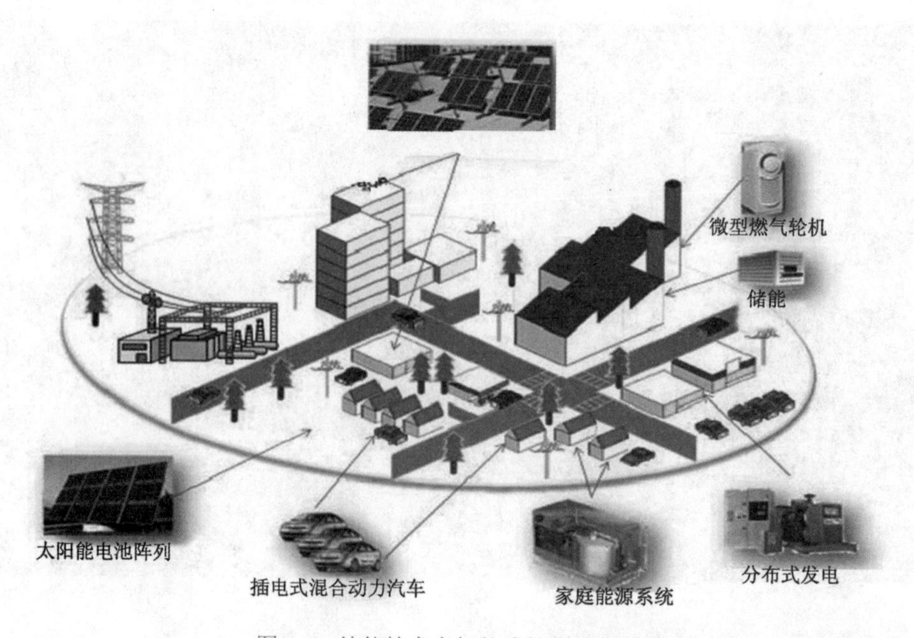

图3-5 储能技术在智能建筑领域中的应用

3.2.3 储能技术在智能交通领域中的应用

储能技术应用于智能交通领域，主要是通过电动汽车来实现，采用 V2G 技术实现与电网的互动。

储能技术在智能交通中的应用如图 3-6 所示。

图3-6 储能技术在智能交通中的应用

3.3 储能技术在智能微电网系统中的作用及典型应用案例

3.3.1 储能技术在智能微电网中的作用

由于可再生能源具有间歇性和波动性，发电功率波动难以预测。大量的新能源发电装置直接并网运行会对电网调度、运行与控制、电能质量带来较大的影响，当新能源的总容量达到一定比例后甚至会给电网带来安全稳定问题。而储能系统可以通过存储和释放电能，达到减低新能源波动性的目的，因此储能技术在智能微电网系统并网运行中具有至关重要的作用，其具体的作用主要表现在以下几个方面：

1. 提供短时供电

智能微电网存在两种典型的运行模式即并网运行模式和孤岛运行模式。在正常情况下，智能微电网与常规配电网并网运行，当检测到电网故障或发生电能质量下降时，智能微电网将及时与电网断开独立运行。智能微电网在这两种模式的转换中，往往会有一定的功率缺额，在系统中安装一定的储能装置储存电能，就能保证在这两种模式下的平稳过渡，保证系统的稳定。在新能源发电中，由于外界条件的变化，会导致经常没有电能输出（光伏发电的夜间、风力发电无风等），这时就需要储能系统向系统中的用户持续供电。

2. 电力调峰

由于智能微电网中的微电源主要由分布式电源组成，其负荷量不可能始终保持不变，并随着天气的变化等情况发生波动。另外，一般智能微电网的规模较小，系统的自我调节能力较差，电网及负荷的波动就会对智能微电网的稳定运行造成十分严重的影响。为了调节系统中的峰值负荷，就必须使用调峰电厂来解决，但是现阶段主要运行的调峰电厂，运行昂贵，实现困难。

储能设备可以有效地解决这个问题，它可以在负荷低谷时储存电源的多余电能，而在负荷高峰时回馈给智能微电网以调节功率。储能设备作为智能微电网必要的能量缓冲环节，它不仅避免了为满足峰值负荷而多安装的发电机组，同时充分利用了负荷低谷时机组的发电，避免浪费。

3. 改善智能微电网电能质量

近年来人们对电能质量问题日益关注，国内外围绕着电能质量做了大量的研究。智能微电网要作为一个微电源与大电网并网运行，必须达到电网对功率因素、电流谐波畸变率、电压闪变以及电压不对称的要求。此外，智能微电网必须满足自身负荷对电能质量的要求，保证供电电压、频率、停电次数都在一个很小的范围内。储能系统对于智能微电网电能质量的提高起着十分重要的作用，通过对智能微电网并网逆变器的控制，就可以调节储能系统向电网和负荷提供有功和无功功率，达到提高电能质量的目的。

对于智能微电网中的光伏或者风电等微电源，外在条件的变化会导致输出功率的变化从而引起电能质量的下降。如果将这类微电源与储能设备结合，就可以很好地解决电压骤降、电压跌落等电能质量问题。在智能微电网中针对系统故障引发的瞬时停电、电压骤升、电压骤降等问题，利用储能设备提供快速功率缓冲，吸收或补充电能，提供有功功率支撑，进行有功或无功补偿，以稳定、平滑电网电压的波动。

4. 提升微电源性能

多数可再生能源诸如太阳能、风能、潮汐能等，由于其能量本身具有不均匀性和不可控性，输出的电能可能随时发生变化。当外界的光照、温度、风力等发生变化时，微电源相应的输出能量就会发生变化，这就决定了系统需要一定的中间装置来储存能量。如光伏发电的夜间，风力发电在无风的情况下，或者其他类型的微电源正处于维修期间，这时系统中的储能就能起过渡作用，其储能的多少主要取决于负荷需求。

5. 提高现有配、用电设备的利用率以降低运行成本

储能设备能够减小或避免配、用电设备的停电时间，改善配、用电设备的电能质量，使配、用电设备安全、经济、稳定、高效地运行。

6. 与大电网并网运行，必要时向大电网提供一定的支援服务

储能设备在大电网因故障停电或因停电检修后要恢复供电时能够加速电网的黑启动过程，另外，在各个智能微电网子系统频繁接入与切离大电网的过程中，储能装置通过自身的充、放电，能够使得智能微电网子系统的并网与孤岛运行之间的过渡过程变得平缓，避免了对大电网的冲击，改善了大电网的电能质量，为大电网安全、稳定运行提供了一定的支援服务。

3.3.2 储能技术在张家口国家风光储输示范工程中的应用

1. 储能技术在张家口国家风光储输示范工程中的使用背景

国家风光储输示范工程是推进我国可再生能源大规模开发利用的一项重大示范工程。风能、太阳能都是清洁可再生能源，有着广泛的应用前景。但是由于风能和太阳能的间歇性和随机性，风、光独立运行的供电系统很难提供连续稳定的能量输出。这已经成为全球范围内制约可再生能源大规模发展的关键技术瓶颈。为研究和解决我国风力发电、光伏发电、储能和智能电网等领域的关键技术问题，引领清洁能源产业的快速健康发展，国家电网公司在张家口建设本工程。

2. 张家口国家风光储输示范工程的总体架构

张家口国家风光储输示范工程的总体架构如图 3-7 所示。

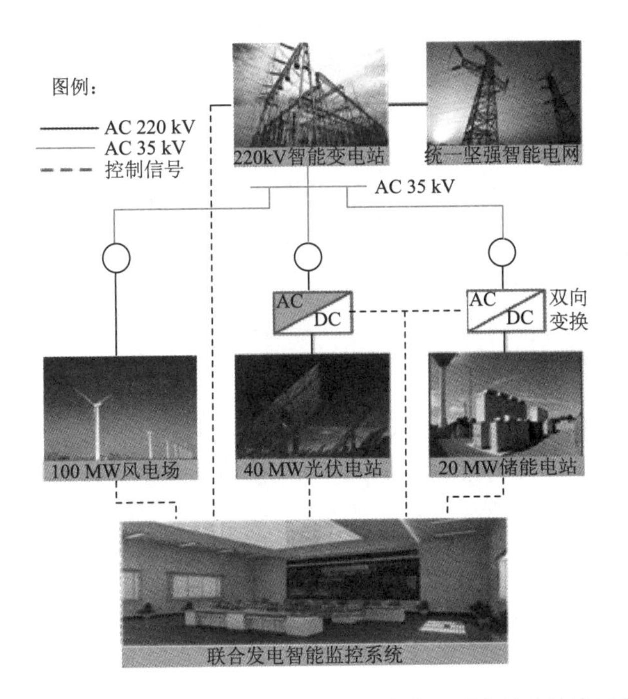

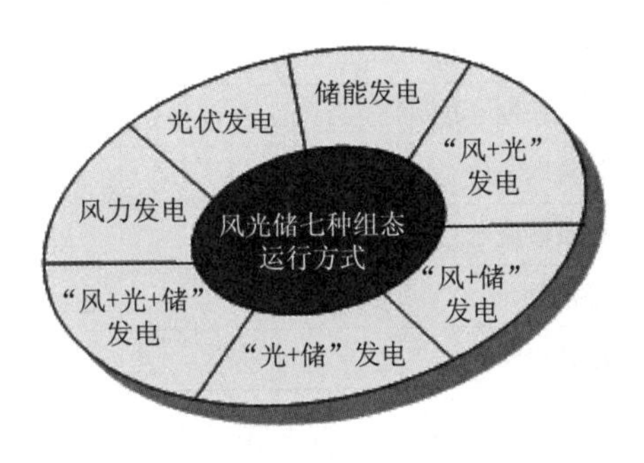

说明：
联合发电智能监控系统可根据调度曲线以及风力、光照的情况对储能装置、风电机组及光伏阵列进行优化控制，从而将具有波动的风电、光伏电力转化为优质电力。

图3-7 张家口国家风光储输示范工程的总体架构

3. 张家口国家风光储输示范工程中的储能系统

考虑技术风险控制、储能装置的多样性，同时，兼顾到工程的示范意义，张家口国家风光储输示范工程中选用了磷酸铁锂电池、钠硫电池和全钒液流电池的组合。上述三种电池的外观结构图如图 3-8 所示。

在本示范工程中所采用的储能系统中既包含了不同种类的电池，同时为了验证同种类不同厂家的电池性质，对于同种类的电池选用了不同厂家不同型号的电池，系统中所使用的电池型号见表 3-3。

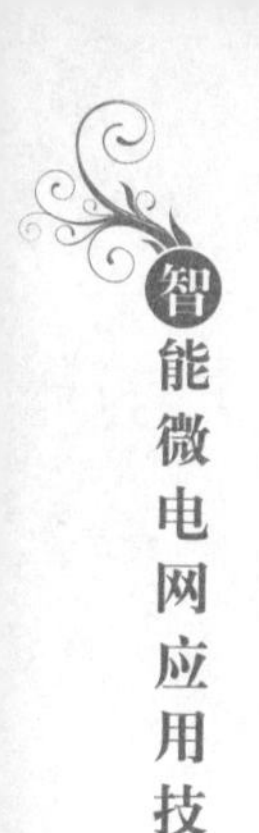

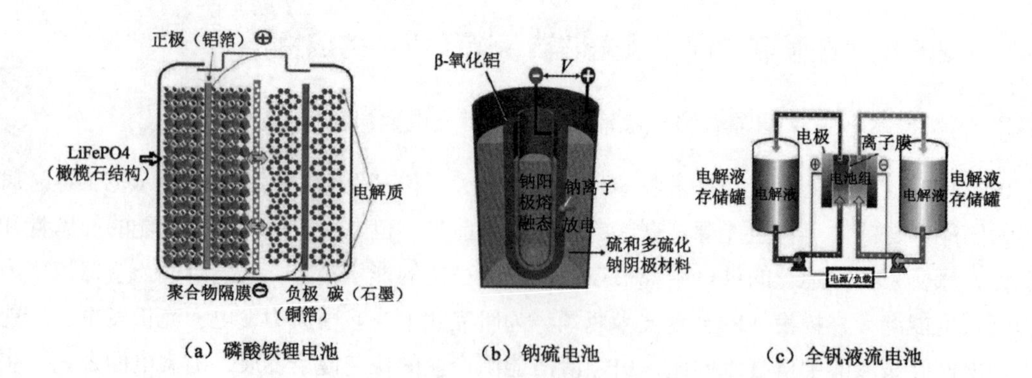

（a）磷酸铁锂电池　　（b）钠硫电池　　（c）全钒液流电池

图3-8　磷酸铁锂电池、钠硫电池和全钒液流电池的外观结构图

表3-3　系统中所使用的电池型号

电池型号和生产厂商	输出功率/MW	储能容量/MW·h	备　注
磷酸铁锂电池系统（比亚迪）	6	36	能量型
磷酸铁锂电池系统（ATL）	4	16	能量型
磷酸铁锂电池系统（中航锂电）	3	9	功率型
磷酸铁锂电池系统（万向）	1	2	功率型
钠流电池储能系统（NGK）	4	24	—
全钒液流电池储能系统（普能）	2	8	—
规模总计	20	95	—
远景规模	70～110	—	—

4. 储能系统在张家口国家风光储输示范工程中使用的意义

在张家口国家风光储输示范工程中通过使用电池储能装置的大规模电站化集成技术、大规模多类型电池储能电站高速实时监控技术、大规模多类型储能电站协调控制及能量管理技术成功实现了智能微电网的如下功能：

（1）实现了多类型电池储能系统的大规模集成。

（2）实现了大规模多类型电池储能电站的监控。

（3）通过软/硬件切换，实现了本地及全景监控和华北网直调控的三种模式。

（4）实现了分类型、模块化的协调控制模式。

（5）实现了调频、削峰填谷、跟踪计划、平滑风光发电出力等储能电站高级应用模式。

3.3.3　储能技术在青海光储项目中的应用

1. 储能技术在青海光储项目中的使用背景

随着青海省光伏发电项目的持续增加，目前青海光伏电站的发展速度已经远远超过了电网的承受能力，使得光伏发电出现“弃光”现象，且光伏发电需要通过电网进行远距离输送，而输电线路建设与光伏电站发展不匹配，导致大量光伏电站建成之后，由于电网基础设施无法及时满足新能源的发展速度、大规模光伏发电不能满足并网要求等原因，出现了发电不能并网、发电利用小时数持续降低和“弃光”等现象。

2. 储能技术在青海光储项目中使用意义

（1）创新性地提出光储发展模式，从本质上解决“弃光限电”问题。我国近几年，尤其是近五年，新能源电力规划和建设出现了井喷式的增长，其中大部分的大规模光伏电站位于本地电力消纳能力不足的地区。由于西北地区电网基础设施薄弱，无法满足新能源电力输送要求，同时跨地区电网还面临着管理体制的制约，导致弃光成为电力调度机构不得不采取的行为。储能具有灵活的“调配”作用，光伏和储能的联合可以很好地解决“弃光限电”这一棘手问题。通过配置一定规模的储能系统，可以在电网输送通道受限以及光伏组件阳光照射充分的情况下，将光伏发电电能储存在储能系统中，在适当的时间，再通过储能系统反送至电网，光储联合发电可以实现在满足电网调度要求的同时，降低光伏电站出力对电网产生的冲击，从而达到减少弃光的目的。

（2）平抑光伏电站出力波动，有效改善光伏发电供电质量。光伏电站通常受天气和时间因素的影响，出力大小有时候变化较快，特别是受到云层的影响，光照强度会发生剧烈变化，进而导致光伏阵列输出功率的波动，当光伏输出波动达到一定程度时，电网往往会采取限制、隔离的方式来处理。

因此，为充分发掘光伏发电的价值，协调光伏发电和电网之间的矛盾，可通过为光伏电站配置电池储能系统的方式予以解决，通过光伏和储能的联合运行，不仅可以让光伏电站在外界环境变化的情况下，通过储能装置平抑光伏电站的出力波动，以减小光伏发电系统对电网的冲击，而且还是解决诸如电压波动、电压跌落和瞬时供电中断等动态电能质量问题的有效途径，达到有效改善光伏发电供电质量的目的。

3. 储能技术在青海光储项目中的运行配置方案

光伏发电具有午间短时段出力水平高，其他时段出力水平低和昼间有出力、夜间无出力的特点。为光伏电站配置储能系统可将光伏电站的午间高出力转移至其他时段，削减电站出力尖峰，减少弃光。在现有的输电走廊条件下，可提高输电走廊的利用效率，延缓输电线路扩容。其具体的时段运行配置方案如图 3-9 所示。

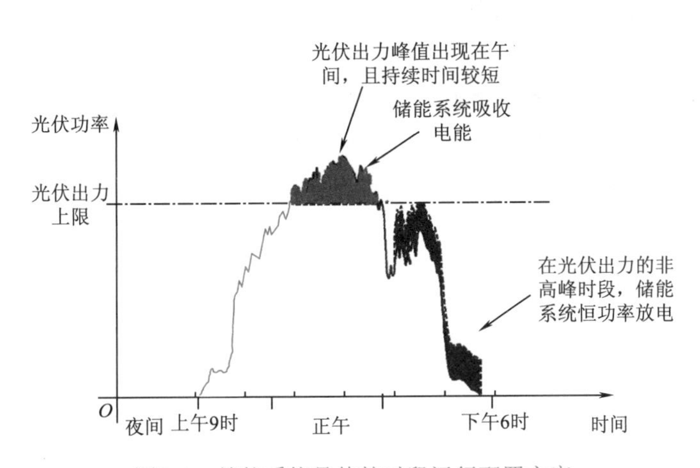

图3-9 储能系统具体的时段运行配置方案

3.3.4 储能技术在上海漕河泾松江南部智能微电网中的应用

1. 储能技术在上海漕河泾松江南部智能微电网中的使用背景

上海漕河泾开发区松江南部智能微电网的定位：基于多点接入的可再生能源发电和冷热电三联供，多元储能技术的局域智能能源互联网综合体。最终发展目标：使产业园区成为上海绿色、低碳、友好发展的典范，使能源中心成为可靠高效能源运营者，使园区客户获得绿色清洁能源。

2. 上海漕河泾松江南部智能微电网的组成

结合整个产业园区的定位、概念方案设计以及建筑特点，在绿化屋面覆盖太阳能光伏发电板，提供日常用电量；冷热电三联供机组纳入智能微电网系统，作为光伏电源的补充。同时提供冷、热水等电能以外的辅助产品。为消减间歇式电源的波动特性，考虑配置一定容量的储能系统，作为智能微电网的一部分。

园区内光伏安装容量约为 6.6 MW，配置相应的天然气分布式机组 2 × 3.30 MW，提供电能并满足区域的冷热负荷。此外，在该区域还可以配置雨水收集系统、分布式储能系统（安装 3 MW × 1 h 的电化学储能系统）来保证智能配电网的电能质量。其具体的组成框架如图 3-10 所示。

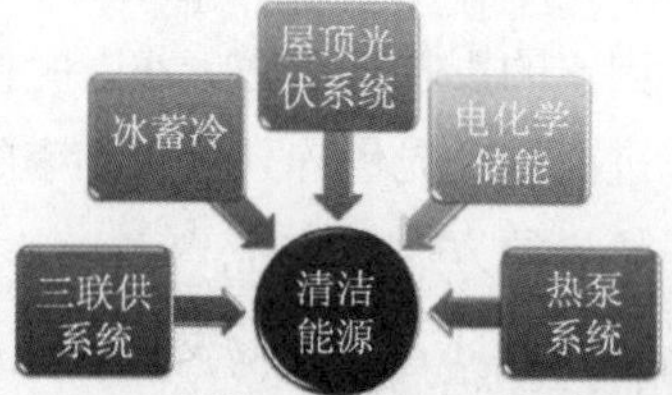

图3-10　上海漕河泾松江南部智能微电网组成框架

3. 上海漕河泾松江南部智能微电网的意义

通过分布式发电电源、储能系统、冷热电三联供机组来构造园区的能源互联网，并通过一个智能能源管理中心，构建三层基础网络——供给和使用层、多源互联层、能源管理层，并使得智能微电网内的设备可扩充，从而搭配出面向未来的能源互联网系统框架。

习　题

1. 储能设备分为几类？其应用领域有哪些？
2. 储能技术分为几种？各有何优缺点？
3. 储能技术在电力系统中的哪些方面得到了应用？
4. 储能系统在智能微电网系统中有什么作用？
5. 举例说明储能系统在智能微电网中有哪些典型应用案例？

智能微电网的过电流保护与接地技术

学习目标

（1）掌握智能微电网接入对大电网潮流分布的影响；
（2）掌握智能微电网接入对大电网电流保护的影响；
（3）掌握智能微电网接入对大电网自动重合闸的影响；
（4）掌握智能微电网的纵联过电流保护方案；
（5）掌握低压配电系统中常用的接地保护技术；
（6）掌握智能微电网中过电流保护与接地保护的典型应用案例。

本章简介

智能微电网接入配电网，改变了配电网的结构，配电网的潮流分布也会发生变化，失去了单向流动性。同时，配电网的故障电流大小和方向也会随着改变，传统的电流继电保护和接地保护方案也就无法满足智能微电网接入后的要求。本章通过对智能微电网接入后对配电网的影响分析，讲解了含智能微电网的配电网的过电流保护和接地保护技术，以了解含智能微电网的配电网的安全保障措施及安全、高效、经济运行机制。

4.1　智能微电网的接入对配电网的影响

4.1.1　智能微电网接入对配电网潮流分布的影响

图 4-1 为含智能微电网的配电网的结构示意图。智能微电网内的分布式电源首先满足智能微电网内的负荷的供电需求，当有多余的电能时将向配电网反送电能。在图 4-1 中，智能微电网通过 PCC 接入配电网馈线 L1 的母线 C，智能微电网的接入使得配电网馈线上 L1 上母线 A 与母线 C 之间的区域变成了双端电源网络，同时，由于智能微电网支路对接入点上游支路的分流作用和对下游支路的助增作用，将会导致馈线 L1 正常运行时的潮流分布发生变化，母线 A 和母线 C 之间的区域可能会出现双向潮流。

1. 智能微电网内部功率不平衡时的潮流分析

以图 4-1 所示的仿真模型，使用 PSCAD/EMTDC 仿真软件进行仿真，当智能微电网内部功率不平衡时，假如智能微电网内分布式发电输出的功率大于智能微电网内负荷的需求时，智能微电网将通过 PCC 向配电网输送功率。

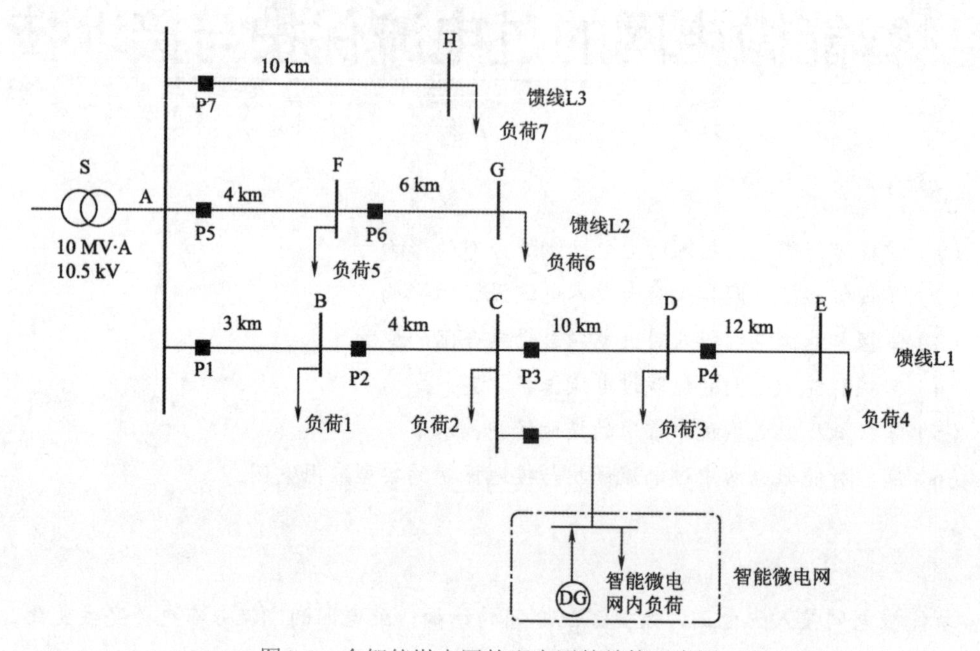

图4-1　含智能微电网的配电网的结构示意图

1）智能微电网输出有功功率为 2 MW，无功功率为 1 Mvar 时的潮流分析

假定智能微电网输出有功功率为 2 MW，无功功率为 1 Mvar，功率因数为 0.9，通过仿真软件得到智能微电网接入配电网前后流过馈线 L1 上各段线路保护的负荷电流情况，如图 4-2 所示。

从图 4-2 中可以看出，智能微电网接入后，流过接入点上游保护 P1、P2 的负荷电流发生了很大的变化，大大小于智能微电网接入前的负荷电流；而流过接入点下游保护 P3、P4 的负荷电流略微增大。这是由于智能微电网接入前，馈线 L1 上负荷所需的所有功率均由系统电源 S 提供，功率由系统侧依次流向馈线末端，由于输电线本身具有的阻抗要消耗一部分电流及每段负荷的分流作用，使得流过各保护的负荷电流依次降低。智能微电网接入后向配电网输送的功率能够为接入点下游负荷提供部分功率，系统电源 S 输出的功率减小，因此流过接入点上游保护 P1、P2 的负荷电流就会相应的减小；另一方面，智能微电网接入前，由于线路损耗，馈线 L1 的各段母线电压和电流都会有所降低，低于系统的额定电压，智能微电网接入后，由于智能微电网中的分布式电源的加入，会稍微提升智能微电网接入点的电压并向其下游提供电流，使得下游母线的电压质量得到一定程度的改善，流过接入点下游保护 P3、P4 的负荷电流较智能微电网接入前也会有略微增大。但此时，流过各保护的负荷电流仍然是由系统侧流向馈线末端，并没有随着智能微电网的接入改变电网的潮流方向。

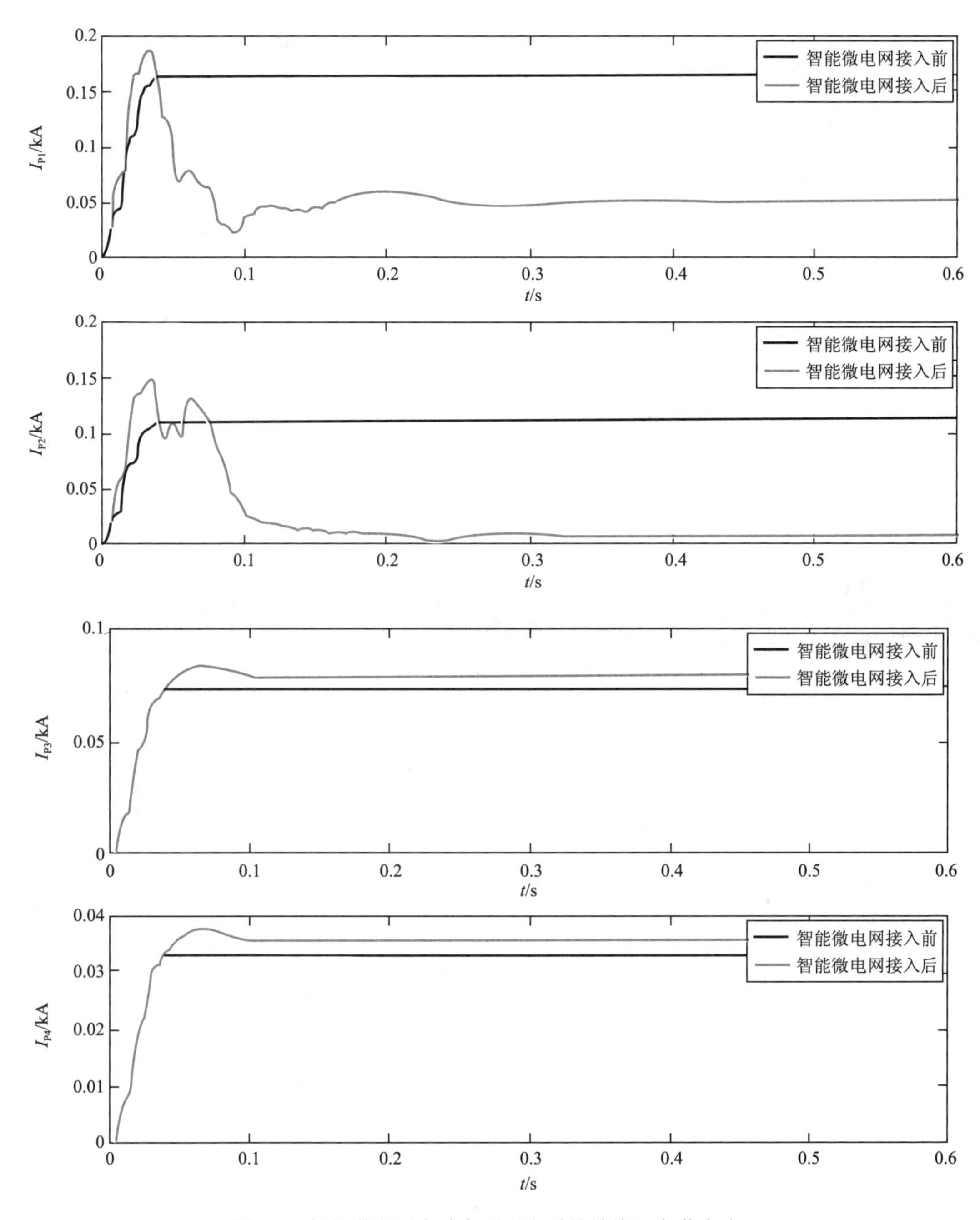

图4-2　智能微电网内功率不平衡时的馈线L1负荷电流一

2）智能微电网输出有功功率为 4 MW，无功功率为 2 Mvar 时的潮流分析

增加智能微电网的输出功率，设定智能微电网输出有功功率为 4 MW，无功功率为 2 Mvar。通过仿真得到智能微电网接入前后流过馈线 L1 上各段线路保护的负荷电流情况，如图 4-3 所示。

从图 4-3 中可以看出，通过接入点上游保护 P1、P2 的负荷电流发生了变化，此时流过保护 P2 的负荷电流大于流过保护 P1 的负荷电流。这是由于增大了智能微电网的输出功率后，智能微电网向配电网输送的功率不仅能够满足接入点下游负荷的功率需求，并且还有多余的

功率向接入点上游的负荷提供功率，智能微电网输出的部分功率由接入点流向了上游线路，因此馈线 L1 的 AC 段出现了反向潮流；流过接入点下游保护 P3、P4 的负荷电流情况与图 4-2 的情况基本相似。

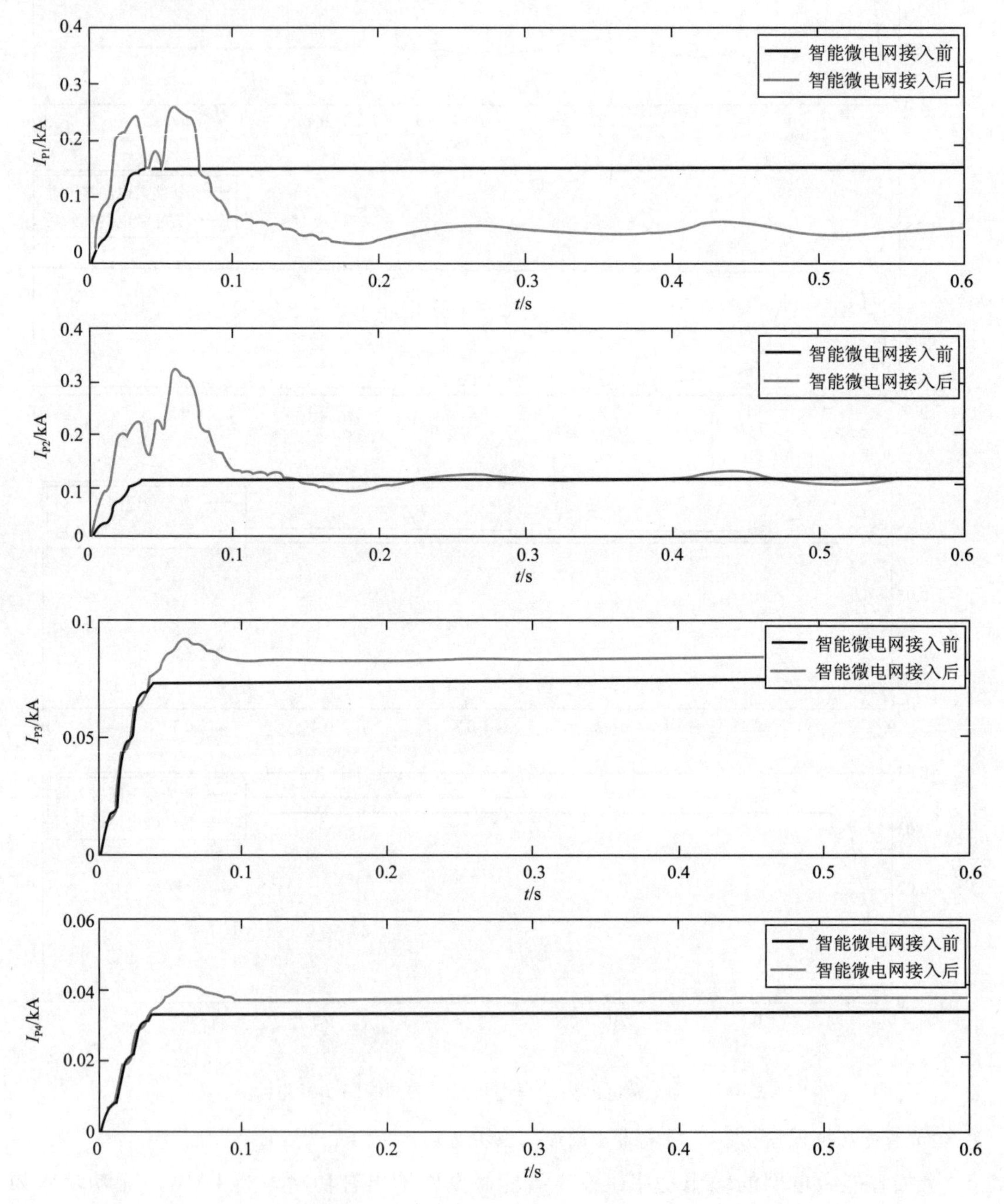

图4-3　智能微电网内功率不平衡时的馈线L1负荷电流二

2. 智能微电网内部功率基本平衡时的潮流分析

智能微电网内部功率基本平衡，即智能微电网内的输出功率与智能微电网内部负荷的功率需求基本平衡，智能微电网不会向配电网输送功率。

分别设定智能微电网的输出有功功率为 2 MW、无功功率为 1 Mvar；有功功率为 4 MW、无功功率为 2 Mvar 两种情况，通过仿真得到智能微电网内部功率基本平衡时智能微电网接入配电网馈线 L1 前后流过馈线 L1 上各段线路保护的负荷电流情况，如图 4-4 所示。

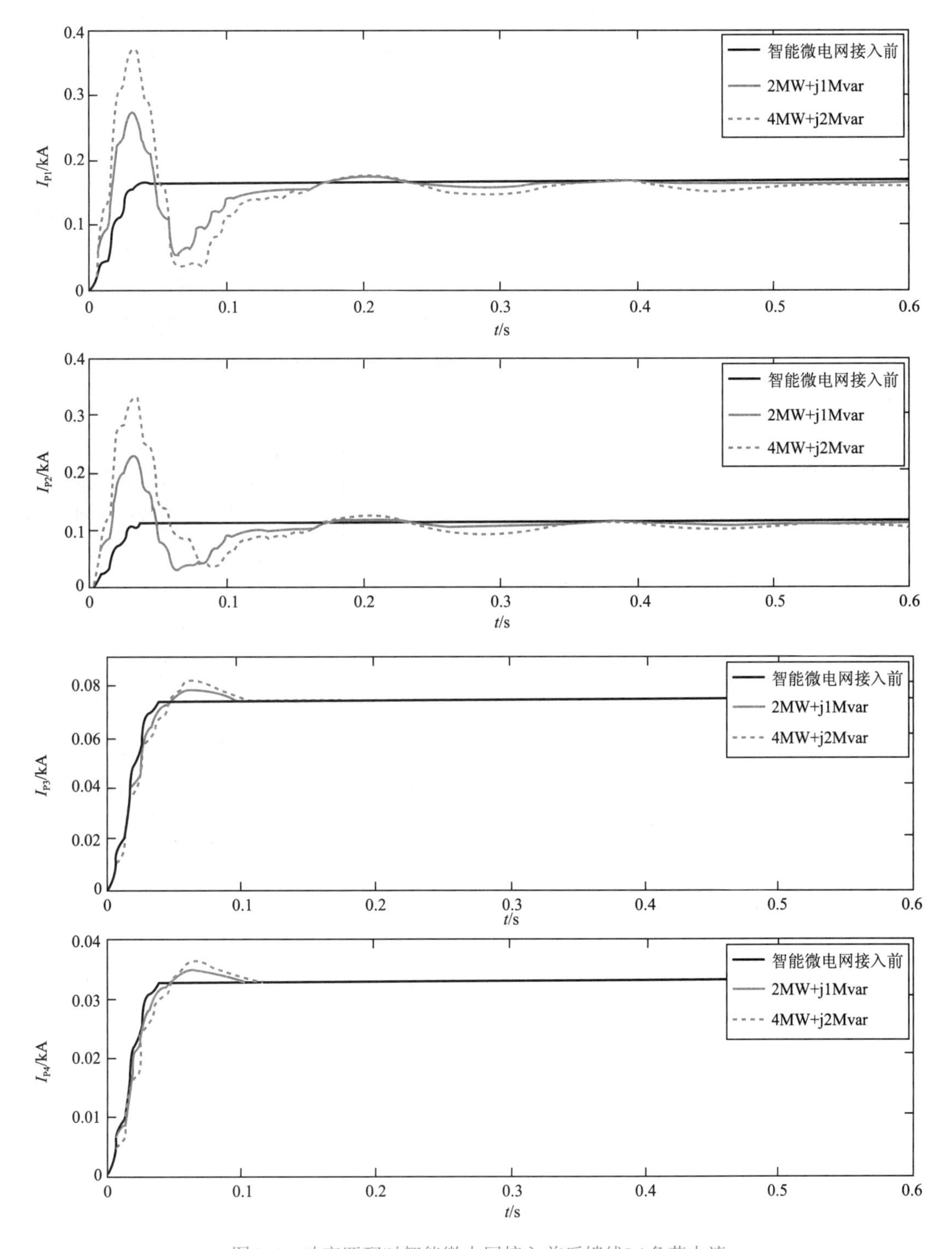

图4-4 功率匹配时智能微电网接入前后馈线L1负荷电流

从图 4-4 所示的仿真结果可以看出，当智能微电网的输出功率与智能微电网内部负荷基本平衡时，正常运行时智能微电网不会向配电网输送功率，此时系统稳定后流过馈线 L1 上各段线路保护 P1~P4 的负荷电流与智能微电网接入前的负荷电流基本相同，与智能微电网输出功率的大小无关。说明在这种情况下，智能微电网的接入对配电网正常运行时的潮流分布的影响很小。

从上面的仿真分析中可以看出，智能微电网的接入会对配电网的潮流分布产生一定的影响。当智能微电网输出功率与内部负荷不匹配时，智能微电网将通过 PCC 向配电网输送功率，配电网的潮流分布将发生变化，因为智能微电网的输出功率能够为所在馈线的负荷提供部分功率，由系统侧流向该馈线的功率将减小；当智能微电网的输出功率足够大时，向系统侧或相邻馈线输送功率，此时在智能微电网接入点与系统电源之间的线路出现了反向潮流，配电网的潮流分布不再是系统流向馈线末端的单向潮流。而当智能微电网的输出功率与内部负荷基本平衡时，智能微电网只向内部负荷提供功率，不会向配电网输送功率，此时智能微电网的接入基本上不会对配电网的潮流分布造成影响。因此，通过提高智能微电网发出的功率与智能微电网内部负荷所需功率的匹配程度，可以降低智能微电网接入对配电网正常运行时潮流分布的影响。

4.1.2 智能微电网接入对配电网电流保护的影响

智能微电网接入前，配电网是由单端电源供电的辐射型网络，配电网的电流和功率方向是恒定的，由变电站母线流向各负荷，因此为了简化保护配置，我国配电网馈线保护通常采用两段式或三段式电流保护，通过电流保护的阶段式配合，实现对配电网馈线的保护功能。在分析智能微电网接入对配电网电流保护的影响之前，首先简要介绍一下这里所采用的配电网仿真模型中三段式电流保护的原理和配置情况。

如图 4-1 所示的配电网拓扑结构图，在各段馈线的母线出口处配置三段式电流保护，即电流速断保护（电流Ⅰ段），限时电流速断保护（电流Ⅱ段），定时限过电流保护（电流Ⅲ段）。

电流速断保护原理：为保证各段馈线保护的选择性，电流速断保护按照躲开本线路末端短路时的最大短路电流进行整定，即按照系统最大运行模式下线路末端三相短路时的最大短路电流进行整定，整定电流按式（4-1）进行设定。电流速断保护不能保护线路全长。

$$I_{\text{set1}}^{\text{I}}=K_{\text{rel}}^{\text{I}}I_{\text{KBMAX}} \tag{4-1}$$

式中，$I_{\text{set1}}^{\text{I}}$为保护 P1 的电流速断保护整定值（上标Ⅰ表示第一段保护）；I_{KBMAX}为线路 AB 末端三相短路电流；$K_{\text{rel}}^{\text{I}}$为可靠系数，通常取 1.2 ～ 1.3。

限时电流速断保护原理：限时电流速断保护需要保护线路全长，能够保护本线路电流Ⅰ段保护范围外的区域，同时作为电流Ⅰ段的后备保护。由于限时电流速断的保护范围延伸到了下一级线路中，为了保证继电保护动作的选择性，一般要求限时电流速断保护的保护范围不超过下一级线路电流Ⅰ段的保护范围。因此，限时电流速断保护按照躲开下一级电流Ⅰ段的整定值进行整定，且比下一级线路的电流Ⅰ段增加 Δt 的动作时限，整定原则按照式（4-2）进行设定。

$$I_{\text{set1}}^{\text{II}}=K_{\text{rel}}^{\text{II}}I_{\text{set2}}^{\text{I}},\quad t_1^{\text{II}}=t_2^{\text{I}}+\Delta t \tag{4-2}$$

式中，$I_{\text{set1}}^{\text{II}}$为保护 P1 的限时电流速断保护整定值（上标Ⅱ表示第二段保护）；$I_{\text{set2}}^{\text{I}}$为保护 P1 下一级线路保护 P2 的电流速断保护整定值；$K_{\text{rel}}^{\text{II}}$为可靠系数，通常取 1.1 ～ 1.2；$t_1^{\text{II}}$为保护 P1 的

限时电流速断保护的动作时限；t_2^{I}为保护 P2 的限时电流速断保护的动作时限。

定时限过电流保护原理：过电流保护作为本线路的近后备保护和下一级线路的远后备保护，是按照躲开本线路的最大负荷电流进行整定的，同时考虑到在故障切除后，保护装置在负荷自启动电流作用下必须能够返回，其返回电流必须大于负荷自启动电流。过电流保护的选择性是依靠上下级线路的过电流保护带有不同的动作时限来实现的，上一级线路的过电流保护依次比下一级线路的过电流保护增加一个 Δt 的动作时限。因此过电流保护的整定原则如式（4-3）所示。

$$I_{\mathrm{set}}^{\mathrm{III}}=\frac{I_{\mathrm{re}}}{K_{\mathrm{re}}}=\frac{K_{\mathrm{rel}}^{\mathrm{III}}}{K_{\mathrm{re}}}I_{\mathrm{SZMAX}}=\frac{K_{\mathrm{rel}}^{\mathrm{III}}K_{\mathrm{SS}}}{K_{\mathrm{re}}}I_{\mathrm{IMAX}} \qquad t_{上}^{\mathrm{III}}=t_{下}^{\mathrm{III}}+\Delta t \tag{4-3}$$

式中，$I_{\mathrm{set}}^{\mathrm{III}}$为过电流保护的整定值（上标III表示第三段保护）；I_{re} 为保护装置的返回电流；I_{SZMAX} 为最大负荷自启动电流；I_{IMAX} 为最大负荷电流；$K_{\mathrm{rel}}^{\mathrm{III}}$为可靠系数，通常取 1.15 ～ 1.25；$K_{\mathrm{SS}}$ 为自启动系数；K_{re} 为返回系数，通常取 0.85 ～ 0.95；$t_{上}^{\mathrm{III}}$、$t_{下}^{\mathrm{III}}$分别表示上下级线路过电流保护的动作时限。

根据式（4-1）和式（4-2），取可靠系数$K_{\mathrm{rel}}^{\mathrm{I}}$=1.2，$K_{\mathrm{rel}}^{\mathrm{II}}$=1.2，得到配电网仿真模型中各电流保护 P1 ～ P7 的电流 I 段和电流II段保护整定值，如表 4-1 所示。

表4-1　保护P1~P7的电流 I 段和电流 II 段保护整定值

保　　护	线路末端三相短路电流/A	电流 I 段保护整定值/A	电流II段保护整定值/A
P1	3 975	4 770	2 437
P2	1 693	2 031	989
P3	687	824	564
P4	392	470	—
P5	2 982	3 578	1 695
P6	1 178	1 413	—
P7	1 193	1 431	—

备注：表 4-1 中保护 P1 电流 I 段保护整定值＝线路 AB 末端三相短路电流 ×1.2=3 975×1.2 A=4 770 A；保护 P1 电流II段保护整定值＝保护 P2 电流 I 段保护整定值 ×1.2=2 031×1.2 A= 2 437.2 A；其余值的算法依次类推。

根据式（4-3），取可靠系数$K_{\mathrm{rel}}^{\mathrm{III}}$=1.15，返回系数 K_{re}=0.85，因为该仿真模型中负载为阻性负载，取自启动系数 K_{SS}=1，得到各电流保护 P1 ～ P7 的电流III段整定值如表 4-2 所示。

表4-2　各电流保护P1~P7的电流 III 段整定值

保　　护	最大负荷电流 /A	电流III段保护整定值/A
P1	163.6	221
P2	111.3	150
P3	73.5	99
P4	32.8	44
P5	135.3	183
P6	59.5	80
P7	495	670

智能微电网接入配电网，改变了配电网的拓扑结构，变成了含有中小型电源的多电源网络，故障电流大小和方向等故障特征都会发生根本性变化。基于电源辐射型网络而配置的配电网三段式电流保护受到智能微电网接入的影响，出现了保护灵敏度降低和保护拒动、误动等情况，故障时保护不能够正确动作。下面将通过仿真实验，分析智能微电网接入对配电网三段式电流保护所造成的影响。

1. 不同故障位置对电流保护的影响分析

如图 4-5 所示，智能微电网通过 PCC 接入配电网馈线 L1 中部的母线 C，当智能微电网接入点与故障点的位置不同时，配电网电流保护受智能微电网接入的影响也不完全相同。因此，在下文分析中分别假定在智能微电网接入点的下游、上游和相邻馈线发生故障这三种典型情况，通过仿真实验与理论定性分析相结合，分析不同位置故障时对电路保护的影响。

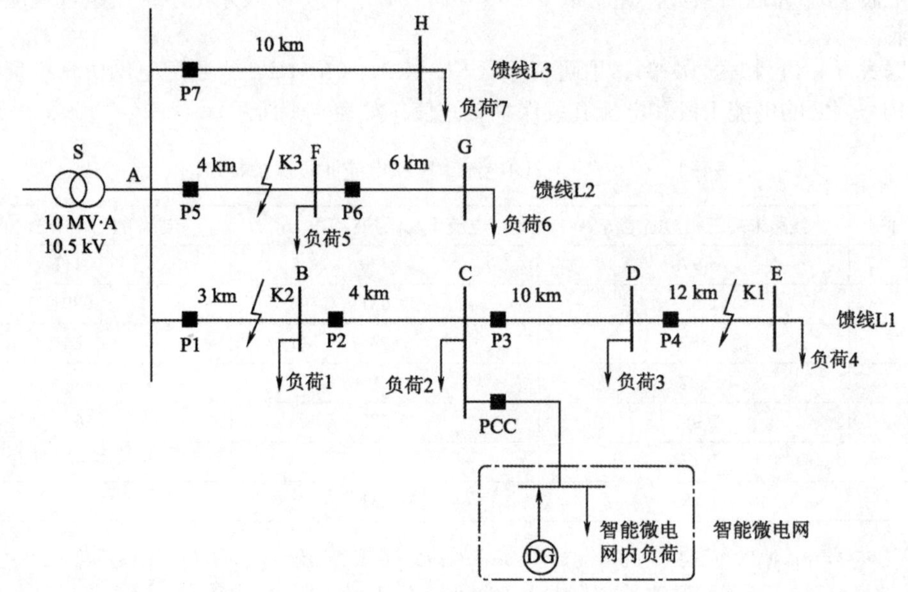

图4-5　电流保护仿真图

1）智能微电网接入点下游发生故障

如图 4-5 所示，假定在智能微电网接入点下游馈线 L1 的 DE 段中点处发生三相短路故障 K1，分析智能微电网的接入对接入点上游保护和下游保护的影响。仿真结果如图 4-6 所示。

从图 4-6（a）中可以看出，在智能微电网接入点下游发生故障时，流过上游保护 P1、P2 的故障电流比智能微电网接入前的故障电流小。这是由于在接入点下游发生故障时，系统电源与智能微电网共同向故障点提供故障电流。而由于智能微电网支路的分流作用，上游保护 P1、P2 感受到故障电流减小，保护 P1、P2 的灵敏度降低，保护范围缩小。特别是当下游保护出现保护或断路器拒动时，上游保护作为下游保护的远后备保护，由于灵敏度的降低，甚至可能出现保护拒动，失去了远后备保护的作用。

图 4-6（b）所示是在智能微电网接入点下游发生故障时，流过下游保护 P3、P4 的故障电流，从仿真结果中可以看出，接入智能微电网后，由于智能微电网的助增作用，流过接入

点下游保护的故障电流增大，下游保护 P3、P4 的灵敏度增加，保护范围扩大。对于 P3 而言，保护范围的扩大将可能使 P3 的保护范围延伸到下一级线路，从而使保护失去选择性；而对于 P4 而言，P4 所在的线路是该馈线的终端线路，保护范围的扩大和灵敏度的提高是有利的。

从上述分析可以得到以下结论：智能微电网接入后，当接入点的下游发生故障时，由于智能微电网的助增作用下游保护感受到的故障电流增大，保护灵敏度增加，保护范围扩大，当智能微电网的容量较大时，保护范围延伸到下一级线路，导致下游保护失去选择性；而接入点上游保护由于智能微电网的分流作用，感受到的故障电流减小，保护灵敏度降低，保护范围缩小，严重时保护出现拒动，失去远后备保护的作用。同时，从仿真结果可以看出，如果智能微电网的输出功率与内部负荷平衡时，智能微电网接入后对电流保护的影响比功率不匹配时的影响小。

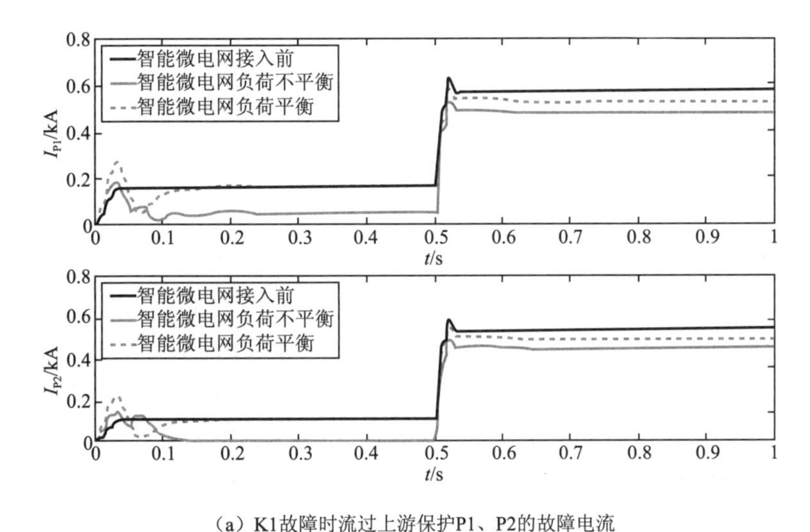

（a）K1故障时流过上游保护P1、P2的故障电流

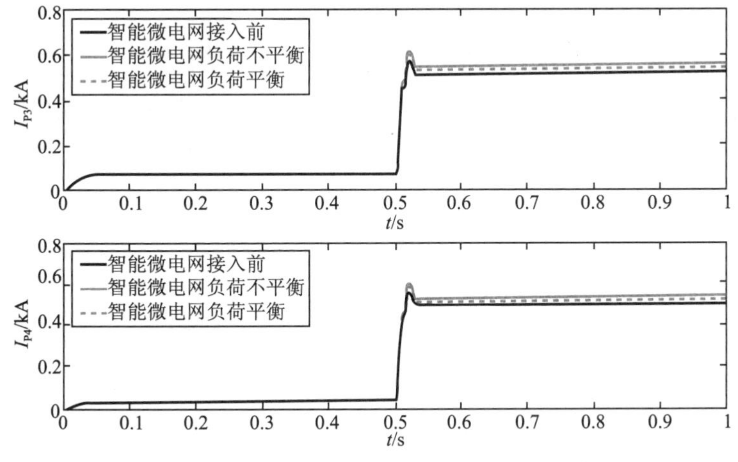

（b）K1故障时流过下游保护P3、P4的故障电流

图4-6　K1故障时流过馈线L1各保护的故障电流

2）智能微电网接入点上游发生故障

如图 4-5 所示，假定在智能微电网接入点上游馈线 L1 的 AB 段末端发生三相短路故障 K2，

分析在智能微电网接入点上游发生故障时，智能微电网的接入对上游保护 P1、P2 的影响。仿真结果如图 4-7 所示。

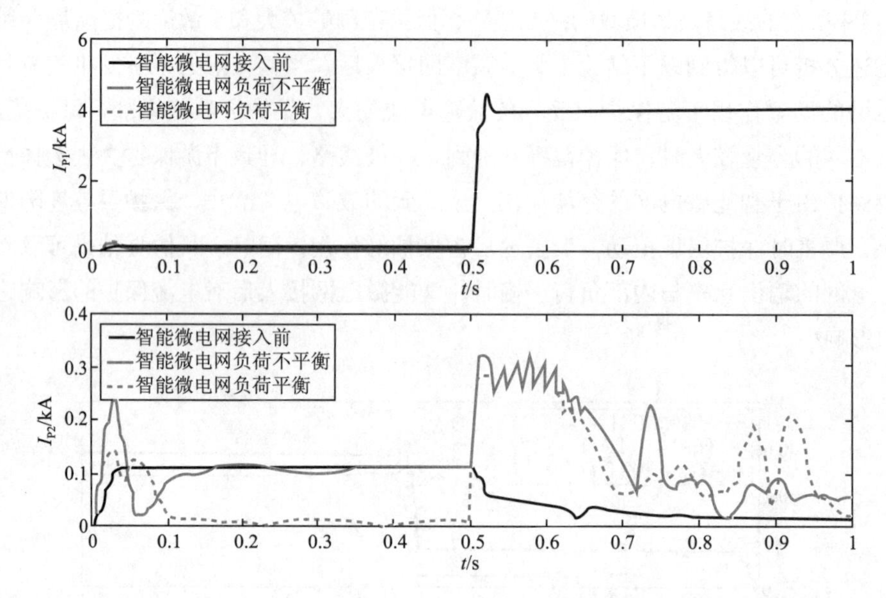

图4-7　K2故障时保护P1、P2的故障电流

从仿真中可以看出，当智能微电网接入点上游发生故障时，智能微电网接入前和接入后，流经保护 P1 的故障电流没有发生变化，这是由于流过保护 P1 的故障电流均由系统侧电源提供，因此智能微电网的接入，对 P1 感受到的故障电流没有影响，P1 原有的电流保护不会受到智能微电网接入的影响。而对于故障点下游的保护 P2，K2 故障时，智能微电网将通过线路 BC 向短路点提供故障电流，保护 P2 感受到了智能微电网提供的反向故障电流，由于保护 P2 原有的电流保护没有装设方向元件，当智能微电网提供的反向故障电流超过保护 P2 的整定值时，保护 P2 将会动作。

同时在仿真中发现，发生 K2 故障时，智能微电网提供的反向故障电流在约 0.1s 后迅速衰减为 0。这是因为当智能微电网的接入点上游发生故障时，智能微电网接入母线 C 的电压减小为 0，智能微电网内采用 P/Q 控制的逆变型分布式电源失去电压支撑，控制环节失效，分布式电源无法继续正常工作，因此智能微电网只能提供瞬时的反向故障电流。

根据上述分析可以得出以下结论：当智能微电网接入点上游发生故障时，不会影响故障点上游保护的动作；而对于故障点下游的电流保护，将检测到智能微电网向故障点提供的反向故障电流。由于原有的电流保护不具有方向性，因此将会造成保护的误动动作，扩大了停电范围。

3）智能微电网接入点相邻馈线发生故障

如图 4-5 所示，假定在智能微电网接入点相邻的馈线 L2 的 AF 段末端发生三相短路 K3，分析故障发生在相邻馈线时，智能微电网接入后对配电网电流保护的影响。仿真结果如图 4-8 ～图 4-11 所示。

仿真 1：假定智能微电网输出有功功率为 2 MW、无功功率为 1 Mvar，智能微电网接入点相邻馈线发生 K3 故障时，流过馈线 L2 上保护 P5 和馈线 L1 上保护 P1~P4 的故障电流情况如图 4-9、图 4-10 所示。从图 4-8 中可以看出，在智能微电网内部功率平衡和不平衡两种情况下，K3 故障时流过保护 P5 的故障电流在智能微电网接入前后没有发生变化，这是由于流过保护 P5 的故障电流均为由系统侧电流提供，智能微电网的接入对其没有影响，保护 P5 没有受到智能微电网接入的影响。

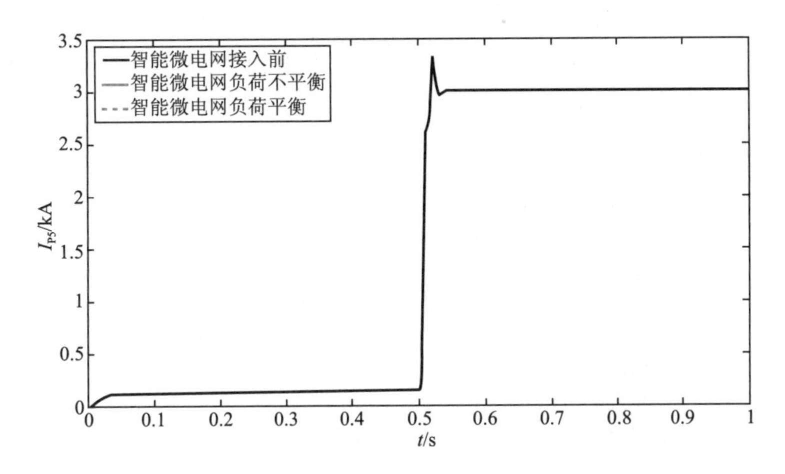

图4-8 K3故障时馈线L2上各保护的故障电流（仿真1）

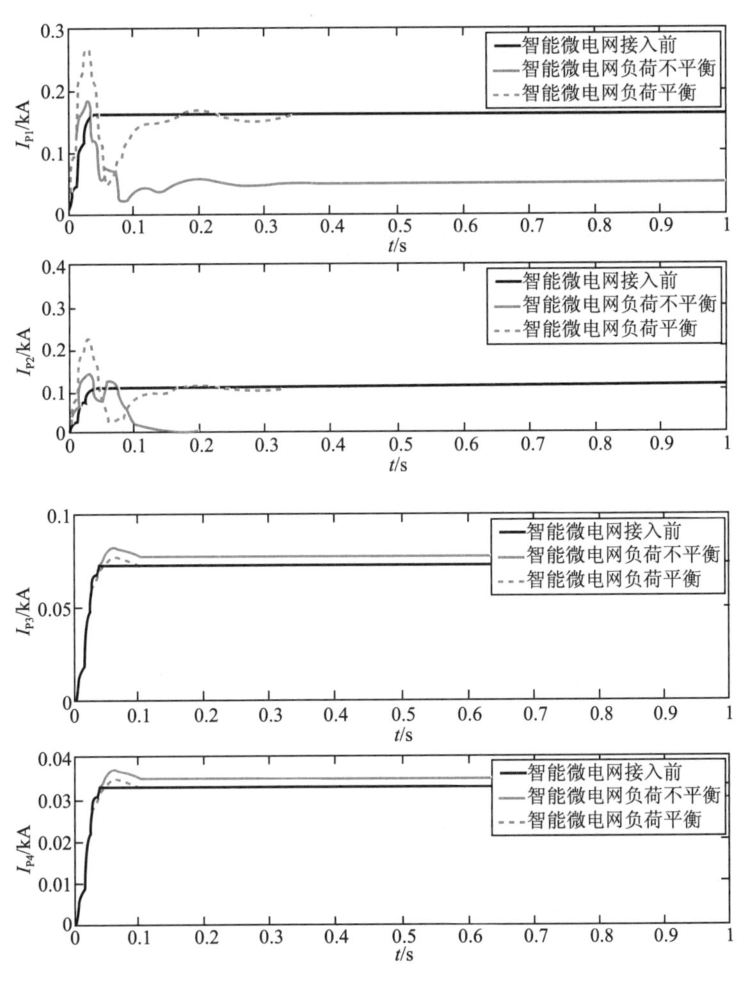

图4-9 K3故障时馈线L1上各保护的故障电流（仿真1）

而从图 4-9 中可以看出，相邻馈线发生三相短路故障 K3 时，智能微电网接入馈线 L1 上的保护 P1~P4 所流过的电流均为正常负荷电流，智能微电网没有通过接入点的上游线路 AC 向故障点提供反向故障电流。

仿真 2：增大智能微电网的输出功率，设定智能微电网输出有功功率为 4 MW、无功功率为 2 Mvar，相邻馈线发生 K3 故障时流过馈线 L2 上保护 P5 和馈线 L1 上保护 P1~P4 的故障电流情况如图 4-10、图 4-11 所示。从图中可以看出，仿真结果与仿真 1 类似。流过馈线 L2 上保护 P5 的故障电流在智能微电网接入前后没有发生变化。

理论上，当智能微电网接入点的相邻馈线发生故障时，智能微电网与系统电源共同向故障点提供短路电流，相当于增加了系统电源的容量，此时发生 K3 故障时，智能微电网接入后，流过保护 P5 的故障电流就会增大，而保护 P1、P2 上将流过反向故障电流。

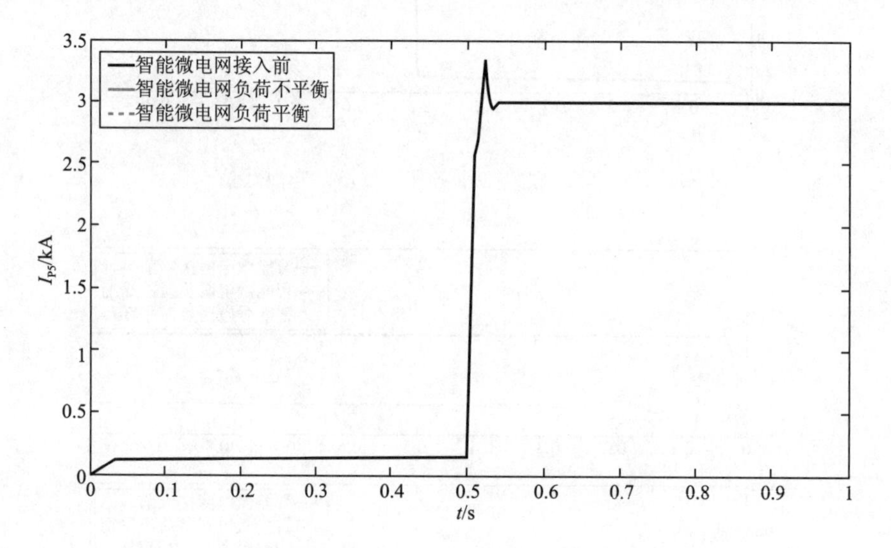

图4-10　K3故障时馈线L2上各保护的故障电流（仿真2）

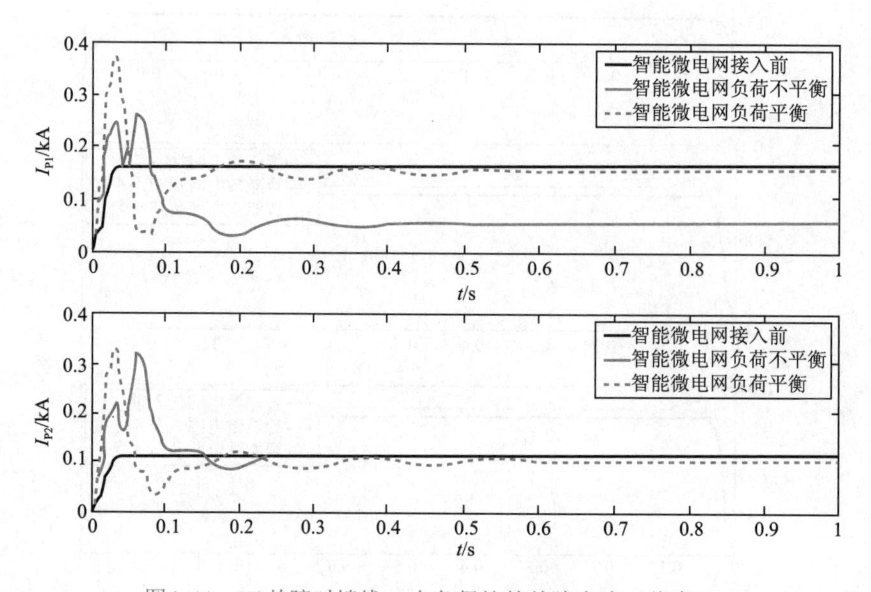

图4-11　K3故障时馈线L1上各保护的故障电流（仿真2）

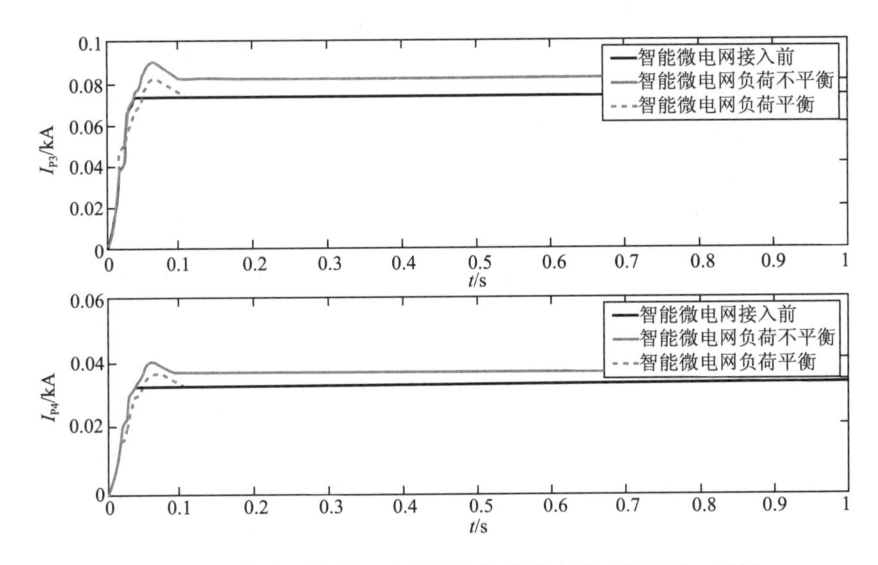

图4-11　K3故障时馈线L1上各保护的故障电流（仿真2）（续）

但在仿真过程中发现，仿真结果与理论分析不一致，出现这种情况的原因是在所建立的配电网仿真模型中，变电站母线以上的系统等效为一电压源，在故障发生前后，该电压源能够将母线 A 的电压始终维持在额定电压 10.5 kV，所以流过保护 P5 的故障电流不会受到智能微电网接入的影响，馈线 L1 能够正常运行；另外，也有可能是因为相对于系统电源的容量而言，智能微电网的容量太小，所以智能微电网的接入不会对 L1 和系统电源造成影响。

虽然智能微电网的接入不会对保护 P5 产生影响，馈线 L1 处于正常运行，但当智能微电网的输入功率为有功功率 4 MW、无功功率 2 Mvar 且智能微电网的输出功率与内部负荷不匹配时，智能微电网接入点的上游线路 AC 将出现反向潮流，如图 4-11 所示，流过保护 P1、P2 的电流与智能微电网接入前方向相反，而保护 P1、P2 的电流保护是基于单向潮流设计的，不具有方向性，当智能微电网的输出功率越大时，流过保护 P1、P2 的反向负荷电流也会越大，可能超过保护 P1、P2 的整定值，此时保护 P1、P2 无法区别正常情况和故障情况，将会造成保护 P1、P2 的误动作。

结论：当故障发生在智能微电网接入点的相邻馈线时，故障线路上的电流保护不会受到智能微电网接入的影响；智能微电网所接入的馈线能够处于正常运行，当智能微电网的容量较大且智能微电网内部功率不匹配时；智能微电网将向配电网输送功率，将会有反向负荷电流流过智能微电网接入点上游线路。如果反向负荷电流超过了上游线路电流保护的整定值，由于上游保护不具有方向性，无法区分正常运行和故障情况，将会造成上游保护的误动作。

2. 不同智能微电网容量对电流保护的影响

智能微电网内的分布式电源主要包括太阳能发电、风力发电、燃料电池等，这些分布式电源受到光照强度、温度和风速等自然因素影响，分布式电源输出的功率具有一定的随机性和不稳定性，因此智能微电网的输出容量并不是始终不变的，而是变化的。所以，有必要分析智能微电网容量变化对配电网电流保护的影响。

下面将通过仿真实验分析智能微电网容量变化对电流保护的影响，仿真过程与上述的分

析相似，同样采用图 4-5 所示的含智能微电网的配电网模型。智能微电网通过 PCC 接入馈线 L1 的母线 C，分别假定在智能微电网的接入点下游、上游和相邻馈线发生故障三种情况，分析智能微电网内部功率平衡和不平衡两种情况下智能微电网容量变化对电流保护的影响。

1）智能微电网接入点下游 K1 发生故障

如图 4-5 所示，在智能微电网接入点母线 C 的下游馈线 DE 段发生故障 K1，改变智能微电网的容量进行仿真实验，得到智能微电网容量变化时流过馈线 L1 上各保护 P1~P4 的故障电流情况，如表 4-3 和表 4-4 所示。

表4-3　功率不平衡情况下智能微电网容量变化时流过保护P1~P4故障电流有效值

序号	有功功率/MW	无功功率/Mvar	I_{P1}/A	I_{P2}/A	I_{P3}/A	I_{P4}/A
1	0.5	0.25	547	506	519	510
2	1.0	0.5	523	483	530	520
3	2.0	1.0	479	442	550	539
4	3.0	1.5	442	408	569	558
5	5.0	2.5	388	359	597	585
6	8.0	4.0	401	389	628	616
7	10.0	5.0	422	425	663	652
8	12.0	6.0	504	516	689	676
9	16.0	8.0	622	634	705	690

表4-4　功率平衡情况下智能微电网容量变化时流过保护P1~P4故障电流有效值

序号	有功功率/MW	无功功率/Mvar	I_{P1}/A	I_{P2}/A	I_{P3}/A	I_{P4}/A
1	0.5	0.25	560	520	514	504
2	1.0	0.5	549	508	519	509
3	2.0	1.0	525	485	528	518
4	3.0	1.5	507	468	536	525
5	5.0	2.5	479	441	547	537
6	8.0	4.0	449	413	563	553
7	10.0	5.0	436	402	574	563
8	12.0	6.0	423	397	595	584
9	16.0	8.0	412	388	620	604

表 4-3 为智能微电网内部功率不平衡情况下，智能微电网容量变化时流过馈线 L1 上保护 P1~P4 的故障电流情况。从表 4-3 中可以看出，智能微电网接入点下游发生故障时，当智能微电网容量逐渐增大时，流过智能微电网接入点下游保护 P3 和 P4 的故障电流随智能微电网容量的增大而增大；流过智能微电网接入点上游保护 P1 和 P2 的故障电流随智能微电网容量的增大而先减小后增大。

表 4-4 为智能微电网内部功率平衡情况下，智能微电网容量变化时流过馈线 L1 上保护 P1~P4 的故障电流情况。从表 4-4 中可以看出，智能微电网接入点下游发生故障时，当智能

微电网容量逐渐增大时，流过智能微电网接入点下游保护 P3 和 P4 的故障电流情况与表 4-3 中的情况类似，流过 P3 和 P4 的故障电流随智能微电网容量的增大而增大；流过智能微电网接入点上游保护 P1 和 P2 的故障电流情况与表 4-3 中的情况不同，流过保护 P1 和 P2 的故障电流随智能微电网容量的增大而减小，不会出现再增大的情况。

原因分析：这是由于在智能微电网接入点下游发生故障时，智能微电网支路对接入点下游的线路表现为助增作用，对接入点上游的线路表现为分流作用，当智能微电网的容量增大时，智能微电网提供的故障电流也增大，所以流过接入点下游保护的故障电流随智能微电网容量的增大而增大，流过接入点上游保护的故障电流随智能微电网容量的增大而减小。而在智能微电网内部功率不平衡的情况下，智能微电网容量变化对电流保护的影响更为重要，当智能微电网容量增大到一定程度时，智能微电网除了向接入点下游的故障点提供短路容量外，还有多余的容量流向接入点上游线路，导致接入点上游保护流向反向电流，并随智能微电网容量的增大而增大。

2）智能微电网接入点上游 K2 发生故障

如图 4-5 所示，在智能微电网接入点母线 C 的上游馈线 AB 段发生 K2 故障，智能微电网接入将会对保护 P2 产生影响，改变智能微电网的容量进行仿真实验，得到智能微电网容量变化时流过保护 P2 的故障电流情况，如表 4-5 所示。

表4-5　智能微电网容量变化时流过保护P2的故障电流情况（K2故障）

序号	有功功率/MW	无功功率/Mvar	智能微电网功率不平衡I_{P2}/A	智能微电网功率平衡I_{P2}/A
1	0.5	0.25	281	261
2	1.0	0.5	294	289
3	2.0	1.0	328	320
4	3.0	1.5	543	529
5	5.0	2.5	41	679
6	8.0	4.0	938	367
7	10.0	5.0	1 062	990

说明：当智能微电网接入点上游发生故障时，母线 C 电压降低为 0，智能微电网内 P/Q 控制的逆变型分布式电源将会失去电压支撑导致无法正常工作，因此表 4-5 中所列的流过保护 P2 的故障电流值为分布式电源崩溃前流过保护 P2 的最大故障电流值。

从表 4-5 可以看出，当智能微电网接入点上游 AB 段发生故障时，在逆变型分布式电源的控制环节失效前，无论智能微电网内部功率是否平衡，智能微电网都将向故障点提供故障电流，上游保护 P2 将流过反向故障电流，且随着智能微电网容量的增大而增大。对比表 4-6 中保护 P2 的三段式电流保护的整定值可以发现，流过保护 P2 的反向故障电流将会超过保护 P2 的电流Ⅲ段保护整定值，继续增加智能微电网的容量，流过保护 P2 的反向故障电流将会超过保护 P2 的电流Ⅱ段保护甚至是Ⅰ段保护的整定值，由于保护 P2 不具有方向性元件，因此，将会造成保护 P2 的误动作，且智能微电网内部功率不平衡时，对智能微电网的影响程度更为严重。

如果依靠保护 P2 来切除上游故障，不但扩大了故障停电范围，而且依靠保护 P2 的电流

Ⅲ段或者电流Ⅱ段动作，动作时限较长，无法满足继电保护速动性的要求，不能有效地保护电路。

表4-6　保护P2的三段式电流保护的整定值

项　目	电流Ⅰ段保护	电流Ⅱ段保护	电流Ⅲ段保护
保护P2电流整定值/A	2 031	989	150

3）智能微电网接入点相邻馈线上K3发生故障

如图4-5所示，在智能微电网接入点母线C的相邻馈线L2上发生故障K3，当故障发生在智能微电网接入点的相邻馈线时，故障线路上的电流保护不会受到智能微电网接入的影响；智能微电网所接入的馈线L1能够正常运行，当智能微电网的容量较大且智能微电网内部功率不匹配时，智能微电网接入点的上游线路会流过反向的负电荷电流，可能超过上游电流保护的整定值，造成上游保护误动作。

4.1.3　智能微电网接入对配电网自动重合闸的影响

配电网的运行经验表明，配电网中80%～90%的故障为瞬时性故障。因此，配电网中通常需要配置自动重合闸装置。当配电网发生故障，动作保护并使断路器跳开后，经过一定的时间延时，自动重合闸装置启动，断路器运行一次重合闸，如果发生的是瞬时性故障，故障消失，断路器重合成功，恢复供电；如果发生的是永久性故障，断路器再次跳开并闭锁。通过自动重合闸装置，可以在发生瞬时性故障时迅速恢复供电，提高了配电网供电的可靠性。

自动重合闸装置与继电保护装置配合，可以分为重合闸前加速保护和重合闸后加速保护。重合闸前加速保护只在变电站母线出口的第一个保护配置自动重合闸装置，当线路发生故障时，首先由母线出口的保护瞬时无选择性地切除故障，重合闸以后保护第二次动作按照阶段式电流保护的配合有选择性地切除故障。重合闸后加速需要在每个保护都配置自动重合闸装置，线路发生故障后，保护首先按照整定规则地进行有选择的动作，然后进行自动重合闸，如果发生的是永久性故障，则在断路器重合闸后，保护瞬时动作切除故障。通常在35 kV以下的配电网中采用重合闸前加速，在35 kV以上的配电网中采用重合闸后加速。

下面以图4-12为例，分析智能微电网接入对配电网自动重合闸装置的影响。图4-12所示为10 kV配电网，采用重合闸前加速，即只在每条馈线的出口处配置三相一次重合闸，如图4-12中P1、P5、P7处的AR。

1. 馈线L1发生故障时的影响

当智能微电网所在的馈线发生K1或者K2故障时，首先由保护P1瞬时无选择性地动作，切除故障，然后进行重合闸，如果发生的是瞬时性故障，故障消失，P1重合闸成功，馈线L1恢复供电；如果发生的是永久性故障，P1重合闸后，保护P1~P4有选择性地动作，切除故障。

智能微电网接入后，发生瞬时性故障，P1瞬时动作断开后，由于智能微电网的存在，智能微电网将持续向故障点提供故障电流，故障点的电弧无法熄灭，P1进行自动重合闸，如果故障仍然存在，故障可能演变为永久性故障，导致重合闸失败。

另一方面，当智能微电网接入点上游发生故障时，保护 P1 瞬时动作后，在进行自动重合闸之前，智能微电网与下游区域处于孤岛运行，智能微电网内的电压和频率可能发生偏移，当自动重合闸装置进行重合闸操作时，可能导致非同期重合闸，产生强大的冲击电流，使得系统中的设备受到损坏。

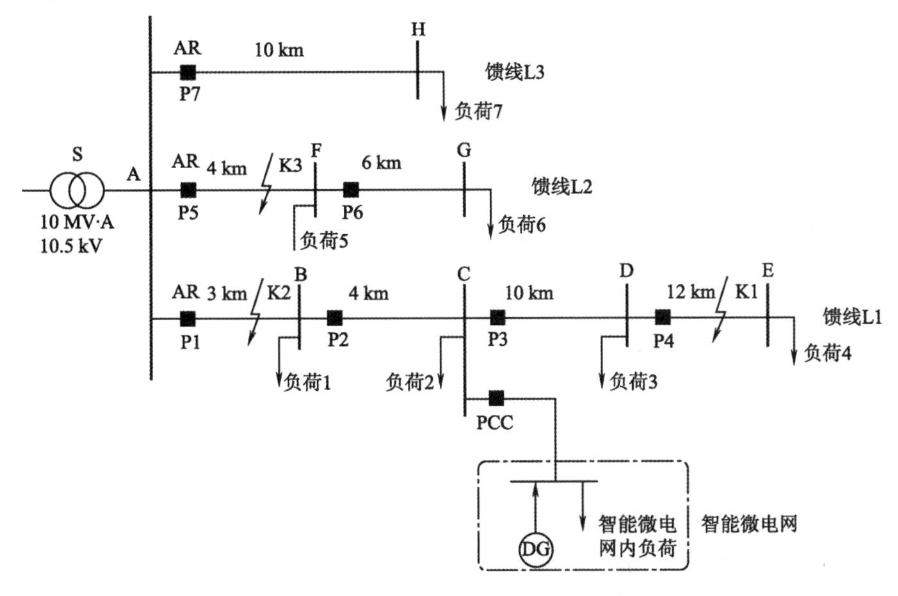

图4-12　含智能微电网的配电网示意图

2. 馈线L2发生故障时的影响

当智能微电网所在馈线的相邻馈线 L2 发生 K3 故障时，首先由保护 P5 瞬时动作切除故障，然后进行自动重合闸。前面的分析中已经提到过，在相邻馈线发生故障时，智能微电网的接入不会对相邻馈线的保护和自动重合闸产生影响。

对于智能微电网所在的馈线，接入点上游线路可能流过反向负荷电流，智能微电网的容量较大时，流过上游保护的负荷电流可能大于上游保护的整定值，无法区分正常运行和故障情况，导致馈线 L1 上的自动重合闸误动作。

结论：从上述分析可知，当智能微电网所在的馈线发生瞬时性故障时，智能微电网的存在会导致前加速重合闸重合失败，形成永久性故障，扩大停电范围，或者导致非同期重合闸，造成对系统的冲击。而当相邻馈线发生故障时，可能会引起智能微电网所在的馈线重合闸装置的误动作。

本部分主要是通过理论分析与仿真分析相结合，分析了智能微电网接入配电网后，对配电网正常运行时的潮流分布及故障时对配电网电流保护、自动重合闸所产生的影响。

通过分析智能微电网并网对潮流分布的影响可知，由于智能微电网并网改变了配电网的拓扑结构，正常运行时配电网的功率分布、大小和方向将发生变化，特别是在智能微电网接入点与系统电源之间的区域，在智能微电网容量较大时出现了双向潮流，由于配电网原有的电流保护不具有方向性，甚至会导致电流保护无法区分正常运行和故障情况，出现保护误动作。

通过分析智能微电网并网时不同故障位置，不同智能微电网容量对配电网电流保护的影响可知，出现故障时，智能微电网的接入改变了配电网的故障电流大小和流向，智能微电网支路的助增作用或分流作用，将会导致配电网原有的电流保护出现灵敏度增大或降低，保护误动或拒动；或者出现反向故障电流，导致保护误动作等情况，使得配电网原有的电流保护在智能微电网接入后无法满足继电保护要求；智能微电网容量越大，对电流保护影响的程度越严重。

智能微电网的接入同时对配电网的自动重合闸造成影响，导致重合闸失败或者出现非同期重合闸，对系统造成冲击，甚至由于反向潮流或反向故障电流导致自动重合闸装置误动作。

此外，在分析智能微电网接入对配电网潮流分布、电流保护的影响时考虑了智能微电网内部功率是否平衡的问题。结果表明，提高智能微电网输出功率与内部负荷的匹配程度，可以减小智能微电网接入对潮流分布、电流保护的影响程度。

4.2 智能微电网的纵联过电流保护方案

4.2.1 含智能微电网的配电网闭环运行原理

我国的配电网通常采用闭环设计，开环运行的供电方式，正常运行时系统开环运行，配电网为单电源辐射型网络，潮流单向流动，这样可以简化继电保护方案，采用三段式电流保护在发生故障时能够正确动作，可靠切除故障，保证系统的稳定运行。在需要检修或者转移负荷的时候，通过分、合联络开关的操作来减小停电时间和停电范围，提高了配电网的供电可靠性。

随着分布式电源或者智能微电网的接入，配电网变成了含有中小型电源的多电源网络，潮流不再是单向流动，故障电流也不再是简单地从系统电源侧流向故障点，配电网开环运行的方式不复存在。此外，在开环运行的方式下，当接入点上游发生故障时，DG或智能微电网可能被切除，这将降低了分布式电源的利用率；而如果采用闭环运行的方式，DG或智能微电网可以通过联络开关向其他馈线上的负荷进行供电，提高了分布式电源的利用率，减小了负荷损失，提高了配电网的供电可靠性。含智能微电网的配电网闭环运行原理如图4-13所示。

在图4-13中，馈线L1和馈线L2构成闭环运行。在馈线L1和馈线L2的末端有一联络开关S，联络开关S断开时，配电网开环运行：智能微电网通过PCC与馈线L1的母线C连接，当馈线L1上游的AC段发生故障时，若配电网处于开环运行状态，为了切除故障，智能微电网将被切除，形成孤岛；而如果配电网处于闭环运行状态，故障切除后，智能微电网与馈线L2相连，母线C上游发生故障时，因为有了正常运行的馈线L2的电源的支撑作用，母线C的电压不会跌落为0，智能微电网中的分布式电源能够继续正常运行，这样就可以大大提高智能微电网的利用率，保证非故障区域的连续供电，增强配电网的电力供应能力，缩小故障停电范围，提高配电网的供电可靠性。因此，在含智能微电网的配电网中采用闭环运行模式，与开环运行模式相比，具有一定的优势，并且配电网中分布式电源的渗透率愈高，配电网闭环运行的优势就愈明显。

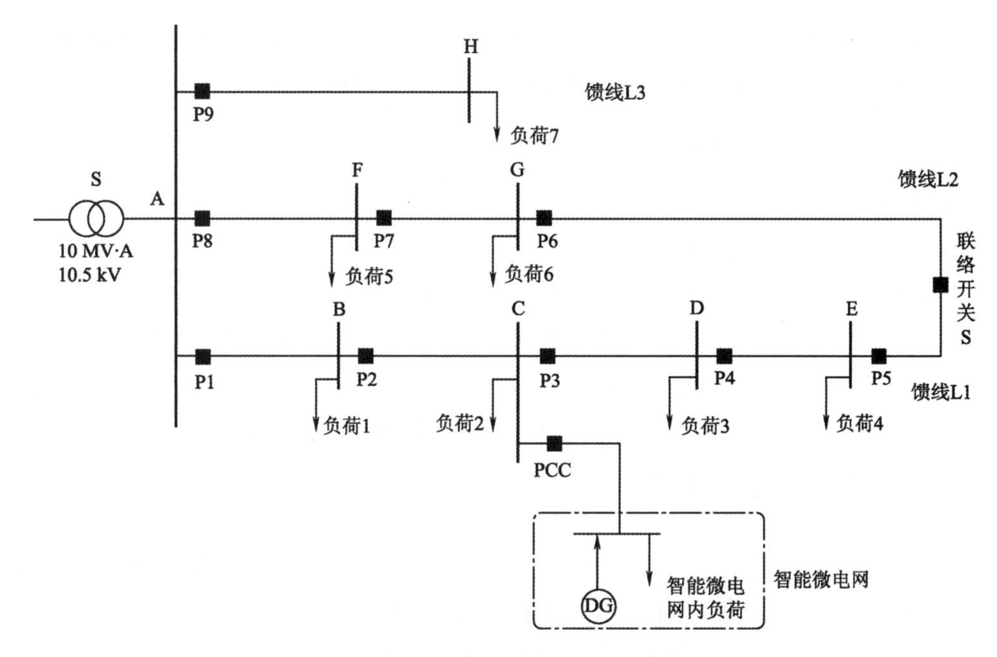

图4-13　含智能微电网的配电网闭环运行原理

4.2.2　智能微电网纵联过电流保护方案组成结构及原理

1. 纵联过电流保护方案的组成结构

含智能微电网的闭环运行的配电网纵联过电流保护方案的组成结构如图 4-14 所示，配电网馈线 L1 和馈线 L2 通过联络开关 S 构成闭环运行。

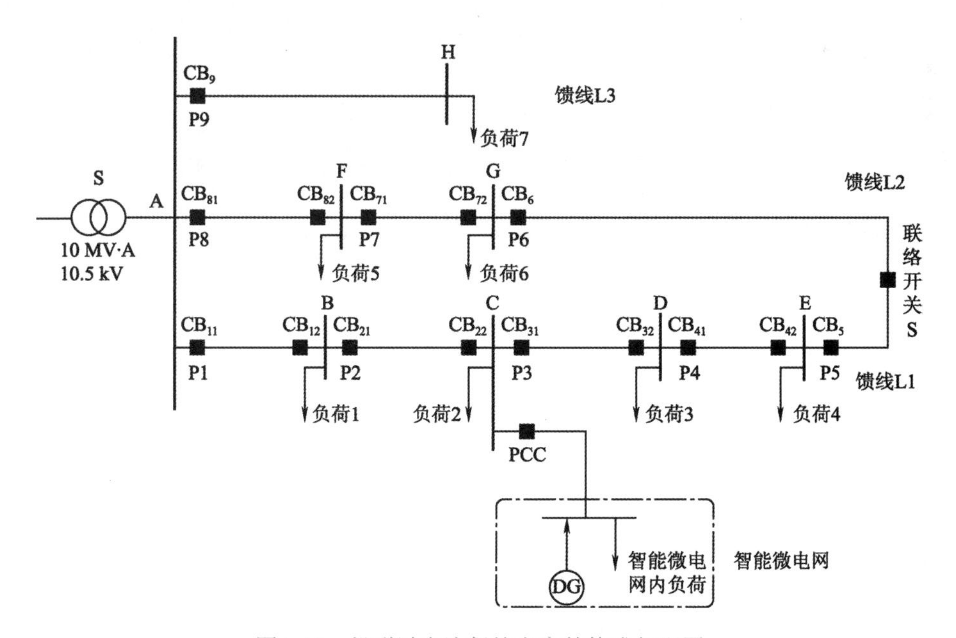

图4-14　纵联过电流保护方案的构成与配置

该保护方案为一种只有单侧保护装置的纵联过电流保护方案，即仅在靠近系统电源侧的

母线出口处装设断路器和方向过电流保护，作为各段线路的主保护，按照躲过线路的最大负荷电流进行整定，可以保护线路全长，如图 4-14 中的 P1、P8。

2. 纵联过电流保护方案的原理

在每段非终端馈线的末端（即远离系统电源侧）加装断路器，但不装设保护装置，每段馈线两端的断路器均由安装在首端的保护装置控制。

每一级线路的主保护与其下一级线路的主保护组成一个通信单元，构成纵联保护，当下一级线路的主保护检测到正方向过电流时将向其上一级线路的主保护发出闭锁信号，本级线路的主保护检测到正方向过电流且没有收到其下一级线路保护因检测到正方向过电流而发出的闭锁信号，则判定为本级线路内部故障。本级线路的主保护输出跳闸信号，同时断开本级线路首末两端的断路器，从而将故障隔离在最小的故障区域。

对于终端馈线，由于没有下一级线路与其构成通信单元，且过电流保护会保护相邻线路，因此需要联络开关所在线路两侧的保护组成一个通信单元，构成纵联保护，只有当两侧的保护同时检测到正方向过电流时，才允许输出跳闸信号，断开线路两侧的断路器。

每个保护配置都有近后备保护，近后备保护延时 t_1 后再次检测是否有正向过电流，当主动保护拒动时，则由后备保护动作，输出跳闸信号，断开线路两侧的断路器。

4.3 智能微电网的接地保护

4.3.1 低压配电网的接地保护系统

1. 配电网的保护接地

正常情况下，将电气设备的金属外壳用导线与接地极可靠地连接起来，使之与大地做电气上的连接，这种接地的方式就称为保护接地，其接地形式如图 4-15 所示。

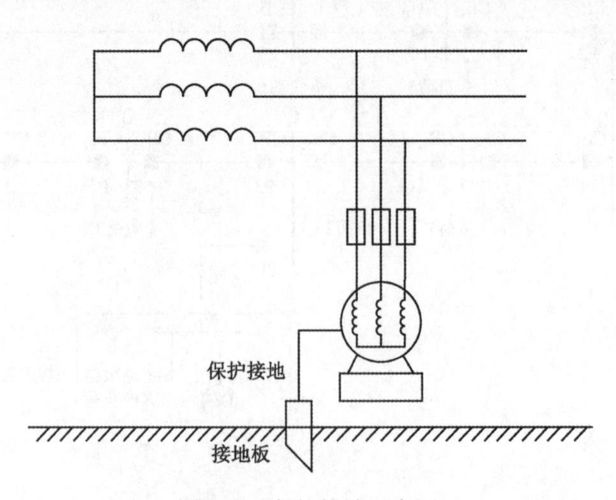

图4-15 保护接地示意图

如果不采用保护接地，当发生人身触电时，由于触电电流不足以使熔断器或者自动开关动作，因此危险电压一直存在；如果电网绝缘下降，则存在生命危险。采用保护接地之后，当发生人体触电时，由于保护接地电阻的并联，人体触电电压将下降，起到保护人身安全的作用。其相应的保护原理图如图 4-16 所示。

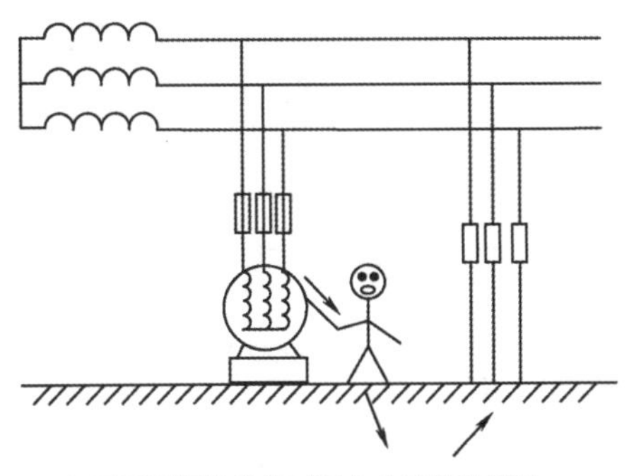

（a）不采用保护接地时漏电电流流通情况

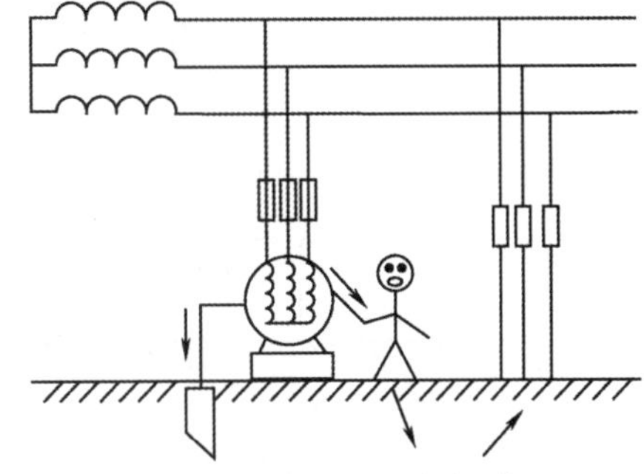

（b）采用保护接地时漏电电流流通情况

图4-16　保护接地系统的保护原理

保护接地系统起保护的原理实质是金属外壳通过保护接地线与接地板相连后再与人体电阻并联，使并联后的总电阻减少，在漏电电流一定的情况下，达到降低人体接触电压的目的，人体接触电压降低了，在人体电阻不变的情况下，流过人体的电流会减少，从而达到保护人体安全的目的。

保护接地的适用范围：三相三线制中性点不接地系统采用保护接地可靠；三相四线制系统，采用保护接地十分不可靠。一旦外壳带电时，电流将通过保护接地的接地极、大地、电源的接地极而回到电源。因为接地极的电阻值基本相同，则每个接地极电阻上的电压是相电压的一半。人体触及外壳时，就会触电。所以，在三相四线制系统中的电气设备不推荐采用保护接地，最好采用保护接零。三相四线制保护接地在存在漏电电流的情况下，电流流经的通路如图 4-17 所示。

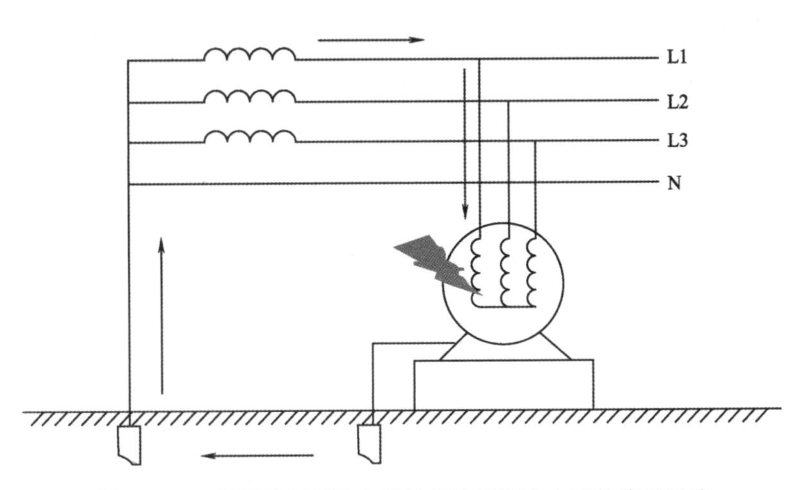

图4-17　三相四线制系统中保护接地时漏电电流的流经通路

保护接地的缺点：三相三线制电源中性点不接地的系统中如果两台设备同时进行保护接

地，两者都发生漏电，但不为同一相，则设备外壳将带危险电压，如图 4-18 所示。

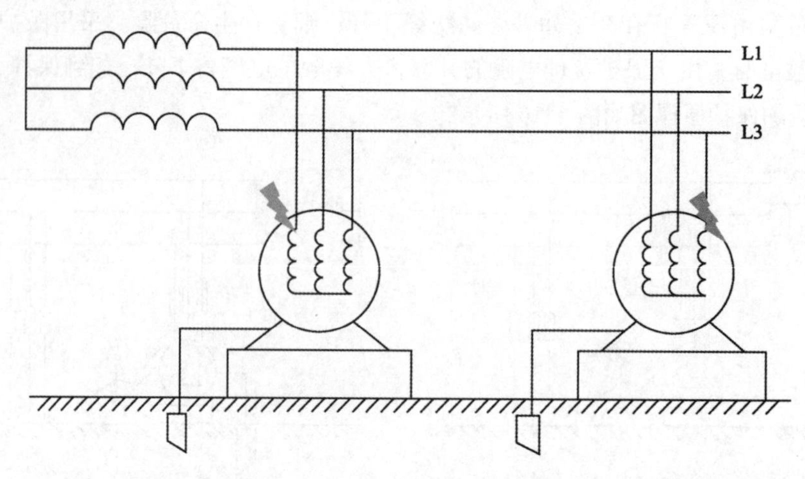

图4-18　三相三线制系统中两个设备外壳都漏电且为不同相情况

如果将多个接地体用导线连接在一起，则可以解决此问题，这种将各个设备的接地板连接在一起的情况称为等电位连接。但这种将等电位连接线连接在一起组成接地网时要耗费很多钢材。

另外，在电源中性点直接接地的系统中，保护接地有一定的局限性。这是因为在该系统中，当设备发生碰壳故障时，便形成单相接地短路，短路电流流经相线和保护接地线、电源中性点接地装置。如果接地短路电流不能使熔丝可靠熔断或自动开关可靠跳闸时，漏电设备金属外壳上就会长期带电，也是很危险的。

2. 配电网的保护接零

（1）保护接零的定义：保护接零又称保护接中性线，在三相四线制系统中，电源中性线是接地的，将电气设备的金属外壳或构架用导线与电源零线（即中性线）直接连接，就称为保护接零。保护接零的示意图如图 4-19 所示。

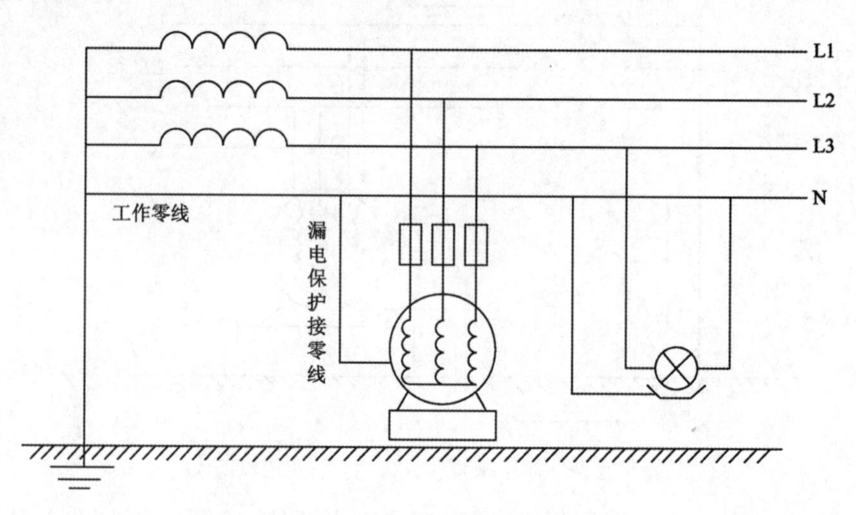

图4-19　保护接零的示意图

（2）保护接零的工作原理。对于三相四线制，如果不采用保护接零，当设备漏电时，人的接触电压为相线电压，十分危险。人体触及外壳便造成单相触电事故，其相应的漏电电流流过的通路如图 4-20 所示。

对于三相四线制，如果采用保护接零，当设备漏电时，将变成单相短路，造成熔断器熔断或者自动开关跳闸，切除电源，就消除了人的触电危险。因此，采用保护接零是防止人身触电的有效手段，其相应的工作原理示意图如图 4-21 所示。

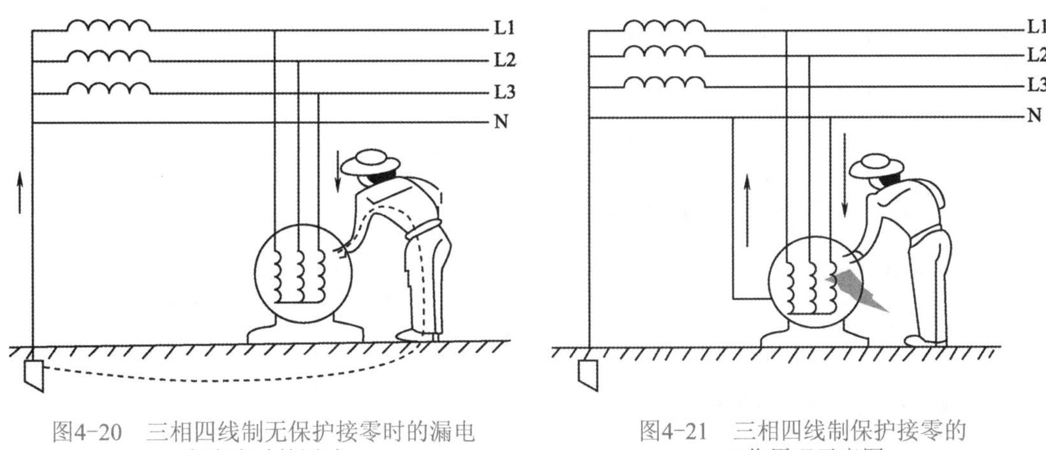

图4-20　三相四线制无保护接零时的漏电电流流过的通路

图4-21　三相四线制保护接零的工作原理示意图

（3）保护接零的应用范围。保护接零技术措施用于中性点直接接地，电压为 380 V/220 V 的三相四线制配电系统，不能用于三相三线制配电系统中，因为三相三线制没有中性线，不可能进行保护接零。

（4）保护接零的注意事项。工作零线不允许断线，为防止断线可将工作零线重复接地，其相应的接线方法如图 4-22 所示。

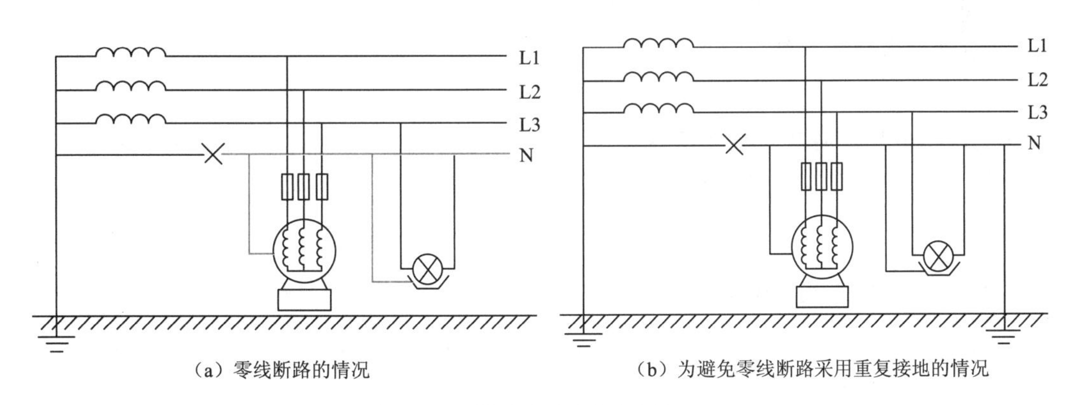

（a）零线断路的情况

（b）为避免零线断路采用重复接地的情况

图4-22　零线断线重复接地示意图

接工作零线一定要真正独立地接到工作零线上去。其相应的接线方法如图 4-23 所示。

另外应注意的是，同一电网中不宜同时用保护接地和保护接零，如图 4-24 所示。如果电动机 1 漏电，形成单相接地短路时，如果短路电流不足以使其动作，则电动机 2 的外壳将长期带电。如果电动机 1 的接地电阻和电网中心点电阻相同，则外壳电压为 110 V，即所有采用保护接零的设备外壳都有危险电压，因此不允许保护接地与保护接零在同一电网中。

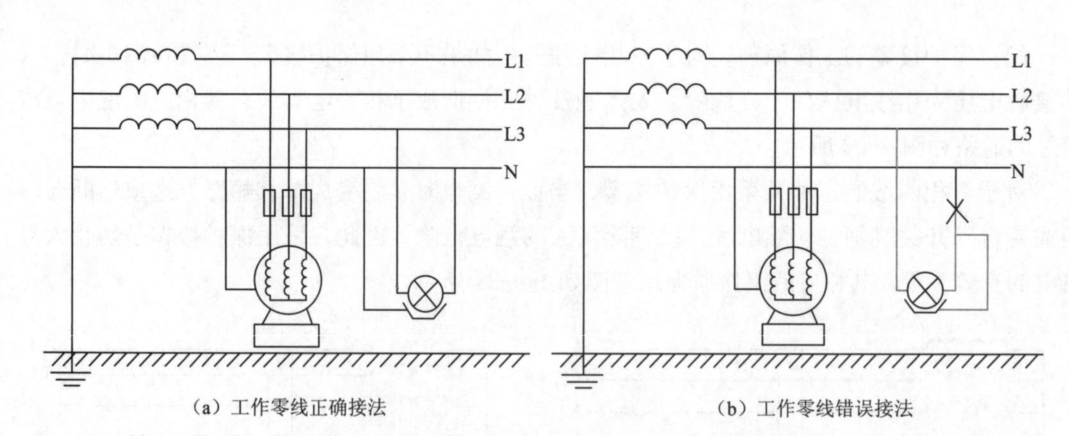

（a）工作零线正确接法　（b）工作零线错误接法

图4-23　保护接零用工作零线接法示意图

3. 配电网的保护接地与保护接零的比较

（1）保护接地和保护接零是维护人身安全的两种技术措施。

（2）保护原理不同。低压系统保护接地的基本原理是限制漏电设备对地电压，使其不超过某一安全范围；保护接零的主要作用是借接零线路使设备漏电形成单相短路，促使线路上保护装置迅速动作。

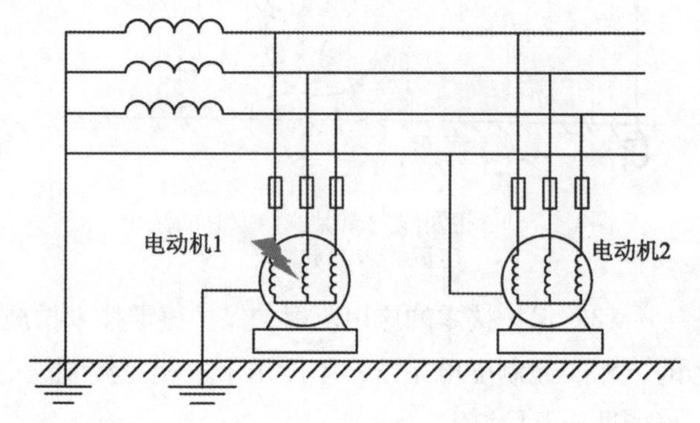

图4-24　系统中同时存在保护接零和保护接地示意图

（3）适用范围不同。保护接地适用于一般的低压不接地电网及采取其他安全措施的低压接地电网；保护接零适用于低压接地电网。

（4）线路结构不同。保护接地系统除相线外，只有保护地线；保护接零系统除相线外，必须有工作零线和保护零线，必要时，保护零线要与工作零线分开，其重要装置也应有保护地线。

（5）发生漏电时，保护接地允许不断电运行，因此存在触电危险，但由于接地电阻的作用，人体接触电压大大降低；保护接零要求必须断电，因此触电危险消除，但相关相线的断路器必须可靠动作。

4. 低压配电系统的几种接地方式

按国际电工委员会（IEC）标准规定，低压配电接地，接零系统分为IT、TT、TN三种基本形式。在TN形式中又分有TN-C、TN-S和TN-C-S三种派生形式。

形式划分的第1个字母反映电源中性点接地状态：T表示电源中性点工作接地，I表示电源中性点没有工作接地（或采用阻抗接地）；第2个字母反映负载侧的接地状态：T表示负载保护接地，但与系统接地相互独立，N表示负载保护接零，与系统工作接地相连；第3个字母C表示工作零线与保护零线共用一根线；第4个字母S表示中性线与保护零线各自独立，各用一根线。

1）IT 接地系统

IT 接地系统在供电距离不长时，安全可靠。一般用于不允许停电或者要求严格连续供电的地方。因为电源中性点不接地，如果发生单相接地故障，单相漏电电流很小，不会破坏电源电压的平衡，所以比中性点接地系统还安全。但是如果供电距离很长时，电容不能忽略，危险性增加。其相应的接线示意图如图 4–25 所示。

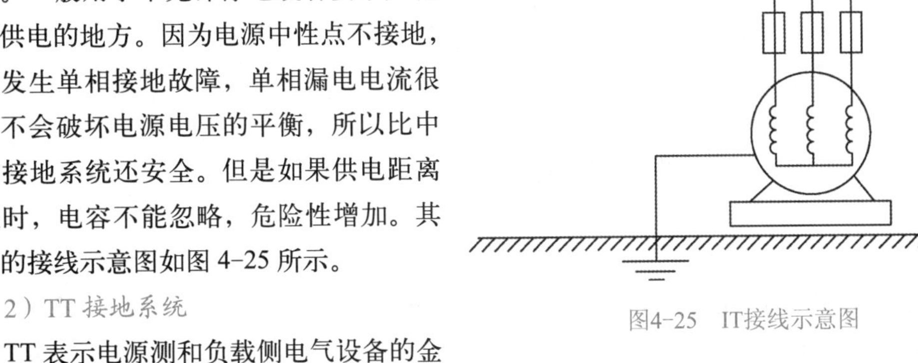

图4–25　IT接线示意图

2）TT 接地系统

TT 表示电源测和负载侧电气设备的金属外壳都进行接地保护。当电气设备的金属外壳带电（相线碰壳或者设备绝缘损坏漏电时），由于有接地保护，可以大大减少漏电的危险性。但是，低压断路器（自动开关）不一定跳闸，造成漏电设备的外壳对地电压高于安全电压。当漏电比较小时，即使有熔断器也不一定熔断，所以还需要漏电保护器的保护，因此 TT 接地系统难以推广。其相应的接线示意图如图 4–26 所示。

3）TN 接地系统

TN 接地系统是指含有中性线的三相四线制系统，这种系统将电气设备正常不带电的金属外壳与中性线相连接。在我国 380 V/220 V 低压配电系统中，广泛采用中性点直接接地的运行方式，而且引出有中性线 N 和保护线 PE。

（1）TN–C 接地系统。该系统的中性线 N 和保护线 PE 合为一根 PEN 线，电气设备的金属外壳与 PEN 线相连。若开关保护装置选择适当，可满足供电要求，并且其所用材料少、投资小，故在我国应用最普遍。其接线示意图如图 4–27 所示。

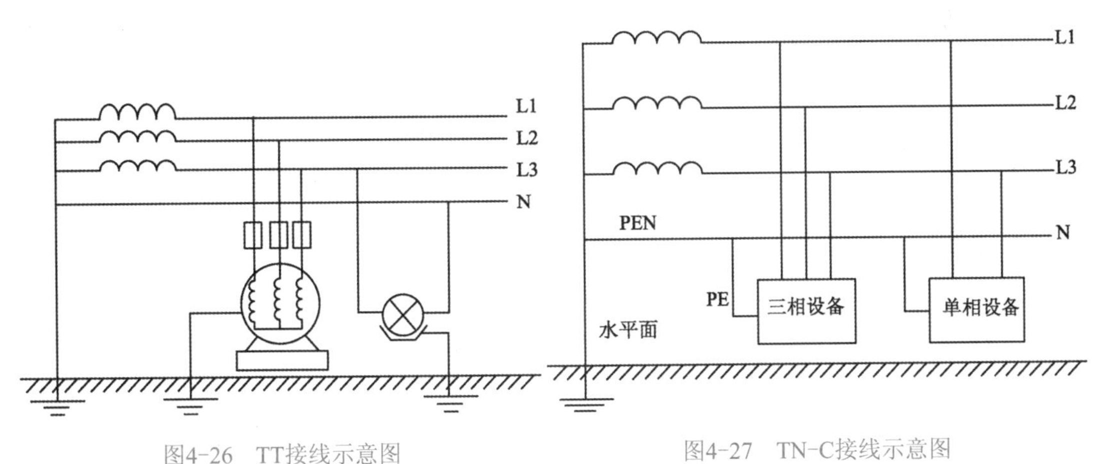

图4–26　TT接线示意图　　图4–27　TN–C接线示意图

TN–C 接地系统的特点是由于三相不平衡，工作零线上有不平衡电流，对地有电压，所以与保护线所连接的电气设备外壳对地有一定的电压。如果工作零线断线，则保护接零的漏电设备外壳带电；如果电源的相线碰地，则设备的外壳电压升高，使中性线的危险电位蔓延。因此，TN–C 接地系统只适用于三相负载基本平衡的情况。

（2）TN-S 接地系统。该系统的中性线 N 和保护线 PE 是分开的，所有设备的金属外壳均与公共 PE 线相连。正常时 PE 上无电流，因此各设备不会产生电磁干扰，适用于数据处理和精密检测装置使用。N 和 PE 分开，则当 N 断线时也不影响 PE 上设备防触电要求，故安全性高。缺点是所用材料多、投资大，故在我国应用不多。其接线示意图如图 4-28 所示。

TN-S 接地系统是把工作零线和专用保护线严格分开的系统。正常工作时，保护零线上没有电流，只有工作零线上有不平衡电流。PE 线对地没有电压，电气设备金属外壳接在专用的保线上，安全可靠，工作零线只用作单相负载回路，专用保护线（保护零线）不允许断线，TN-S 系统安全可靠，但造价高。

（3）TN-C-S 接地系统。该系统前边为 TN-C 系统，后边为 TN-S 系统（或部分为 TN-S 系统）。它兼有两系统的优点，适于配电系统末端环境较差或有数据处理设备的场所。其接线示意图如图 4-29 所示。

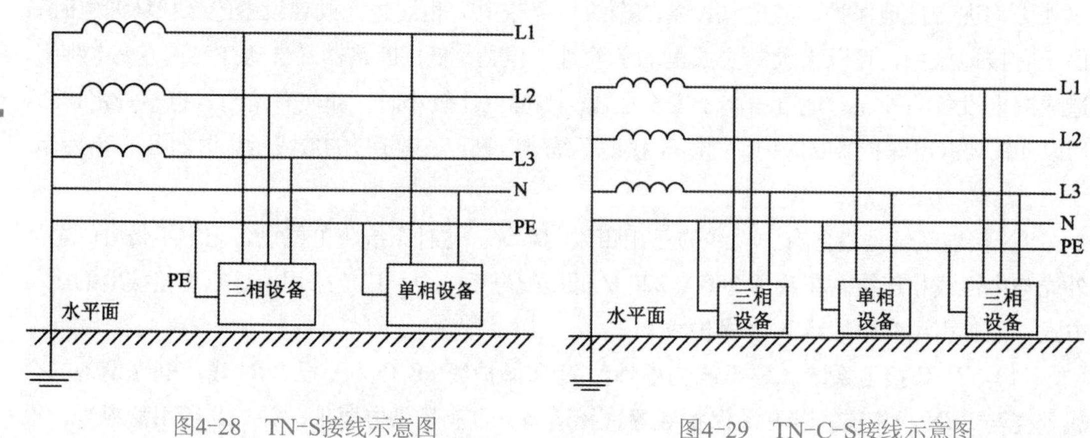

图4-28　TN-S接线示意图

图4-29　TN-C-S接线示意图

4.3.2　智能微电网的接地保护系统

从上面配电网接地保护系统中可以看出，TN-C 接地系统在我国的低压配电系统中应用得比较多，同样，在智能微电网系统中，TN-C 接地系统也是使用比较多的一种接地保护系统，其接线示意图如图 4-30 所示。

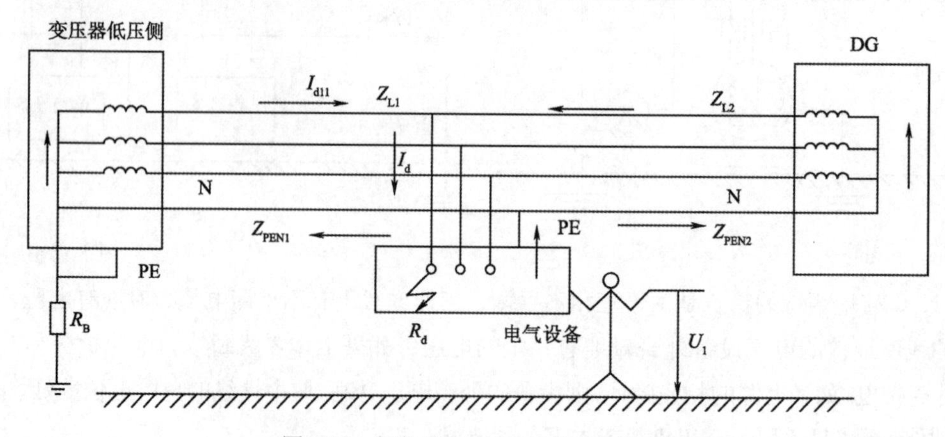

图4-30　智能微电网TN-C接线示意图

4.4 智能微电网的保护与接地的应用案例

本部分内容以云南科电光蓄智能微电网为例来说明智能微电网的保护与接地技术的应用，其对应的保护配置接线图如图 4-31 所示。

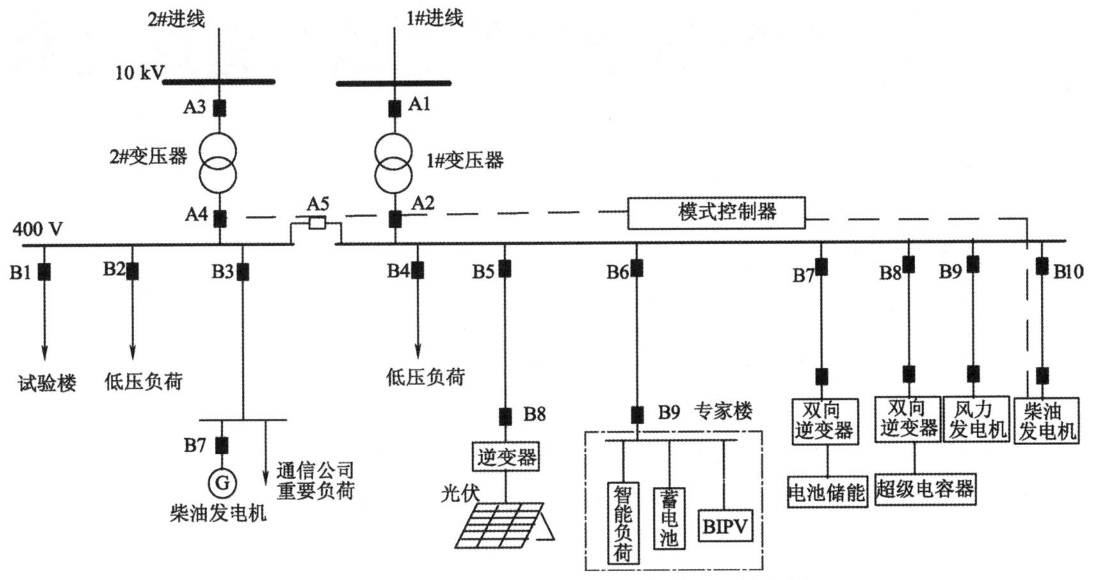

图4-31 云南科电光蓄智能微电网保护配置接线图

从图 4-31 所示的配置图中可以看出，整个智能微电网采用的是纵联过电流的保护方案，要 1# 和 2# 线这两条高压进线通过关联保护开关 A5 连接起来，确保其中一条高压线路出现故障时不会导致分布式电源的退出，保证了整个智能微电网系统的高效、安全、稳定运行，提高了分布式电源的利用率。

另外，在分布式电源线路的两端都配置了线路保护器，可以确保该线路上的分布式电源或储能设备出现故障时准确地退出运行，而不会影响到其他线路上的分布式电源或储能设备的运行，避免了线路相互间的影响。

整个智能微电网系统中配置了一个模式识别器，使得智能微电网控制中心可以通过下发指令的方式使整个智能微电网在并网与孤岛运行模式之间进行平滑过渡和切换。

在接地保护方面，整个变压器的低压侧（400 V 交流母线侧）均采用了 TN-C 的智能微电网接地保护方案。

习 题

1. 智能微电网的接入对配电网有哪些方面的影响？
2. 智能微电网中常用的电流保护方案有哪些？各有什么优缺点？
3. 低压配电系统中常用的接地保护方案有哪些？各有什么优缺点？具体的应用场合有哪些？
4. 智能微电网的接地保护技术有哪几种？其中最常用的是哪种？为什么？
5. 举例说明过电流保护与接地保护技术在实际的智能微电网系统中有哪些典型应用。

智能微电网的通信与管理技术

学习目标

（1）了解智能微电网中使用的通信技术种类；

（2）掌握智能微电网中通信技术的工作原理；

（3）掌握智能微电网中通信技术的基本架构；

（4）掌握智能微电网中监控系统的组成和结构；

（5）掌握智能微电网中能量管理系统的基本组成和各部分功能；

（6）了解通信技术和能量管理系统在智能微电网中的各种典型应用案例。

本章简介

智能微电网的运行控制和管理不同于常规电网，它更加依赖于信息的采集与传输，同时智能微电网设备的响应特性对通信的实时性与可靠性要求更高，通信系统是智能微电网运行控制与管理的基础环节。本章通过对智能微电网的基本结构和通信需求的分析，结合各种新业务对智能微电网通信网提出的新要求，阐述智能微电网通信系统的组成、结构和功能；监控和能量管理系统的架构、组成和各部分的功能，最后通过几个典型应用案例讲述通信技术和监控、能量管理系统在智能微电网中的应用。

5.1 智能微电网的通信技术

通信系统是建设智能微电网智能化、自动化的基础。智能微电网智能化、自动化要借助可靠的通信手段，将控制中心的控制命令下发到各执行机构或远方终端，同时将各远方监控单元所采集的各种信息上传至控制中心，以实现智能微电网的各种功能。智能微电网的通信技术不同于一般的通信系统，它在带宽、实时性、可靠性和安全性等方面的要求比一般通信系统更高。智能微电网系统对通信技术在某些方面的特殊要求，使得现行互联网的物理设备和通信协议在许多方面满足不了智能微电网领域的信息通信。

5.1.1 智能微电网通信的特殊性

智能微电网通信的特殊性，主要表现在以下四个方面：

1. 高综合性

智能微电网通信的高综合性要求表现在技术与业务的双综合。智能微电网通信融合了计算机网络技术、控制技术、传感与计量技术等，同时智能微电网可以与各种电力通信业务网（电话交换网、电力数据网、继电保护网、电视电话会议网、企业内联网、安防系统）相互连接，实现从发电到用电各个环节的无缝连接，容许不同类型的发电和储能系统自由接入，简化联网过程，满足智能微电网业务和应用的“即插即用”，以及智能微电网的自治运行。

2. 高可靠性

相对于坚强的大电网，智能微电网相对脆弱，这就要求其具有快速恢复和自治能力，这要取决于其通信系统的高可靠性。当智能微电网出现故障或发生问题时，能够迅速切除故障并且将负荷切换到可靠的电源上，及时提供来自故障部分的核心数据，减少智能微电网在出现较大故障时的恢复时间。

3. 标准的公认性

为了满足双向、实时、高效通信的要求，智能微电网通信必须基于公开、公认的通信技术标准。公认的通信技术标准将会为传感器、高级电子设备、应用软件之间高速、准确的通信提供必要的支持。目前缺少被用户和智能微电网运营商共同认可的通信技术标准，在未来的发展中需要尽快制定。

4. 高经济性

智能微电网的通信系统辅助其运营，通过预测，阻止对电网可靠性产生消极影响的事件发生，避免因电能质量问题造成的成本增加；同时基于智能微电网的通信自动监测功能也大大减少了人员监控成本和设备维护成本。

5.1.2 智能微电网中常用的通信技术

目前应用于智能微电网中的通信技术较多，大体可分为有线和无线两类。有线类包括光纤通信、电力线通信（Power Line Communication，PLC）等；无线类包括无线扩频通信、无线局域网（Wireless Local Area Network，WLAN）、无线广域网（Wireless Wide Area Network，WWAN）、通信分组无线服务 GPRS（General Packet Radio Service）/ 码分多址 CDMA（Code Division Multiple Access ）通信、4G/5G 通信、卫星通信、微波通信、短波 / 超短波通信、空间光通信等，智能微电网中常用的通信技术效果图如图 5-1 所示。下面将对智能微电网中使用较多的通信技术进行简要介绍。

1. 光纤通信技术

光纤是光导纤维的简称。光纤通信是以光波作为载频，以光导纤维作为传输媒质的通信方式，光纤通信满足了在信息传输中对于带宽和容量的需要。光纤通信是信息传输重要的方式之一，也是电网通信主干传输网最主要的通信方式。目前世界上有 60%～80%的通信业务是经光纤传输的。

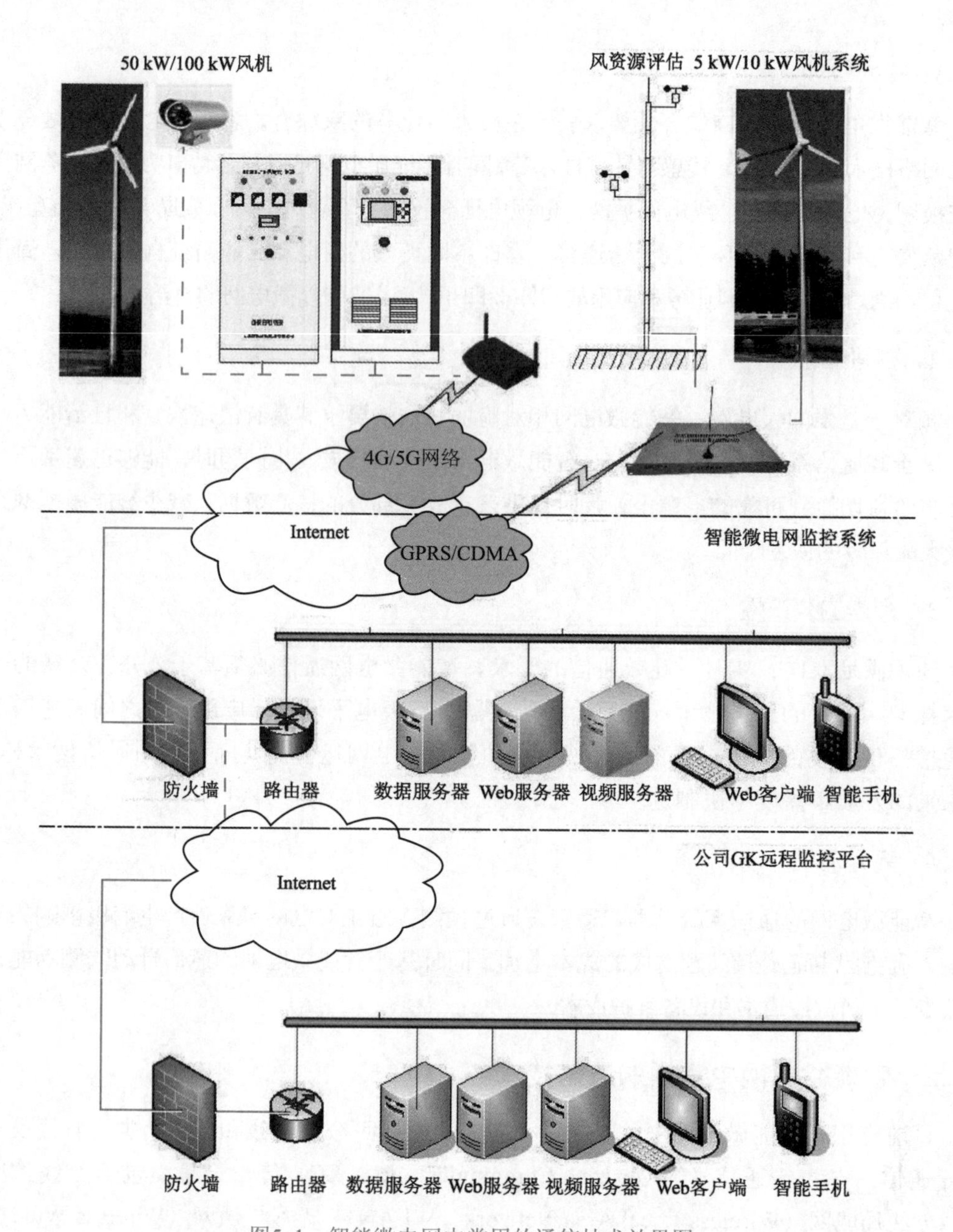

图5-1　智能微电网中常用的通信技术效果图

光纤通信具备通信容量大、损耗低、传输距离长、抗电磁干扰能力强、传输质量佳、通信速度快等优点，智能微电网中的光纤通信模式有传统通信模式、以太网通信模式、无源光网络模式。其中，无源光网络（Ethernet Passive Optical Network，EPON）是一点对多点的光纤传输和接入技术，下行采用广播方式、上行采用时分多址方式，是在智能微电网中使用较多的一种通信技术。无源光网络在智能微电网系统中的应用优势在于：无源光网络设备简单，安装维护费用低，投资相对较小，另外无源光设备组网灵活，拓扑结构可支持树形、星形、总线型、混合型、冗余型等网络拓扑结构，安装方便，它有室内型和室外型。无源光网络通信技术在智能微电网中的应用效果图如图 5-2 所示。

在智能微电网中，无源光网络一般是构成一个具有自愈功能的环状网，如图 5-2 所示，这样可以提高通信的可靠性和稳定性。

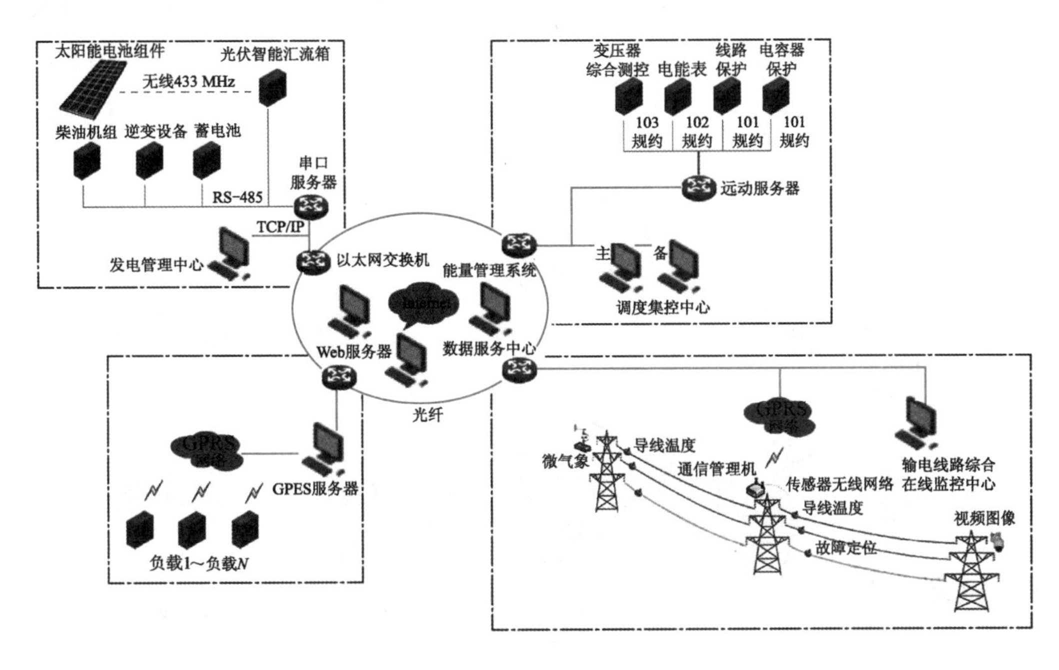

图5-2　无源光网络通信技术在智能微电网中的应用效果图

2. 电力线通信技术

电力线通信（Power Line Communication）技术简称为 PLC 技术，是目前发展前景十分看好的宽带接入技术，是利用电网低压线路传输高速数据、语音、图像等多媒体业务信号的一种通信技术。电力线通信的优点是完全为电力部门所控制，便于管理；可连接沟通智能微电网所关心的任何测控点；这种通信方式可以沿着电力线路传输到智能微电网的各个环节，而不必考虑另外架设专用线路，并且电力线通信不必经过无线电管理委员会（FCC）的许可；其缺点是数据传输速率较低；容易受到非线性失真和信道间交叉调制的影响；电力线载波通信系统采用的电容器和电感器的体积较大、价格也较高。电力线通信技术在智能微电网中的应用效果图如图 5-3 所示。

3. 新一代4G/5G移动通信技术

新一代移动通信网络技术是融合多种技术的新型宽带移动通信网络技术，主要是指 4G 和 5G 移动通信技术，该技术能有效解决网络系统应用中的便易性、多媒体业务、个性化综合服务等问题，使用户能够在任何地点、任何时间根据需求在不同无线网络通信间实现个人通信，并具有远高于第三代移动通信系统的高速数据传输能力。新一代移动通信技术在智能电网中能实现的功能如下：

1）应急抢险指挥通信

在电力应急抢修车中加装 4G/5G 移动通信终端，通过音频和视频传输远程现场信息，将抢修现场情况与电网运行情况、设备运行系统资料、客服中心的报修系统、事故抢修决策预案等系统互联，以保证各部分信息迅速流通、互动。使远端指挥人员实时了解电网的现场状况，做出正确判断和指挥，提高现场的指挥调度能力，缩短抢险时间，提高应急能力，减少灾害造成的影响。

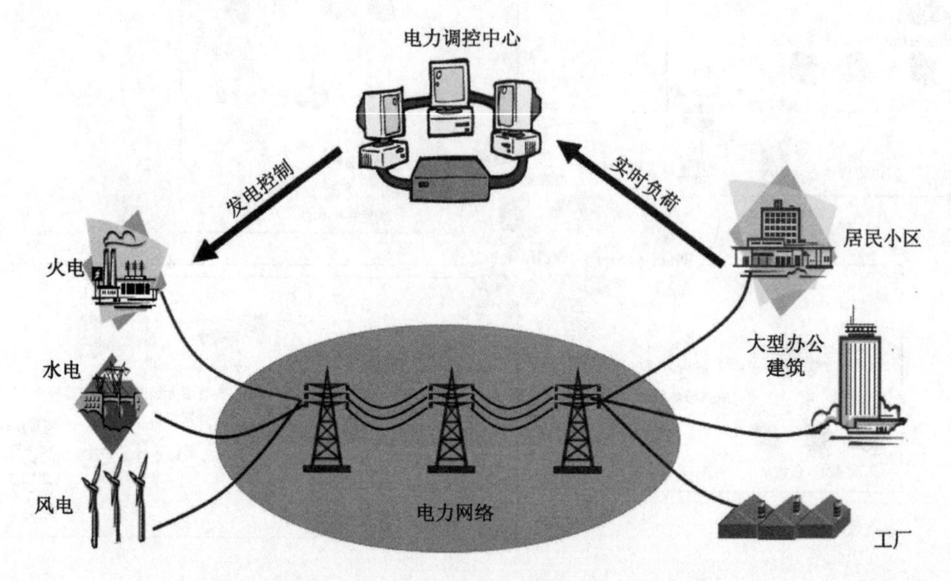

图5-3　电力通信技术在智能微电网中的应用效果图

2）负荷管理通信

负荷管理是电力需求侧管理（Demand Side Management，DSM）的重要组成部分，是缓解电力供需矛盾，提高电力使用效率，保障电力系统安全运行的重要措施。通过采用3G移动通信网络的无线通信方式，以视频对电网进行全面监测，同时信息高度共享，多部门联动，增强协调能力，加速信息流转，实现远程监控与操作，准确及时地进行负荷管理和人员调度，降低人力成本，提高响应速度。

3）无线视频接入通信

将4G/5G移动视频业务与电力系统已有的视频监控相结合。一方面，在有线宽带不能到达的监测点安装移动视频监测装置，实现视频监控；另一方面，使监控维护人员可使用移动PC或手机，实时了解被监测对象的运行状况。

4）配电网通信

4G/5G移动通信应用于配电网具有许多优势，具有通信速度更快、数据传输速率高、网络频谱更宽、智能性更高、覆盖面广、终端兼容性更好、支持数据的双向传输等优点，适合分布广泛的配电网终端监测点的接入需求，完全能够满足智能微电网对配电网信息传输的要求。

4. 无线局域网

无线局域网（Wireless Local Area Network，WLAN）在智能电网建设总体规划、移动办公、智能变电站无线巡检、电子围栏、抗灾指挥和应急抢修等业务方面均有应用。采用 IEEE 802.11 系列标准技术组建的无线局域网是计算机网络与无线通信技术相结合的产物，主要利用开放的 2.4 GHz 和 5.8 GHz 频段的射频（RF）技术，取代有线方式构成局域网络，提供传统有线局域网的所有功能，使用户真正实现随时、随地、随意的宽带网络接入，而且具有易安装、易扩展、易管理、易维护、高移动性、保密性强、抗干扰等特点。

在智能微电网中，除了应用到了上面提到的这几种通信技术外，还在智能微电网的最底层的感知和互动层大量使用了有线的 RS-485 串口通信技术和无线的短距离传输 ZigBee 通信技术。

在智能微电网中虽然混合采用了多种通信技术，但每种通信技术在智能微电网的不同层面分别扮演了不同的角色，有着明确的分工，而不是简单的堆砌。各种通信技术在智能微电网中的分工如图 5-4 所示。

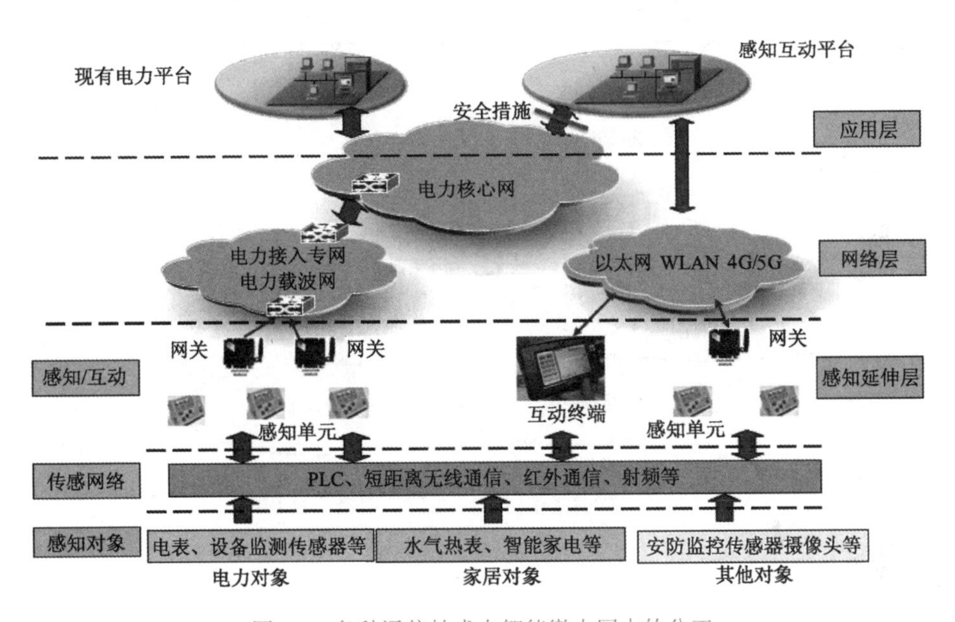

图5-4　各种通信技术在智能微电网中的分工

5.1.3　智能微电网中通信网络的基本架构

智能微电网的通信系统应用于电力生产、运行的各个环节，按适用范围可分为电力生产过程监控的通信网络（智能微电网生产监控通信网络）和面向智能微电网用户服务的通信网络（智能微电网配用电通信网络），以及智能微电网与常规配电网调控中心的通信网络三部分。

1. 智能微电网生产监控通信网络

智能微电网生产监控通信网络架构如图 5-5 所示。利用先进的通信技术，智能微电网生产调控网络能够解决的主要问题有：电力调度、电力设备在线实时监测、现场作业视频管理、户外设施防盗等。采用的主要的通信方式有：电力线载波、微波通信、光纤通信、GPRS 移动通信、新一代 4G/5G 移动通信等。

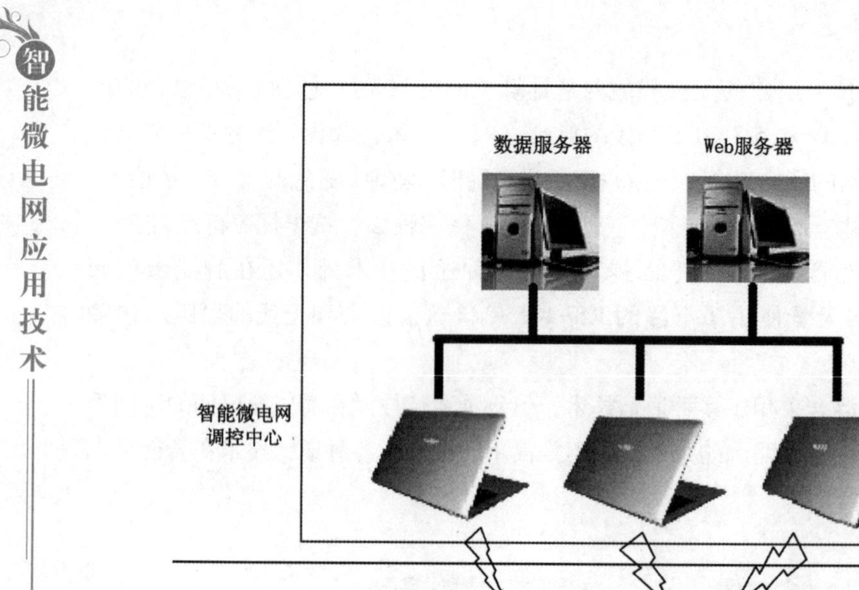

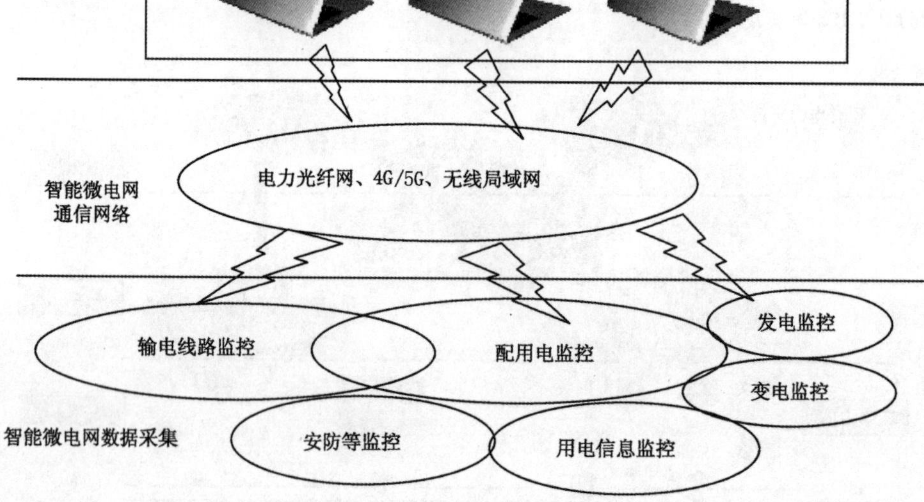

图5-5　智能微电网生产监控通信网络架构

2. 智能微电网配用电通信网络

智能微电网配用电通信网络针对智能微电网用户的需求，主要用于用户电能信息采集、智能家居、无线传感安防、社区服务管理等。其利用先进的通信技术，对家庭用电设备进行统一监控与管理，对电能质量、家庭用电信息等数据进行采集和分析，指导用户进行合理用电，实现智能微电网与用户之间智能配用电。用户服务通信主要通过光纤专网、低压电力线载波通信、无线宽带通信等通信方式相结合的通信平台来实现。其架构如图 5-6 所示。

3. 智能微电网与常规配电网调控中心之间的通信网络

一般参照智能微电网配电网的通信网络架构进行构建，将智能微电网作为一个有源可控客户端来处理。

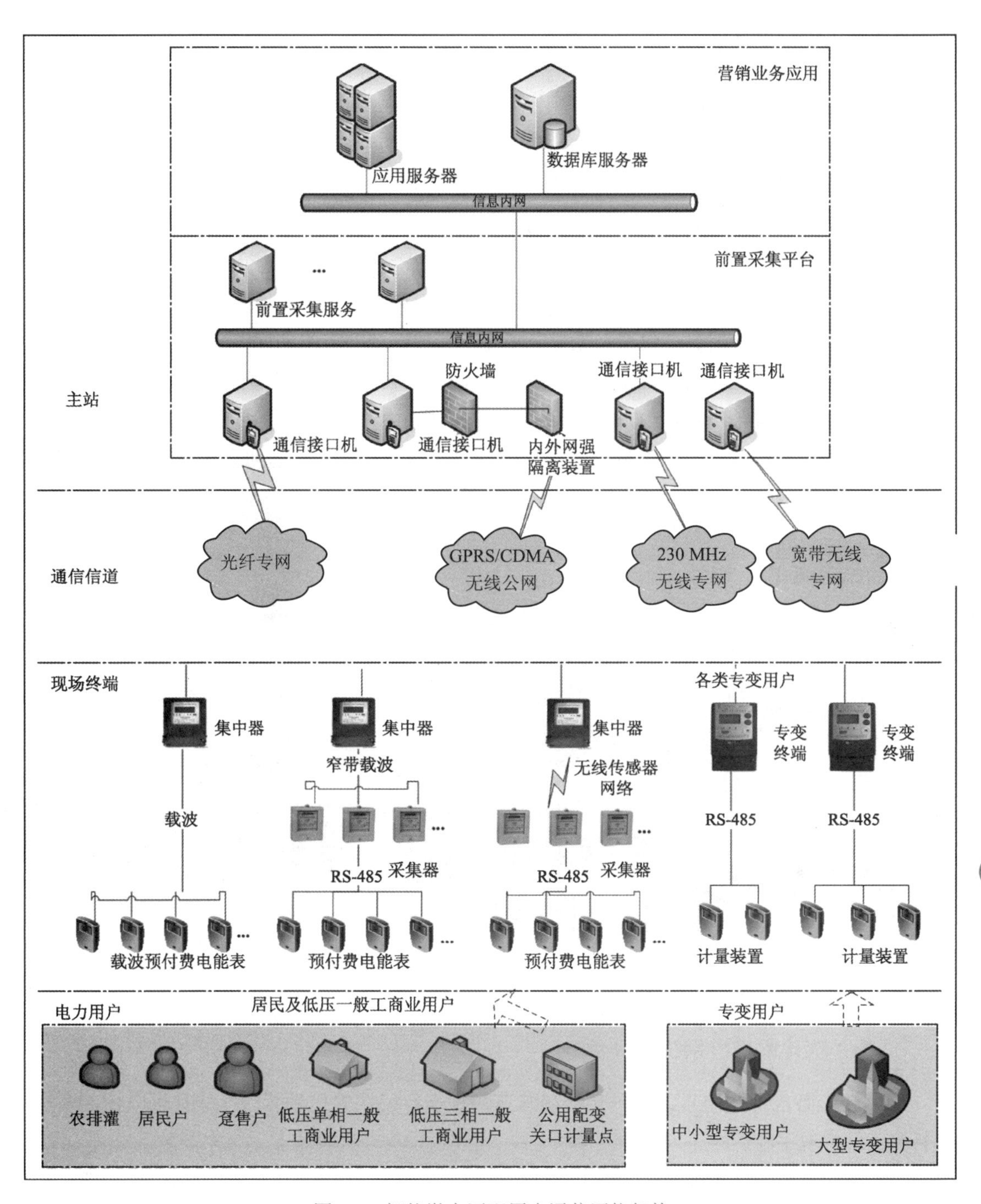

图5-6　智能微电网配用电通信网络架构

5.2　智能微电网的监控系统

智能微电网监控系统在智能微电网系统中处于核心地位，是对智能微电网执行测量、监视、控制、保护以及高级策略实现的重要基础。在实现智能微电网的实时能量调度与管理、跟踪、监测等方面有着举足轻重的作用。

5.2.1 智能微电网监控系统的结构及特点

1. 智能微电网监控系统的结构

智能微电网监控系统采用三层拓扑结构：

（1）智能微电网执行层：包括分布式发电单元、智能网关断路器、负荷系统等。

（2）智能微电网协调层：主要是依靠智能微电网中央控制器来实现网间协调。

（3）智能微电网管理层：包括智能微电网能量管理系统和电网调度中心。

其中，分布式发电单元有风力发电系统、光伏发电系统、储能系统等；负荷系统由必须保障的重要负荷和其他可切除的非重要负荷构成。系统中的各分布式发电单源都要接受智能微电网中央控制系统的调度，并网型智能微电网既可以并网运行，也可以脱离大电网以孤岛模式运行。智能微电网监控系统的结构如图 5-7 所示。

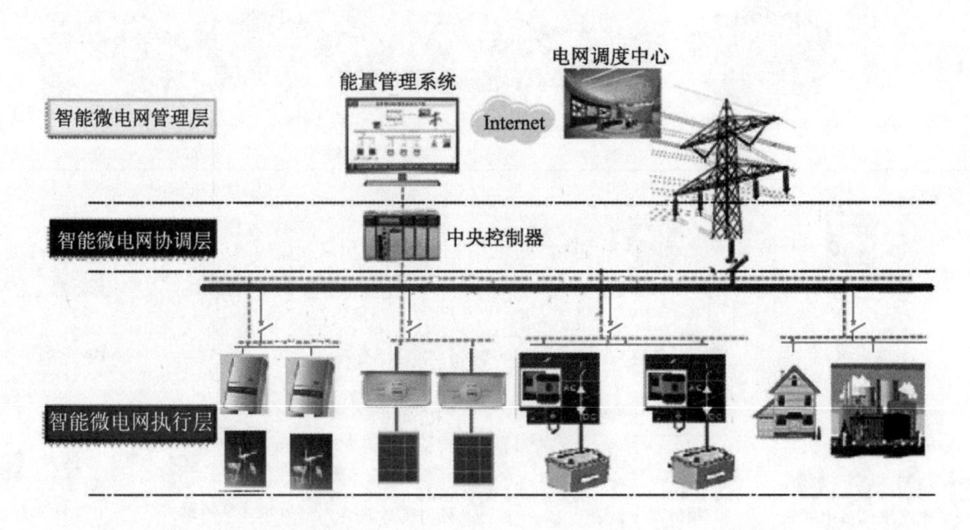

图5-7 智能微电网监控系统的结构

2. 智能微电网监控系统的特点

（1）智能微电网监控系统具备并网和孤岛两种运行模式的控制算法，并且可以控制两种运行模式间实现平滑切换。

（2）系统采用三层控制架构（智能微电网执行层、智能微电网协调层、智能微电网管理层），既能向上级电力调度中心上传智能微电网信息，又能接收调度中心调度下发的控制命令。

（3）系统可对负荷用电进行长期和短期的预测，通过预测分析实现对智能微电网系统的高级能量管理，使智能微电网能够安全经济运行。

（4）系统支持 IEEE 1588 微秒级精确时钟同步。

（5）支持 B/S（Browser/Server，浏览器 / 服务器）结构和 C/S（Client/Server，客户机 / 服务器）结构，支持多任务、多用户，前 / 后台实时数据处理。

5.2.2 智能微电网监控系统的功能

智能微电网监控系统从功能上可以划分为智能微电网中央控制器（Micro Grid Central Controller，MGCC）、能量管理系统（Energy Management System，EMS）及数据采集与监视控制模块（Supervisory Control And Data Acquisition，SCADA）几大部分，其各自的具体功能如下所述：

1. 智能微电网中央控制器的功能

智能微电网中央控制器（MGCC）主要对系统中分布式电源、储能系统、负荷等底层设备及结点信息进行数据采集并按管理层策略做出实时控制，实现智能微电网系统安全运行及经济利益的最优化。主要功能如下：

（1）对执行层的分布式电源、储能系统、负荷及结点进行数据采集、监控、分析及控制。

（2）可智能分析管理层下发的智能微电网控制策略，进行实时控制，确保智能微电网稳定运行。

（3）可实现二次调频调压、预同步、并离网平滑切换、孤岛监测等算法。

智能微电网中央控制器在监控系统中的主界面如图 5-8 所示。其具体功能如下：

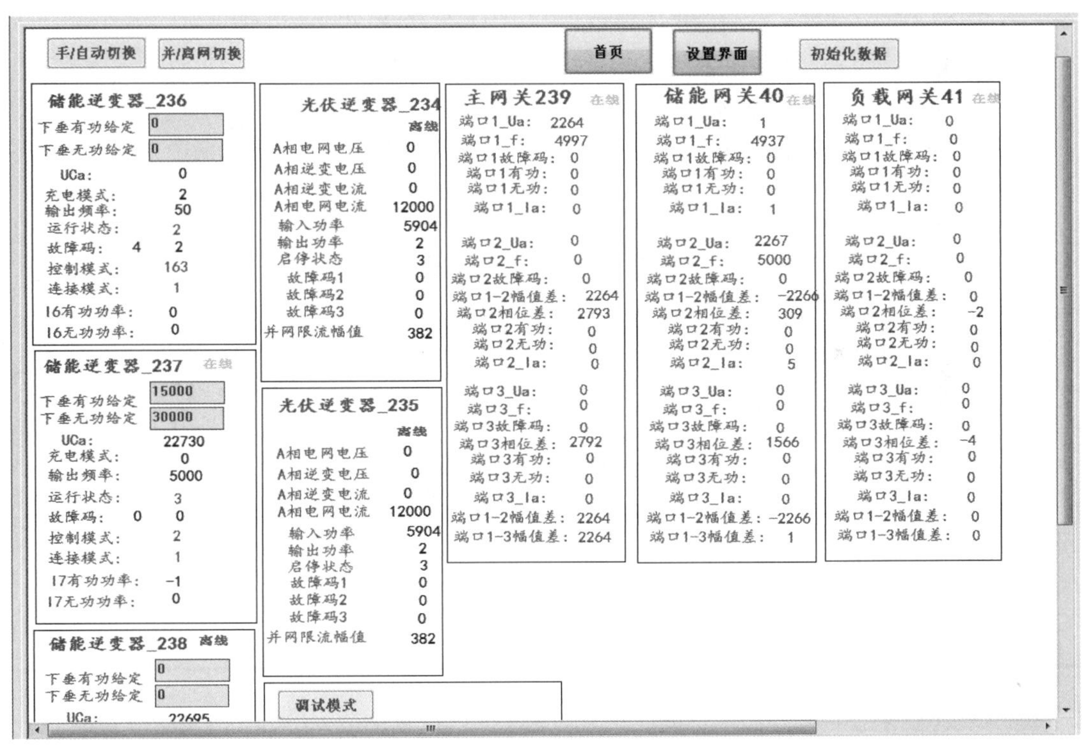

图5-8 MGCC监控界面

（1）实时逻辑控制。MGCC 的实时逻辑控制包含开关量 / 模拟量、二次调频调压算法、预同步并网算法、并离网平滑切换算法、黑启动算法等智能微电网控制策略。

（2）黑启动。所谓黑启动，是指整个系统因故障停运后，不依赖其他网络帮助，通过系统中具有自启动能力的发电机组启动，带动无自启动能力的发电机组，逐渐扩大系统恢复范围，最终实现整个系统的恢复。

MGCC 的一个显著特色是具备黑启动及启动后重连功能。智能微电网的恢复过程需要几个具备黑启动能力的源与备用电源以及 MGCC 的嵌入式监控和控制方案。黑启动功能基于一组预先确定的规则，嵌入控制中心。

当主网发生故障时，智能微电网可能从主网断开连接，并接入尽可能多的分布式发电单元工作。黑启动功能将有助于存在大量分布式发电单元时的有效运转。

2. 能量管理系统的功能

能量管理系统（EMS）是智能微电网的最上层管理系统，主要对智能微电网的分布式发电单元设备的发电功率进行预测，对智能微电网中能量按最优的原则进行分配，协同大电网和智能微电网之间的功率流动。它是一套由预测模块和调度模块组成的能量管理软件，其主要目的是根据负荷需求、天气因素、市场信息以及电网运行状态等，在满足运行条件以及储能物理设备的电气特性等约束条件下，协调智能微电网系统内部分布式电源和负荷等模块的运行状态，优化微电源功率出力，以最经济的运行成本向用户提供满足要求的电能。智能微电网能量管理系统具有预测微电源功率出力、优化储能充放电、管理可控负荷、维持系统稳定、实现系统经济运行等功能。其功能框图如图 5-9 所示。具体的功能如下：

（1）对智能微电网内的分布式电源、储能系统和负荷进行监控，数据分析。

（2）基于数据分析结果生成实时调度运行曲线。

（3）根据预测调度运行曲线，制订合理的功率分配曲线下发给智能微电网中央控制器。

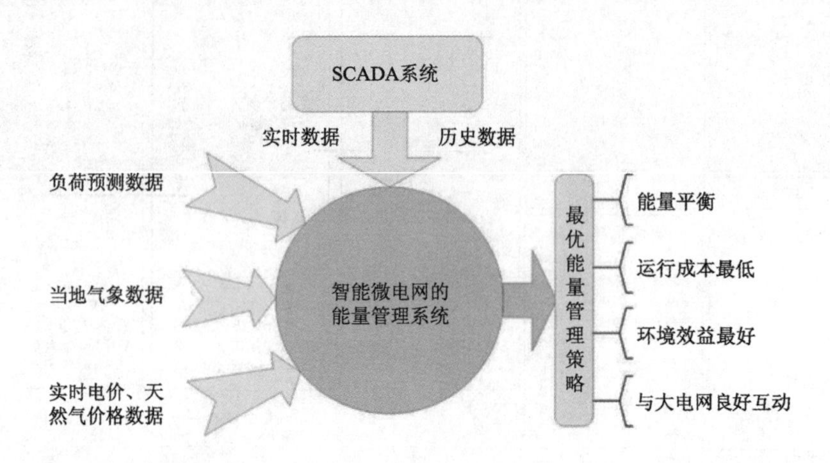

图5-9　智能微电网能量管理系统功能框图

从大的方面来分，智能微电网的能量管理系统的功能包括两大部分：一是状态预测；二是经济调度。

1）状态预测

智能微电网能量管理系统的状态预测功能主要由预测模块来完成。而预测模块又主要由数据单元、预测算法单元组成。数据单元的主要功能是对于数据库中的采集数据进行初步处理，剔除错误值；预测算法单元起关键性作用，其主要功能是先根据历史数据、天气因素和预测数据等进行数据初步处理，然后代入预测算法，得到预测值。预测模块形成预测值的流程图如图 5-10 所示。

从大的方面来看，预测模块主要由两大部分组成，分别是光伏系统预测模块和负荷系统预测模块组成。

（1）光伏系统预测模块。光伏系统预测有利于控制分布式电源的输出，提高储能电池的利用，有效减少发电机的启停，减少光伏弃光现象，提高光伏发电系统的利用率。

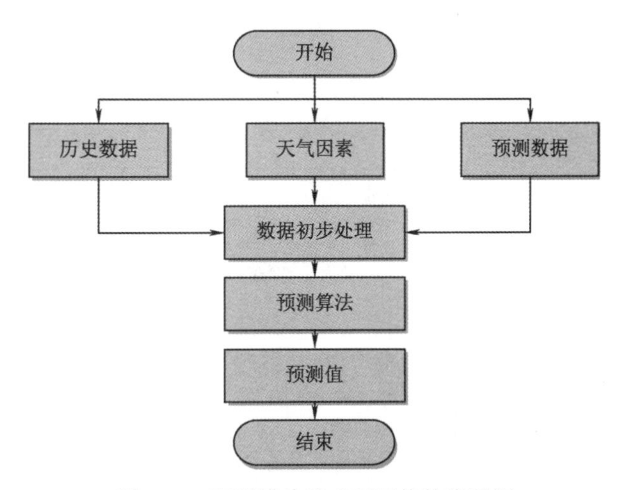

图5-10　预测模块形成预测值的流程图

光伏系统预测模块通过对历史输出功率数据、预测功率输出数据和天气数据（光照强度、温度）进行初步处理，剔除错误值，然后将正确数据代入预测算法，求出未来数小时的功率输出预测值，实现智能微电网的光伏系统输出功率预测。光伏系统输出功率预测示意图如图 5-11 所示。

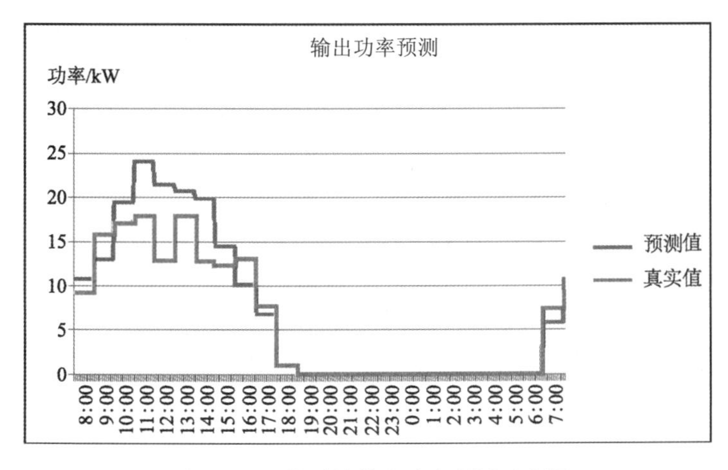

图5-11　光伏系统输出功率预测示意图

（2）负荷系统预测模块。负荷系统预测是智能微电网能量管理系统的重要组成部分之一。由于智能微电网负荷水平低、惯性小、波动性较大，因此对智能微电网进行负荷预测，能减少负荷系统突变对智能微电网系统的冲击，减少系统不平衡功率，提高系统的稳定性。

能量管理系统中的负荷系统预测模块是将负荷系统历史负荷值、负荷系统预测负荷值和天气因素（最高温度、平均温度、最低温度、最高湿度、平均湿度、最低湿度），代入预测算法，求出未来 1 min 的负荷值，实现智能微电网的负荷系统负荷预测。负荷预测示意图如图 5-12 所示。

2）经济调度

经济调度是指在满足供电可靠性和电能质量的前提下，对电力系统费用进行优化，提高系统的经济性。能量管理系统的经济调度是通过调节分布式电源的输出功率，达到有效平衡储能电池的剩余容量、避免储能电池过充和过放、有效延长储能电池的使用寿命的目的。

智能微电网能量管理系统的经济调度策略是在状态预测基础上实现经济调度的，其参与调度的模块如图 5-13 所示。

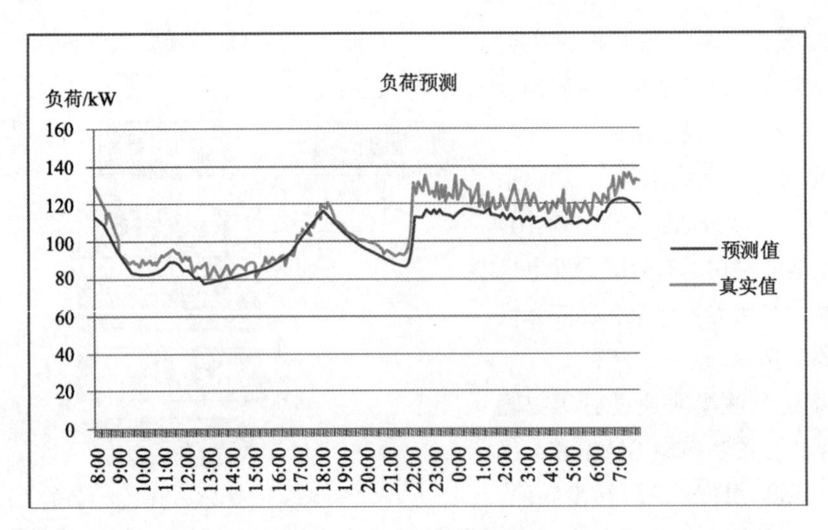

图5-12　负荷预测示意图

经济调度模块实现的具体功能如下：

(1) 并网运行情况下，系统采用智能微电网运行费用最低为优化目标，实现智能微电网经济运行。

(2) 离网运行情况下，考虑稳定性和运行费用两项优化目标，实现智能微电网经济、安全、稳定运行的目标。

在实际应用中，能量管理系统中的经济调度模块中数据库单元的主要功能是维护智能微电网状态信息量，读取预测模块预测值；优化算法单元的主要功能是根据智能微电网的状态信息量，以运行费用最少为优化目标，求出分布式电源的输出功率值。经济调度模块根据预测值和智能微电网状态信息量，在并网情况下，以运行费用为目标函数；在离网情况下，以稳定性和运行费用为目标函数，代入优化算法，求出调度指令。经济调度模块调度运行流程图如图 5-14 所示。

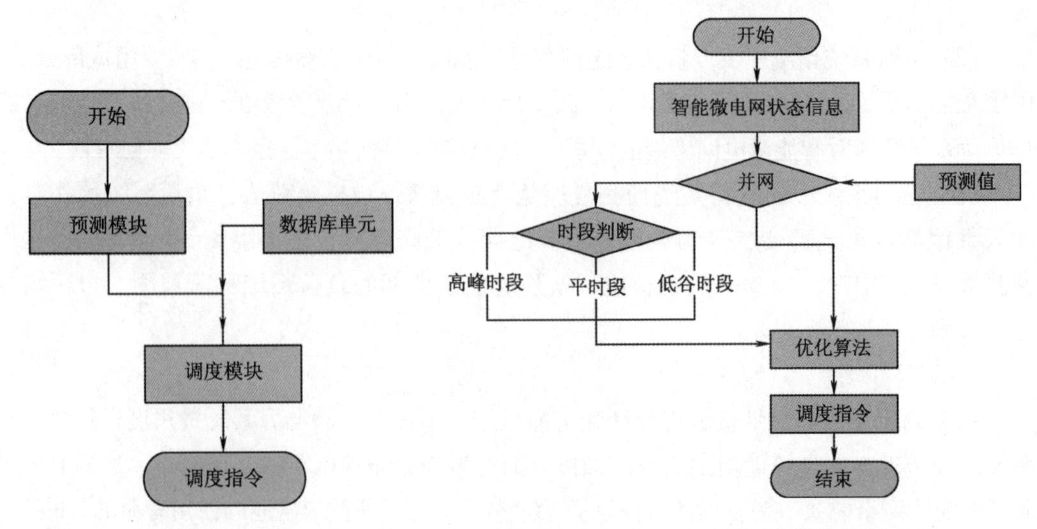

图5-13　经济调度模块组成示意图

图5-14　经济调度模块调度运行流程图

在低谷时段（0:00—8:00），系统负荷由电网提供，并且对储能电池进行充电（假设储能#1 为一次性电池）。在高峰时段和平时段，储能电池对系统提供一定的电能，减少向电网购电，降低运行成本。

3. 数据采集与监视控制模块的功能

数据采集与监视控制模块（SCADA）主要完成智能微电网系统组态配置、数据采集、运行状态实时显示及控制管理。它包括光伏发电单元的有功 / 无功功率调度、系统储能管理、潮流显示、故障告警保护管理、数据报表管理等。其对应的系统拓扑结构图、潮流分析显示图、分布式电源运行状态信息图分别如图 5-15、图 5-16 和图 5-17 所示。

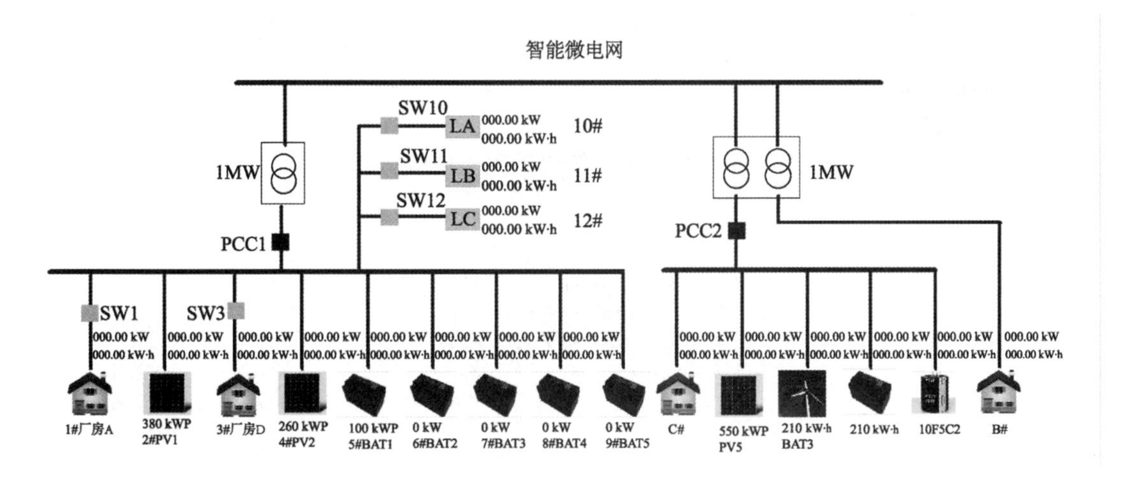

图5-15　SCADA系统拓扑结构图

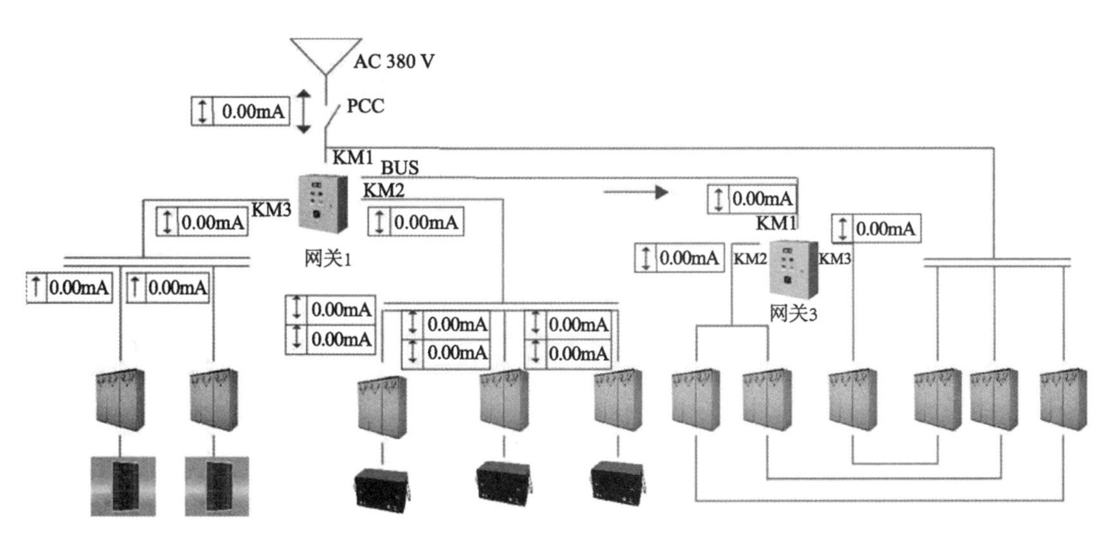

图5-16　SCADA潮流分析显示图

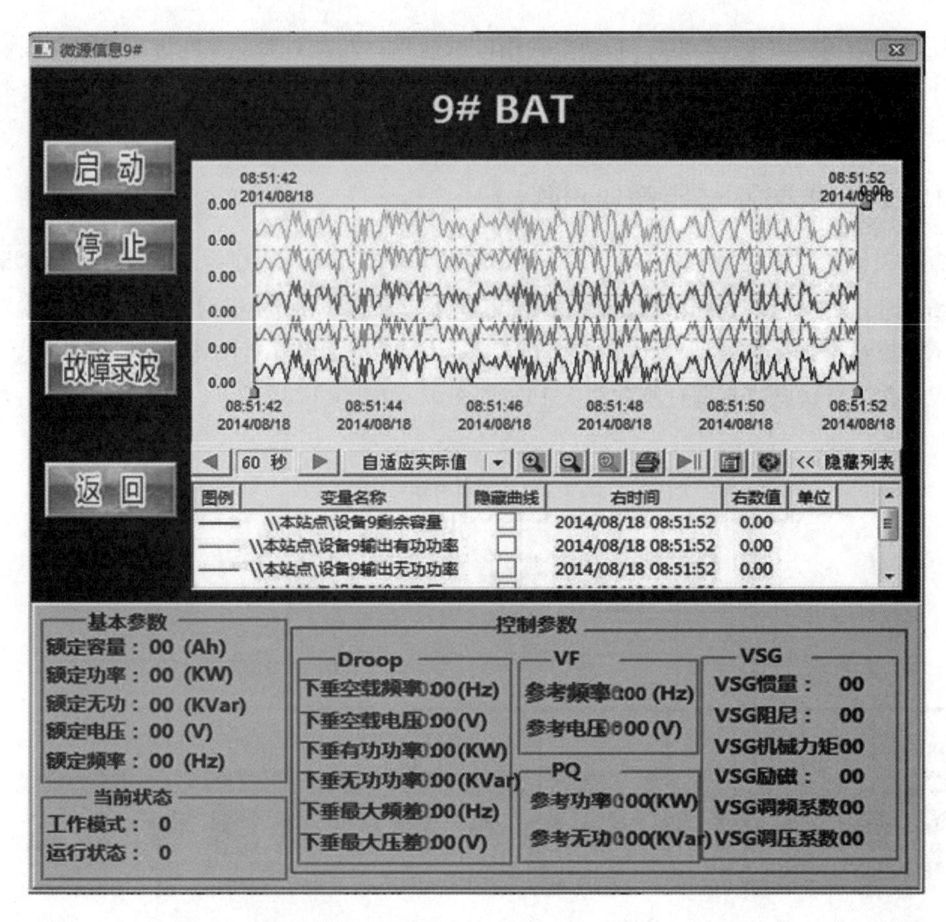

图5-17　SCADA分布式电源运行状态信息图

5.3　智能微电网监控和能量管理系统的应用案例

本节所讲述的案例为某城市一小区的智能微电网监控与能量管理系统，该智能微电网监控和能量管理系统的通信系统采用电力宽带载波构成的小区局域网，在该智能微电网的硬件架构中除了具有光伏发电、风力发电的相关设备外，还包括用来充当储能的汽车充电桩、安防等相关设施。该监控和能量管理系统软件能够对智能微电网系统进行监测，对分布式电源（小型风能发电和光伏发电）接入、家用汽车充电桩、家居等进行远程管理和监控，并且能对用户的用电信息进行管理和分析。该小区智能微电网系统的组成框图如图 5-18 所示。

该监控和能量管理系统的主界面如图 5-19 所示。

1. 智能微电网监测界面

智能微电网监测界面能监测各开关状态、各回路电流，以及配电箱内的状况，能够及时发现电路故障并自动进行故障切除，能通过分布式电源的切换，实现智能微电网的“自愈”，保障不间断正常供电。分布式电源切换及保护原理框图如图 5-20 所示，智能微电网监测界面如图 5-21 所示。

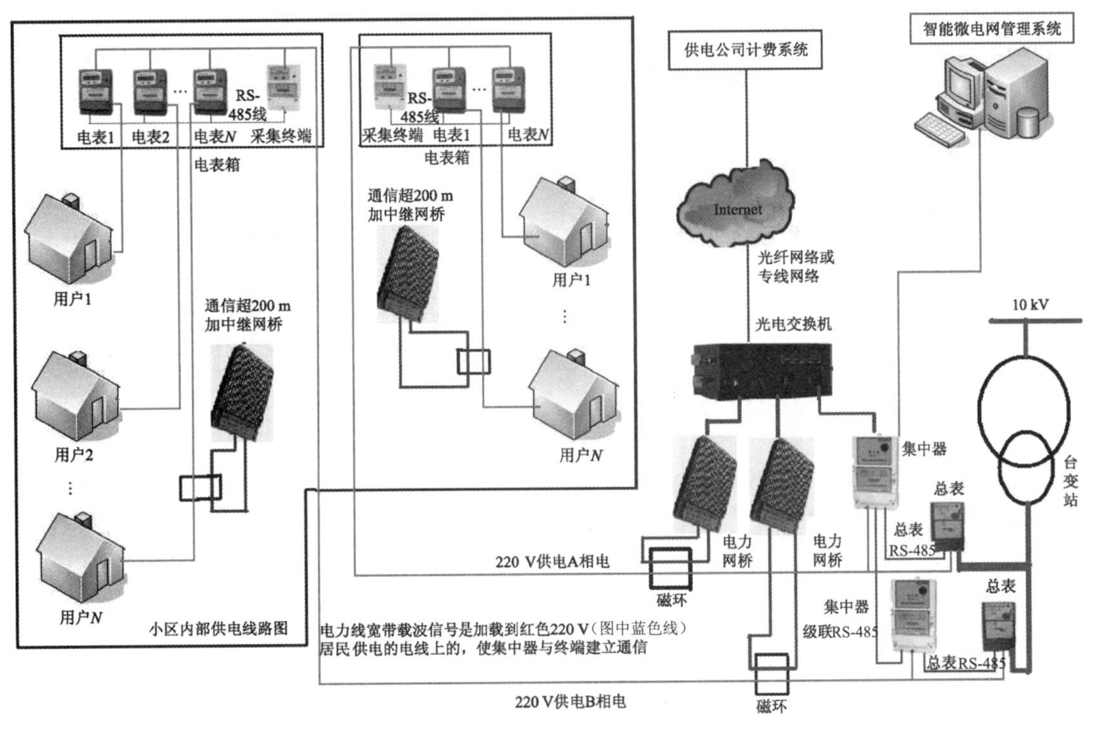

图5-18 小区智能微电网系统的组成框图

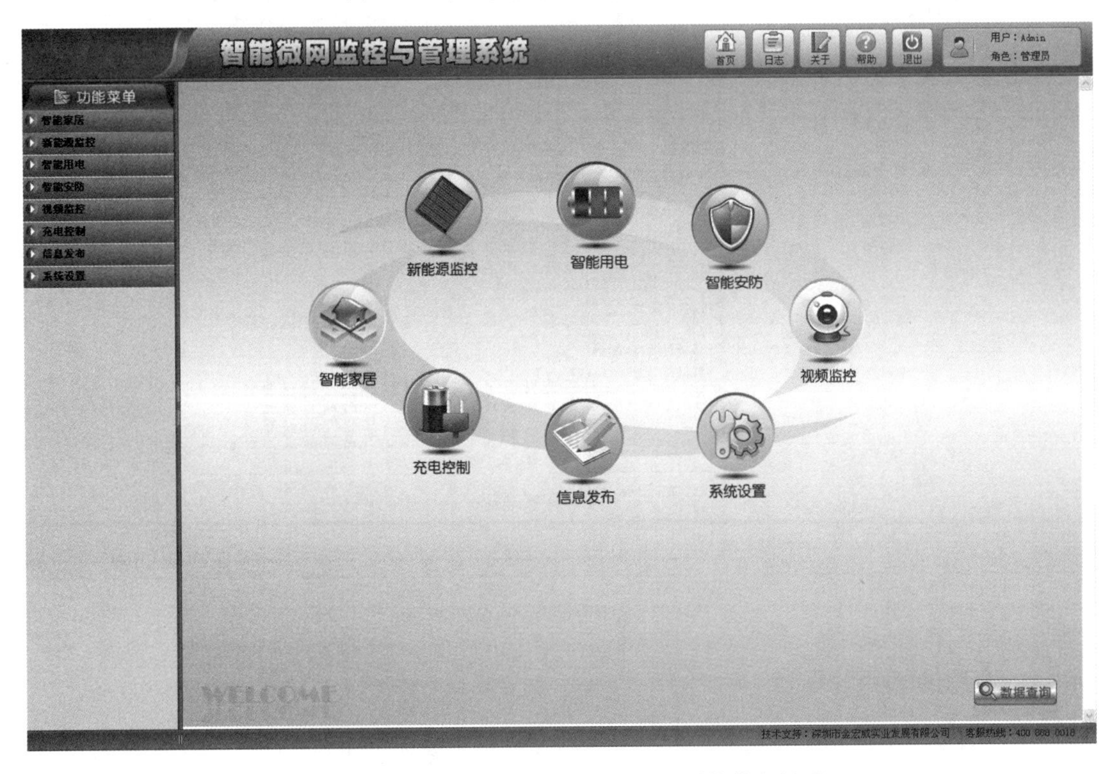

图5-19 智能微电网监控和能量管理系统的主界面

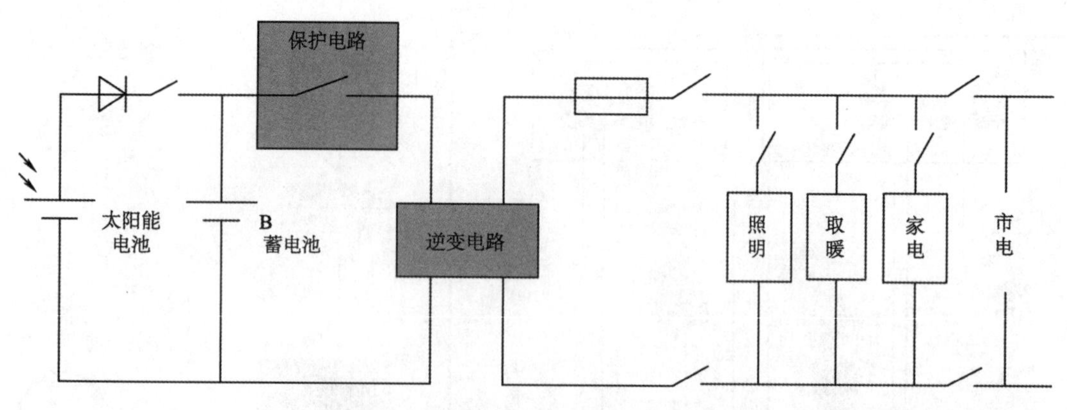

图5-20　分布式电源切换及保护原理框图

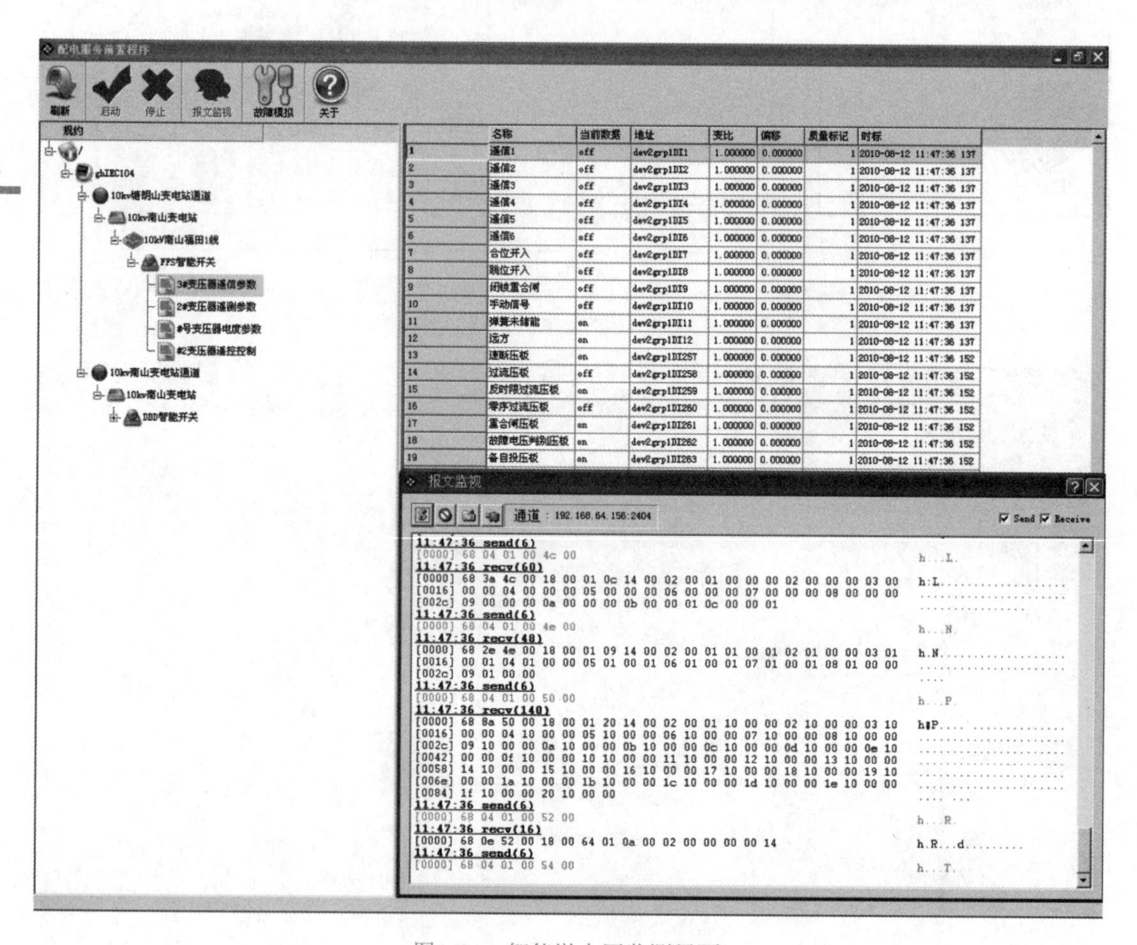

图5-21　智能微电网监测界面

2. 智能抄表系统界面

通过智能电表对小区和家庭用电情况进行监测，实现远程抄表、计费、线损管理、用电检查等功能，并且能和供电部门实现用电信息交互，对智能微电网内的用电负荷进行评估和预测，指导用户有序用电，提高用电效率，达到节能降耗的目的。智能抄表系统界面如图 5-22 所示。

智能小区抄表系统

文件 窗口 用户 锁屏幕 关于

抄表情况 | 线损分析 | 低压拓扑 | 终端设备 | 集中器在线状态 | 异常报警 | 录入\审核\导出 | 批量电表操作 | 其它功能

智能小区抄表系统

查找 更新

低压集抄系统

供电局
- 小榄
- 火炬
- 三乡
- 东区
  - 半山翠苑
  - 东逸豪园
  - 公安新村
  - 豪逸华庭
  - 和景花园
  - 恒信花园
  - 华凯花园
  - 嘉盈苑
  - 凯茵豪园
    - G0709凯茵豪园二期3#房1
    - G0710凯茵豪园二期3#房2
    - G0712凯茵豪园二期2#房1
    - G0714凯茵豪园二期10#房
    - G0715凯茵豪园二期10#房
    - G0730凯茵豪园7号房2号变
    - G0806凯茵豪园1#房2#变
    - G0807凯茵豪园1#房3#变
    - G0732凯茵豪园二期8#房1
    - G0733凯茵豪园二期8#房2
  - 凯茵新城
  - 朗晴轩
  - 蓝钻星座

台区抄表情况 台区抄表明细情况

台区抄表情况

局编号 查询 导出 全选 全取消 上一层

户号	户名	地址	倍率	局编号	模块号	运行状态	是否开通	表型	相序
080010992	李丽芳	凯茵豪园F7幢101	1	DDZ037860	000000037860	运行	☑	单相	A
210000312	李振武	凯茵豪园F7幢102	1	DDZ032637	000000032637	运行	☑	单相	A
080010886	林美兰	凯茵豪园F7幢702	1	DDZ032481	000000032481	运行	☑	单相	A
080010896	胡焕成	凯茵豪园F7幢704	1	DDZ032518	000000032518	运行	☑	单相	A
080009713	雅居乐物业管理服务有限公司凯茵豪	凯茵豪园F7幢梯灯	1	DDZ032522	000000032522	运行	☑	单相	A
080010990	陈锡瑜	凯茵豪园F7幢201	1	DDZ037859	000000037859	运行	☑	单相	A
210000225	苏旭波	凯茵豪园F7幢703	1	DDZ032288	000000032288	运行	☑	单相	A
080010905	刘敦聪	凯茵豪园F8幢101	1	DDZ032492	000000032492	运行	☑	单相	A
210000357	叶秋虎	凯茵豪园F8幢102	1	DDZ032025	000000032025	运行	☑	单相	A
210000178	刘梓敬	凯茵豪园F8幢103	1	DDZ037384	000000037384	运行	☑	单相	A
210001214	郑莲芝	凯茵豪园F8幢104(雅翠街12幢104)	1	DDZ032624	000000032624	运行	☑	单相	A
210002279	梁庆谋	凯茵豪园F8幢105	1	DDZ034041	000000034041	运行	☑	单相	A
200002008093	马翎	凯茵豪园F8幢106	1	DDZ037548	000000037548	运行	☑	单相	A
210000222	谭永耀	凯茵豪园F8幢202	1	DDZ037852	000000037852	运行	☑	单相	A
080011199	张燕琼	凯茵豪园F8幢203	1	DDZ032023	000000032023	运行	☑	单相	A
080011319	伍月娥	凯茵豪园F8幢204	1	DDZ032123	000000032123	运行	☑	单相	A
210007686	唐燕梅	凯茵豪园F8幢205	1	DDZ032369	000000032369	运行	☑	单相	A
210013609	唐华江	凯茵豪园F8幢206房	1	DDZ037553	000000037553	运行	☑	单相	A
080010904	黎惠霞	凯茵豪园F8幢301	1	DDZ037846	000000037846	运行	☑	单相	A
080010901	卢钜添	凯茵豪园F8幢303	1	DDZ037536	000000037536	运行	☑	单相	A
080010961	李蔚波	凯茵豪园F8幢304	1	DDZ032124	000000032124	运行	☑	单相	A
210000355	李桂珍	凯茵豪园F8幢305	1	DDZ034180	000000034180	运行	☑	单相	A
080010898	张碧珊	凯茵豪园F8幢306	1	DDZ035437	000000035437	运行	☑	单相	A
080010799	招初林	凯茵豪园F8幢401	1	DDZ037552	000000037552	运行	☑	单相	A

图5-22 智能抄表系统界面

3. 电动汽车充电及监控界面

电动汽车充电及监控系统由充电桩、控制装置、电能质量监测、计费终端及智能充电桩管理系统等组成。电动汽车充放电的原理框图如图 5-23 所示，电动汽车充电桩外形如图 5-24 所示，智能充电桩管理系统界面如图 5-25 所示。电动汽车充电及监控系统能对汽车充电过程进行监控，保障充电质量。

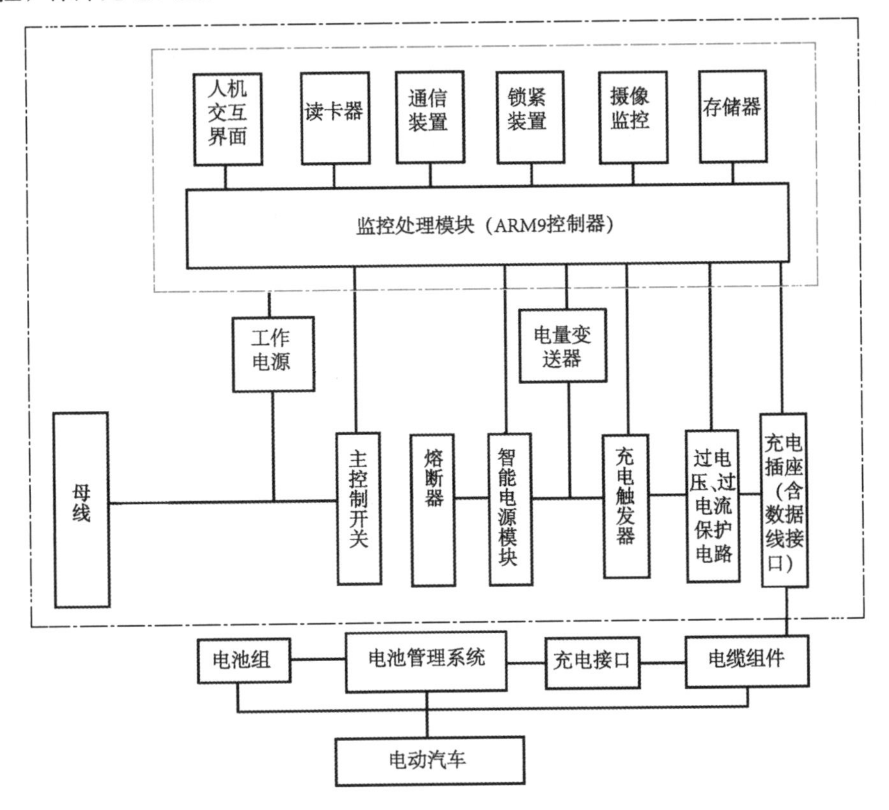

图5-23 电动汽车充放电的原理框图

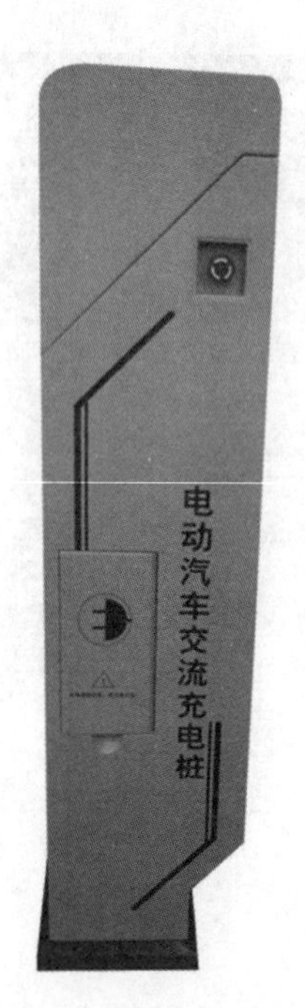

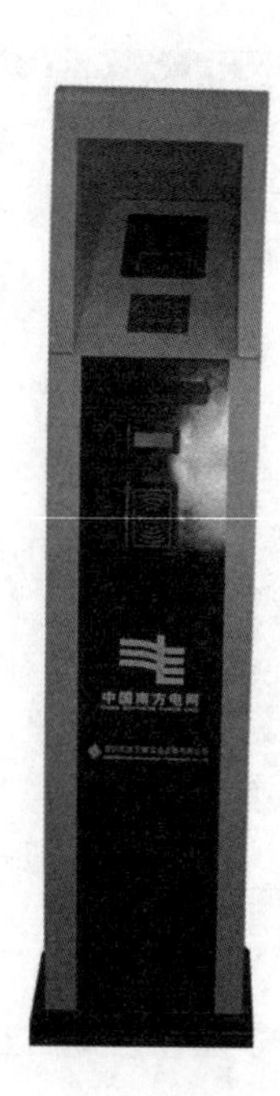

图5-24　电动汽车充电桩外形

智能充电桩管理系统　当前用户：金宏威　系统首页　退出系统

功能菜单：视频监控　费用查询　费用查询　配电监测　系统设置

您当前的位置是：首页--->>费用查询

请输入查询条件：

用户名：吴莉莉　充电桩名：1号充电桩

开始时间：　结束时间：

费　用：　查询

用户	充电桩名	电压（V）	电流（A）	当前电价（元/kw/h）	开始时间	结束时间	电量（KW/H）	费用
王大为	1号充电桩	207	1.2	0.9	2010-01-23	2010-05-23	220	888
周冉	1号充电桩	198	8.6	1.0	2010-02-20	2010-06-2	350	251
谢晋	1号充电桩	175	9.0	2.0	2010-02-02	2010-07-23	140	325
曹世雄	1号充电桩	145	3.2	0.8	2010-02-07	2010-05-23	550	201
王思静	1号充电桩	198	1.2	1.3	2010-01-29	2010-03-23	432	780
李力	1号充电桩	213	7.0	1.5	2010-01-22	2010-01-29	157	123
宋华雄	1号充电桩	207	8.6	1.4	2010-03-23	2010-06-19	900	547
张丽丽	1号充电桩	198	9.0	1.6	2010-01-23	2010-05-23	714	250
刘唯一	1号充电桩	175	3.2	1.9	2010-02-20	2010-06-2	20	111
宋海	1号充电桩	145	1.2	2.1	2010-02-02	2010-07-23	114	89
那娜	1号充电桩	207	8.6	1.4	2010-02-07	2010-05-23	900	321
袁世宝	1号充电桩	198	9.0	1.6	2010-01-29	2010-03-23	714	144
吴莉莉	1号充电桩	175	3.2	1.9	2010-01-22	2010-01-29	20	222
李思思	1号充电桩	145	1.2	2.1	2010-03-23	2010-06-19	114	123
刘毅	1号充电桩	207	8.6	1.4	2010-01-29	2010-03-23	900	987
张华	1号充电桩	198	9.0	1.6	2010-01-22	2010-01-29	714	124

日志信息

电压（V）	电流（A）	电量（KW/H）	谐波量	当前电价（元/度）	功率因数
220	1.2	220	0	0.9	0
180	5	350	0	1.0	0
215	2.3	140	0	2.0	0

技术支持：深圳市金宏威实业发展有限公司　服务热线：400-888-0018

图5-25　智能充电桩管理系统界面

4. 智能家居管理

智能家居管理系统中包含温湿度传感器、甲醛探测器、一氧化碳探测器及一些常用的家用电器、一套智能家居监控系统软件，能够检测室内各项环境指标，能进行温湿度监测、烟雾监测、煤气监测，当超量时能发出声光报警，产生报警信息并通知住户。能对家电、灯光、窗帘进行控制，并可实现可视对讲，还能根据用户设定的计划，自动控制空调和加湿器，将室内的温度和湿度调节到人体感觉最舒适的状态。其对应的组成框图分别如图5-26和图5-27所示。

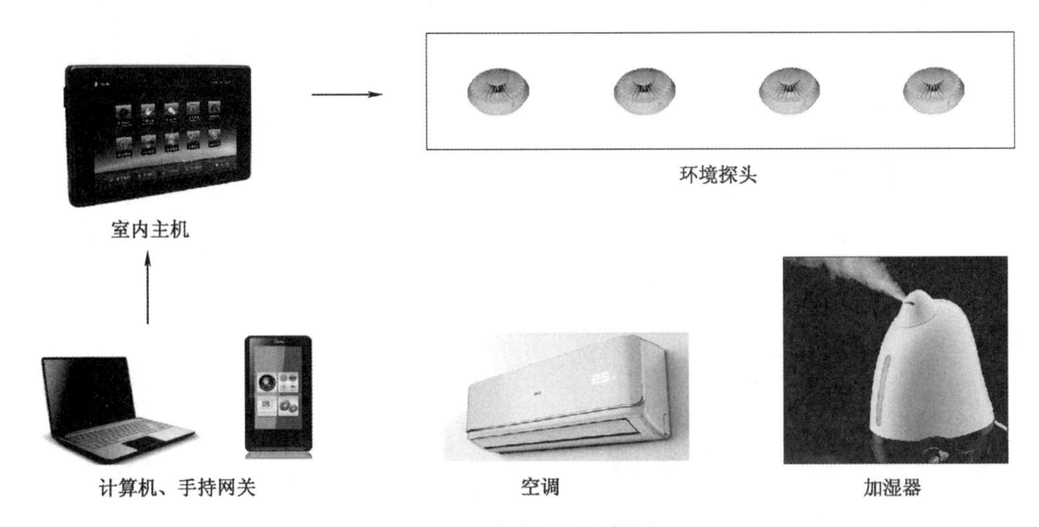

图5-26 智能家居组成框图一

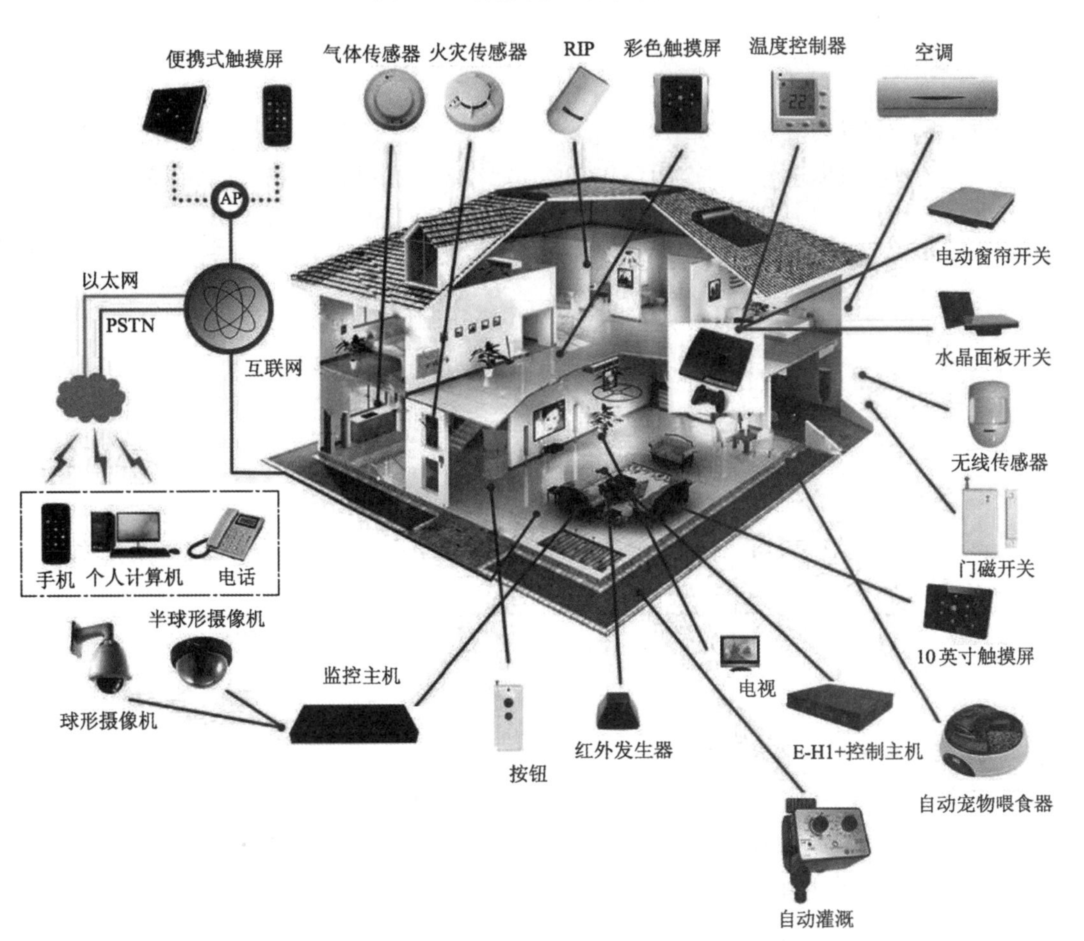

图5-27 智能家居组成框图二

5. 安防监控和智能手机监控

安防监控主要是通过视频摄像器件，在电力载波及互联网光纤通信系统的协助下实现监控的。它能监视小区入口、车库和周边区域，在室内主要用于监视重要区域。安防监控的硬件构成框图如图 5-28 所示。

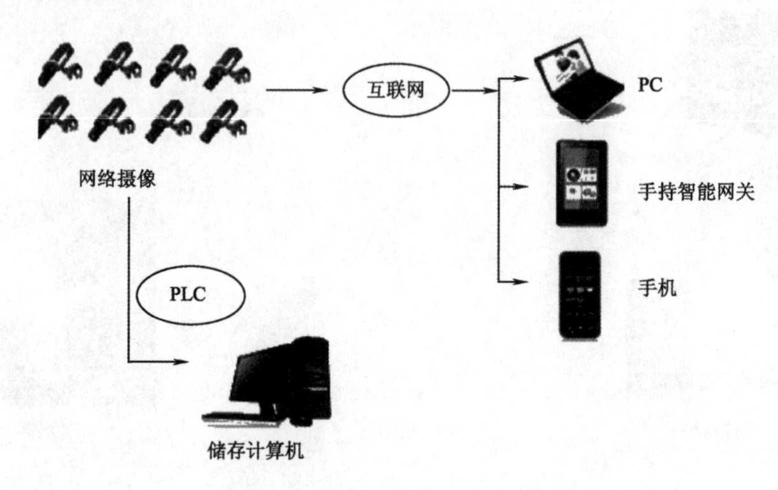

图5-28　安防监控的硬件构成框图

6. 远程监控和管理

通过手机或移动终端登录 Internet，实现对家庭中所有的安防探测器进行布防操作、远程视频监控，远程控制家用电器、照明及其他自动化设备。远程监控的硬件构成框图如图 5-29 所示。

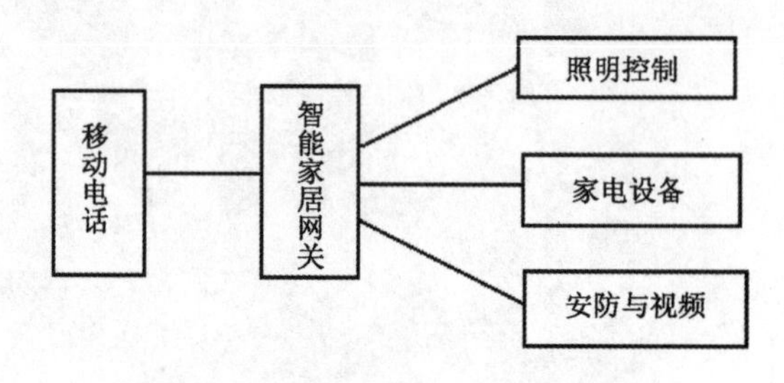

图5-29　远程监控的硬件构成框图

习　题

1. 智能微电网通信技术的特殊要求有哪些？
2. 智能微电网中应用了哪些通信技术？
3. 智能微电网中的监控系统包括了哪几个部分？各有什么功能？
4. 智能微电网中的能量管理系统包括了哪几个部分？各有什么功能？
5. 试列举几个通信技术在智能微电网中的典型应用案例。
6. 试列举几种能量管理系统在智能微电网中的典型应用案例。

第6章 典型智能微电网系统的规划设计案例

学习目标

（1）了解储能装置的应用领域和运营模式；

（2）熟悉用户侧带储能装置的智能微电网的设计原则和设计重点；

（3）熟悉用户侧带储能装置的智能微电网的规划设计方法；

（4）熟悉工商业并离网带储能系统的智能微电网的规划设计方法；

（5）熟悉光储充一体化智能微电网系统的规划设计方法。

本章简介

储能装置作为智能微电网系统中的一个重要组成部分，近年来，在相关政策和市场的推动下，在用户侧、电网侧、新能源发电侧得到了广泛应用，商业运营的盈利模式也越来越多、越来越成熟，间接带动了智能微电网系统的推广和应用。本章以用户侧带储能装置的智能微电网、工商业并离网智能微电网及光储充一体化智能微电网系统的规划设计为例，详细讲解了用户侧典型的带储能装置的智能微电网系统的规划设计方法、原则及步骤。

6.1 用户侧带储能装置的智能微电网系统的规划设计案例

在2017年10月，国家发改委等五部委联合下发《关于促进我国储能技术与产业发展的指导意见》。这是我国储能行业中的第一个指导性政策，该指导意见提出未来10年内分两个阶段推进储能技术的相关工作。第一阶段实现储能由研发示范向商业化初期过渡；第二阶段实现商业化初期向规模化发展转变。2017年11月，国家能源局印发完善电力辅助服务补偿（市场）机制工作方案，制定了详细的阶段性发展目标和主要任务。工作方案提出按需扩大电力辅助服务提供主体，鼓励储能设备、需求侧资源参与提供电力辅助服务，允许第三方参与提供电力辅助服务。除中央政策支持外，各地方政府及电网企业也纷纷出台政策。山西省能源监管办2017年11月发布《关于鼓励电储能参与山西省调峰调频辅助服务有关事项的通知》，启动电储能参与调峰调频辅助服务试点工作。2018年初，南方监管局发布《南方区域电化学储能电站并网运行管理及辅助服务管理实施细则（试行）》，对南方电网公司营业区域内储能电站根据电力调度机构指令进入充电状态的，按其提供充电调峰服务统计，对充电电量进行补偿，具体补偿标准为0.05万元/（MW·h）。上述国家和省级层面的政策大大推动了用户侧

带储能装置的智能微电网系统的发展，本节在介绍储能装置的应用领域及运营模式的基础上，通过一个典型的用户侧带储能装置的智能微电网系统的应用案例，详细讲解了带储能装置的智能微电网系统的规划设计方法、原则及步骤。

6.1.1 储能装置的应用类型和运营模式

目前，储能装置的应用类型、应用领域及运营模式如图 6-1 所示。

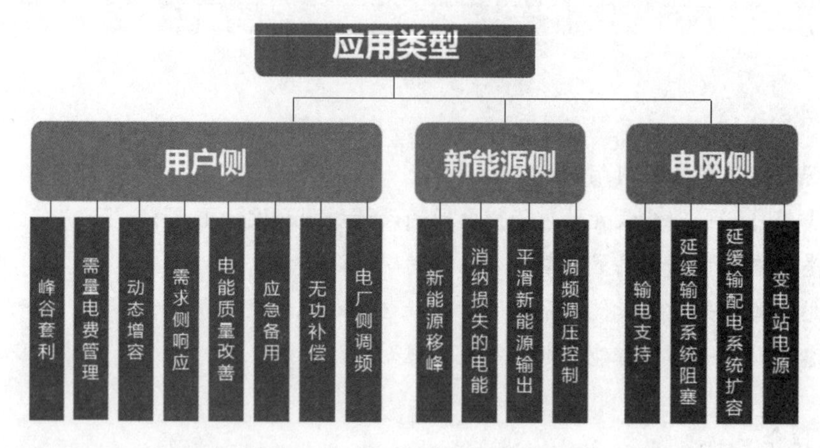

图6-1 储能装置的应用类型、应用领域及运营模式

1. 储能装置的用户侧运营模式

从图 6-1 中可以看出，在用户侧的应用领域，储能装置的运营模式主要有峰谷套利、需量电费管理、动态增容、需求侧响应等，具体的盈利模式如下：

1）峰谷套利模式

所谓峰谷套利，就是利用大工业与一般工商业的峰谷电价差，在低谷时段进行充电，在用电高峰期放电，从降低用电单价中获得盈利。

2）需量电费管理模式

所谓需量电费管理是指大用电用户应缴纳的基本电价费用按该用户每月的最大用电需量来计算，而与该用户所使用的变压器的容量无关的一种电量计费办法。根据《销售电价管理暂行办法》规定，大用电用户采用的两部制电价 [两部制电价是指电价由两部分组成，一部分是基本电价，根据变压器的容量或最大需量进行计费，其中，基本电价又是以用户受电容量千伏 · 安（kV · A）或用户最大需量千瓦（kW）计收，与其实际所使用的电量无关；另一部分是电度电价，是根据用电量进行计费的，一般 315 kV · A 及以上的大工业用电用户，才执行两部制电价] 中，基本电费有两种计费方式，按变压器容量计费和按最大需量计费。用电用户的变压器容量一般是固定的，因此按变压器容量计费操作简单，便于计算，而需量电费管理则是一般为一个月内，用户用电平均功率（即 15 min 用户用电的平均值）的最大值作为最大需量来计算电费。例如，某企业所使用的变压器容量为 5 MV · A，如果企业申请基本电价按变压器的容量来计费的话，以每月固定容量费 36 元 /（kV · A）来计算，则该企业每月应缴纳的基本电价费用为：36 × 5 000 元 =18 万元，但如果该企业每月实际使用的电量远低于变压器的容量（如仅使用了 3 MV · A），则可以申请采用以企业的最大负荷功率进行基本电价计费（即按需量进行电费计费）的模式，以最大需量为 3 MW，40 元 /kW（具体数值以每个省的电力运营公司为准）来计算，则按需量电费管理的模式得到该企业每月应缴纳的基本电价费用为：3 000×40 元 =12 万元，比使用以变压器的固定容量来计算的方式每月减少了 6 万元。

3）动态增容模式

随着用电设备数量和功率的增加，会导致输电网和变压器的容量过载，如果通过改建或扩建原有变电设备来达到扩容的目的，所需的时间周期长（需向电网公司递交扩容申请、要走各种流程才能审批下来）、扩容费用高，因此在用户侧通过增加储能系统，通过不间断地监测用户侧交流输入端的功率；当该功率小于功率阈值时，控制市电向系统中的负载设备和其他装置提供功率，并向储能装置充电；当该功率大于或等于功率阈值时，控制储能装置放电，并控制市电和储能装置共同为系统中的负载设备和其他装置提供功率，通过储能装置提供短时大功率的支撑，实现了在用户侧不增加原变电设备容量的情况下达到动态增容的效果。相比于传统的电力增容方法，设备投资更低，建设周期更短。

4）需求侧响应模式

需求侧响应是储能用户针对一定的经济激励，在用电高峰期或电网故障状态下，自愿接受电网的调度指令，调节用电侧需求的一种行为。用户侧储能系统参与需求侧响应是一种电网行为，是电网公司通过有偿付费的方式来调度业主的储能系统容量从而达到对电网整体负荷供需平衡的调节，用户的储能系统要获得储能补贴，必须将自己的储能系统纳入到电网的省级调度平台中，也只有省级电网调度平台调度使用了用户储能系统的电量才会给予相应的补贴，所以用户侧储能针对需求侧的响应目前来说收益还是不稳定的，运营模式和实施细节还不完善。

5）电能质量改善的运营模式

利用储能装置可提供快速功率缓冲，吸收或释放电能，提供有功功率支撑和有功或无功补偿，以稳定、平滑电网电压波动，达到解决电压骤降、闪变或波动等电能质量问题的目的。

6）应急备用电源的运营模式

电力用户在电网不能保证供电或供电不足的情况下，储能系统中的储能设备作为备用和应急电源给用户侧的电力用户供电，以保证用户侧电力用户供电的持续性和稳定性。

7）对电力线路的无功补偿的运营模式

一般来说，无功功率是不消耗电能的，只是用来产生用电设备所需要的磁场，特别是电动机等感性设备，但它会在电路中产生电流，这种电流称为电感电流，这种电感电流会增加电气线路和变压器设备的负担，降低电气线路和变压器设备的利用率，增加电气设备的发热量，而储能系统经过储能变流器（PCS）接入交流电网，通过 PCS 可以改变输出的电压电流相位来进行无功补偿从而达到降低线损，提高设备有功输出，节约电费、稳定电压等目的。

8）电厂侧调频的运营模式

储能装置的电厂侧调频主要是通过调节储能装置输出的有功功率的大小来实现对电网频率及联络线功率进行控制，解决秒或分钟级短时间尺度的区域电网内的具有随机特性的有功功率不平衡问题。

2. 储能装置新能源发电侧的运营模式

1）新能源发电侧移峰型运营模式

在新能源发电的高峰时期，负荷无法消耗掉新能源电站所发电量，导致多余的电量被浪费，采用储能装置后，在新能源电站发电的高峰期可将多余电能存储起来，转移到负荷用电的高峰期使用，从而起到对新能源发电的移峰作用。

2）消纳损失的电能的运营模式

近年来国家鼓励发展新能源发电，大量新能源设备装机并网导致电网无力消纳，造成弃风弃光现象。发展储能可以使新能源发电站所发电能就地消纳，减少弃风弃光电量。

3）平滑新能源发电输出功率的运营模式

在新能源发电站输出的功率较低时，可通过储能装置输出功率来弥补新能源发电站输出功率的不足；在输出的功率太高时，又可通过储能装置将多余的电能存储起来，从而达到平滑新能源发电站输出功率的作用。

4）调频调压控制

通过调节储能装置的输出功率来达到调节新能源发电站的输出电的频率及电压的目的。一般来说，通过调节有功功率来达到调节输出电压或电流的频率作用，通过调节无功功率来达到调节输出电压的作用。因为有功负荷高，发电机的原动机带不起，只好降低电动机的转速，转速低了，对应的输出电压或电流的频率就低了，同时由于负荷的频率调节特性，频率降低时，很多负荷跟着降低（如异步电动机、风机等），从而使系统工作在一个新的较低频率的平衡点；如果无功负荷高，使得发电机必须发出更大的无功电流。由于发电机是电抗，无功电流越大，发电机上的电压降就越大，机端电压就下降，系统电压就会下降。

3. 储能系统在电网侧的运营模式

1）输电支持的运营方式，即支持公共电网安全、稳定、高质量供电的运营方式

在电网侧通过适当配置储能装置可以提供电网电能的削峰填谷、调频调压、提高电能质量等方面的输电支持，实现峰谷套利、提高电能质量及实现不间断供电。当电网异常发生导致电压暂降或中断时，可改善电能质量，解决闪断现象。当供电线路发生故障时，可确保重要用电负荷不间断供电。参与电网调峰调频：当电力负荷供需紧张时，储能可向电网输送电能，协助解决局部缺电问题。储能具备响应迅速、精确跟踪的优势，可改善区域电网的暂态频率特性。

2）延缓输出线路阻塞的运营方式

配电网上的每条输电线路的有功潮流（输电功率和方向）取决于电网结构和各发电机组的出力。电网每条线路上的有功潮流的绝对值有一安全限值，限值还具有一定的相对安全裕度（即在应急情况下潮流绝对值可以超过限值的百分比的上限）。如果各发电机组出力分配方案使某条线路上的有功潮流的绝对值超出限值，称为输电阻塞。输电线路一旦出现线路阻塞现象，可以借助储能装置输出一部分有功功率来暂时缓解输电阻塞，但不能从根本上解决输电线路的阻塞。

3）延缓输配电系统扩容的运营方式

随着用电设备数量和功率的增加，会导致输电网和变压器的容量过载，但通过改建或扩建原有变电设备来达到扩容的目的，所需的时间周期长、扩容费用高，因此在电网侧通过增加储能系统，可以达到延缓输配电系统扩容的目的。

4）充当变电站电源的运营方式

储能装置通过 PCS（储能变流装置）为变电站设备供电，充当变电站电源。

6.1.2 用户侧带储能装置的智能微电网系统的规划设计流程

用户侧带储能装置的智能微电网系统的规划设计流程图如图 6-2 所示。

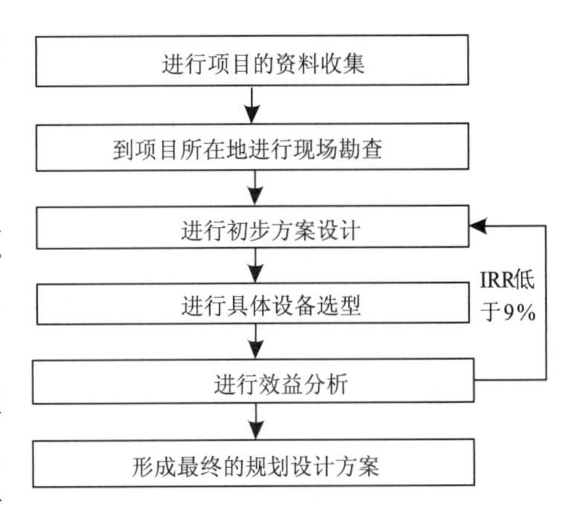

图6-2 用户侧带储能装置的智能微电网系统的规划设计流程图

1. 进行资料的收集，建立一个项目收集表

(1) 基本资料信息的收集：包括项目名称、项目地点、项目性质（为工业用性质还是商业用性质）、工商业企业所生产或销售时的用电负荷情况。

(2) 收集项目需求：详细了解该带储能装置的智能微电网项目建设的目的，是为了降低电费，还是进行动态增容，抑或是为了提高供电质量或供电可靠性，或者只是单纯地作为备用电源使用等。

(3) 收集负荷的用电情况：了解负荷每日的用电功率曲线、每月的使用电量情况、每月的峰谷功率分布情况、每日的运行时长及运行特征。

(4) 收集项目所在地的配电系统情况：收集配电系统的受电容量、变压器的台数、所带负荷的数量及性质等。

(5) 项目所在地的电价机制：收集峰、平、谷电价，电费清单。

(6) 项目所在地的资源情况：太阳能资源、风力资源、配电室状况等。

(7) 收集图纸资料：包括项目所在地的平面图、电气图及建筑图等资料。

2. 现场勘查

(1) 到项目所在地进行现场查看并拍摄配电室的有关信息或向电力管理工程师、工程部工程师了解项目所在地配电系统及用电负荷的有关详细情况。

(2) 通过电网公司、业主方或省综合能源服务公司获取一整年的月电费清单，如图 6-3 所示。通过全年的电费清单可以查到项目所在地的峰、平、谷电价，统计项目所在地的峰、平、谷时段的用电量，分析每日的峰、平、谷时段的用电规律及用电的季节性规律，最后得出储能装置的可充电余量及稳定的放电负荷情况。

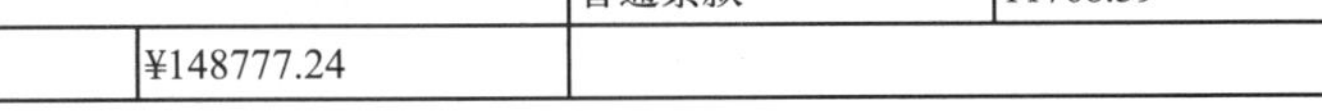

增值税票款	¥147008.85		普通票款	¥1768.39
应缴下期划拨电费		¥148777.24		

图6-3 月电费清单（样单）

有功电量合	163740	无功电量合	32580	计费容量合	2167.74
基本电费合	52025.76	调整电费合	-1065.81	本月总电费	148777.24

计量点：00010603818			大工业用电			居安变　线路：142居二　居安变		
容量：2167.74　单价：24　基本费：52025.76　无功电量：32580　功率因数：0.98　调整电								
电费类型	表号	倍率	上月表底	本月表底	加减电量	电量	单价	电费
平电费	D1166425	1500	2546.81	2655.97	0	62303	0.5801	36141.97
峰电费	D1166425	1500	856.63	892.83	0	53782	0.9199	49474.06
谷电费	D1166425	1500	779.42	810.79	0	46129	0.2403	11084.80
无功（总）	D1166425	1500	562.01	583.73	0	32580		
反无功（总）	D1166425	1500	4.36	4.36	0	0		
大工业用电			电量小计：162214			电费小计：147660.78		
计量点：00010603835（从18扣减）			非居民照明			居安变　线路：142号二　居安变		
功率因数：0.98　调整电费：0								
电费类型	表号	倍率	上月表底	本月表底	加减电量	电量	单价	电费
平电费	0110800282	1	34253	35779	0	82	0.8391	68.81
峰电费	0110800282	1	11871	12389	0	518	1.2413	642.99
谷电费	0110800282	1	17144	18070	0	926	0.4370	404.66
非居民照明			电量小计：1526			电费小计：1116.46		

图6-3　月电费清单（样单）（续）

（3）进行初步方案设计。初步方案设计的依据如图 6-4 所示。

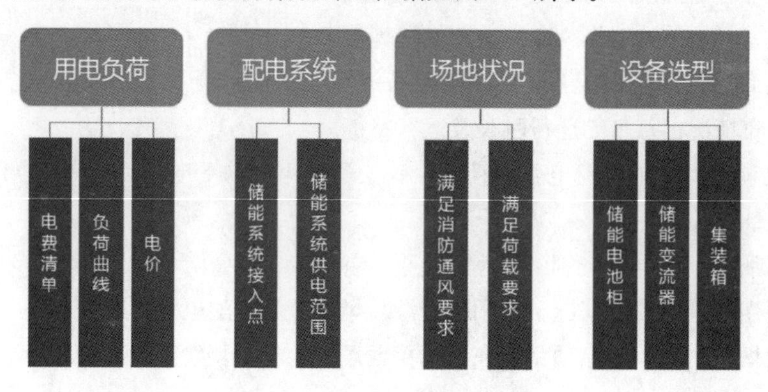

图6-4　初步方案设计的依据

初步方案设计要依据项目所在地的电费清单、负荷功率曲线、电价情况、配电系统接入条件、储能的供电范围、储能装置安装地的消防通风情况、载荷情况及现场能布置储能柜的空间、大小来规划储能系统的规模。初步设计的具体内容应包括：项目概况（项目概述、项目所处的地理位置、项目所采用的储能系统概述、相关政策支持文件）、初步方案的规划设计（包括系统技术参数、储能变流器的设计参数、电池管理系统的设计、蓄电池参数设计、监控系统的设计）、功率设计（当地的峰、平、谷电价情况，储能系统的容量设计）等。

（4）进行具体设备选型。根据前期的资料收集表及现场勘查的情况、初步设计情况选择合适的分布式电源设备、储能变流器设备、储能设备等。

（5）进行效益分析。收益测算（包括投入预算、收入测算、收益率测算）、项目建设的必要性阐述（即项目所带来的社会效益、电网效益及用户效益），在效益测算达不到 9% 以上的投入收益率的情况下，又要返回到初步方案设计阶段重新进行方案的设计，如能达到预期的投资收益率则形成最终的规划设计方案。

6.1.3 用户侧带储能装置的智能微电网系统的设计原则

1. 储能系统的放电功率不能超过用户的用电负荷

如果储能系统的放电功率超过用户的用电负荷，则多余的电能将会送入公共电网，对公共电网造成一定程度的干扰，目前国家电网的政策是规定储能系统中的多余电量不允许输送到公共电网上去。

2. 储能系统应尽量减少对基本电费的影响

一般工商业企业基本电费的计量是采用需量管理的方式来计算的，即基本电费 = 企业的最大负荷功率 × 每千瓦功率的单价来进行基本电价计费，在进行储能装置的运行控制时，给储能装置的充电运行应规划在负荷用电的低谷时段，否则储能装置充电时作为负荷，会增加企业的最大负荷功率，不仅不能为企业节省电费，反而会增加企业的基本电价电费。

3. 储能装置的充、放电功率不能超过PCS的额定功率

储能变流器 PCS（Power Conversion System）是由双向变流器、控制单元等构成的。它可控制蓄电池的充电和放电过程，进行交、直流的转换，在无电网情况下可以直接为交流负荷供电。另外，储能变流器中的控制单元可接收后台功率控制指令，根据功率指令的符号及大小控制储能变流器对电池进行充电或放电，实现对电网有功功率及无功功率的调节，同时 PCS 控制单元通过 CAN 总线接口与 BMS（Battery Management System，电池管理系统）通信，可以获取电池组的状态信息，实现对电池的保护性充放电，确保电池安全运行，因为对储能装置的充、放电都是通过 PCS 来进行的，所以对储能装置的充、放电功率就不能超过 PCS 的额定功率。

例如：某企业的年用电量约为 2 000 万 kW · h，企业变压器容量为 7 450 kV · A，每年的用电量没有明显的季节性变化，每天 24 h 连续用电，用电功率在 2 000~4 000 kW 之间波动。则按照企业的上述用电规律，企业用电高峰时消纳储能装置中存储的电能，规划储能装置的储能容量应≤ 2 000 kW（即储能装置的放电功率不能超过用电负荷的使用功率的原则）；因储能系统充电时变压器的负载率不能超过 88%，即变压器的负荷总功率不能超过 7 450 kW×88%=6 556 kW，储能装置充电时的最大功率应≤ [(6 556−4 000) kW=2 556 kW]，综合考虑上述因素，对该企业进行储能规划时，储能装置的功率应小于或等于 2 000 kW，假如该企业每日的用电高峰时段为 6 h，储能装置就应设置成为 6 h 的放电，所以整个储能系统的容量为 2 000 kW/2 000×6 kW · h，即该企业应规划设计的储能装置的容量为 2 MW/12 MW · h。

4. 储能系统的规划设计应符合电网的有关规定

根据国网江苏省电网颁布的《客户侧储能系统并网管理规定（试行）》，省电力公司参与

客户侧储能接入系统的方案审查、并网调试和验收，不与客户签订《并网调度协议》，用户无须安装调度自动化相关设备；储能电站用户不允许向电网倒送电，应在关口处安装逆功率保护装置；储能电站的相关信息应接入国网江苏省电力有限公司的储能监控与互动平台。因此在江苏省进行微电网设计就应按江苏省上述的规定内容来进行，在国网或其他省市的电力公司如有相关的规定时也应按规定来进行有针对性的规划设计。

5. 储能系统的规划设计应充分考虑盈利因素

在规划设计微电网的储能系统时，应综合考虑项目所在地的峰谷电价差、系统成本、用户收益及运营方或投资方的投资收益率 IRR（Internal Rate of Return，内部收益率）。

（1）对于峰谷电价差较大的地区，应重点以峰谷电价差套利的模式来进行规划设计，比如目前北京、上海、广东、江苏、浙江、山东等地。

（2）系统成本受蓄电池的成本和性能的影响较大，目前储能系统的成本在 1.4~1.8 元 /（W•h），但随着新材料、新工艺和新技术的发展，电池的性能会不断提高、系统的成本也会不断下降，因此在规划设计时为平衡系统规模与系统成本、系统投资之间的关系，可以考虑分期、分批进行建设。

（3）为保障投资方或运营方的投资收益，在综合考虑电价差、扣除系统成本和用户分成的基础上，在当前的政策和市场条件下，峰谷套利项目的全投资 IRR 应达 9% 以上才有投资建设的必要。

6.1.4 用户侧带储能装置的智能微电网系统的规划设计案例

1. 企业概况

1）负荷情况

江苏省某重点化工企业，该企业的负荷水平为 60 000~65 000 kW，其最大负荷容量为 6 000 kW 的压缩机，企业所用变电站规格为 220 kV 变 10 kV，变压器容量为 82 MV • A，电压等级为（220+8 × 1.25%/10）kV，且有 4 个相同的备用间隔，间隔输出的额定电流为 1 250 A，每个间隔能承受的最大功率为 1 250 A × 10 kV × 1.732=21 650 kW。该企业是 24 h 不间断生产，一日内负荷的功率稳定在 62 000 kW，日最高负荷达 65 000 kW，考虑到变压器的负载率为 88%，所以储能装置的容量不能超过（82 000 × 88%–65 000）kW=7 160 kW，又因储能装置的放电功率不能超过负荷的用电功率 6 000 kW，所以根据该企业的负荷情况可以将该企业的微电网储能装置的容量定为 6 000 kW。

2）项目的基本情况

项目利用峰、平、谷电价差拟通过峰谷套利的方式来赚取收益。根据该企业的月电费清单设定储能装置的运行模式为每天二充二放，储能系统在 0 点至 8 点谷电价时段利用公共电网的电进行低功率充电，充电到 8 点时储能装置达到充满状态，在 8 点至 12 点企业用电高峰时段将储能装置的电能释放供用电设备使用；12 点至 17 点进行第二次充电，17 点到 21 点企业用电高峰时段进行第二次放电，在 21 点至 24 点储能装置处于待机状态，根据企业的负荷及峰、平、谷电价情况确定的储能装置的运行状态图如图 6–5 所示。

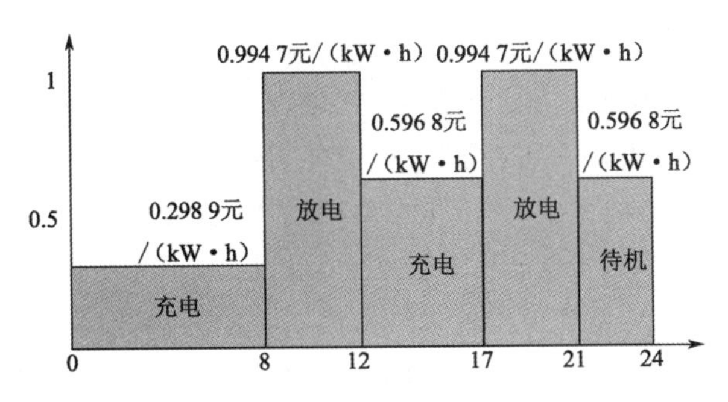

图6-5　储能装置的运行状态图

2. 系统设计

1）储能系统的容量设计

根据负荷情况，确定储能系统的容量为 6 000 kW，连续放电 4 h，所以可以确定储能系统的装机容量为 6 MW/24 MW·h。储能电池选用磷酸铁锂电池，储能变流器 PCS 选用 12 台，每台的容量为 500 kW，总计 12×500 kW=6 MW。电池选用 IFP40130220-100 的方形磷酸铁锂单体电池，对应的单体电池参数如表 6-1 所示。

表6-1　单体电池的参数

单体型号	IFP40130220-100	
电池类型及材料	方形磷酸铁锂	
额定电压	3.2 V	
标称容量	100 A·h	
单体电池质量	（2.30±0.10）kg	
规格（长×宽×高）	40 mm×130 mm×220 mm	
内阻	≤0.5 mΩ	
最大放电电流	恒定电流	200 A
	瞬时电流	300 A
最大充电电流	100 A	
标准充放电电流	50 A	
适应环境	充电	0~50℃
	放电	−20~+60℃
	存储温度	10~35℃

储能系统中一个电池模组由 36 个单体电池以 9 串 4 并的方式组合而成，每串的电压为 3.2×9 V=28.8 V，每串的容量为 28.8×100 W·h=2 880 W·h，4 并得到的一个电池模组的容量为 4×2 880 W·h=11 520 W·h=11.52 kW·h，一个电池模组的电流为 400 A。26 个电池模组串联成一个电池簇，每个电池簇的电压为 26×28.8 V=748.8 V，电流为 400 A，对应的一个电池簇的额定容量为 748.8×400 W·h=299.52 kW·h。一个储能单元是由 7 个电池簇并联而成，共由 36×4×26×7=26 208 个单体蓄电池串并联而成，其对应的额定容量为 299.52×7 kW·h=2 096.64 kW·h 约为 2 MW·h，输出功率为 2 MW·h/400 A·h=500 kW，所以一个储能单元的容量为 500 kW/2 MW·h。整个储能系统由 12 个储能单元并联而成，最终构成一个容量为 12×(500 kW/2 MW·h)=6 MW/24 MW·h 的储能系统。储能系统的电池管理系统采用三级模块化结构，包括从控单元模块、电池簇管理模块及系统管理模块。

2）储能系统的接入方式规划

该企业现有3个主用电变压器，相应的输出电压等级分别为220 kV、10 kV、380 V，本系统拟接入至用户10 kV电压等级的线路上，储能系统经升压后以3回10 kV线路接入储能开关站，之后以1回10 kV线路接入到用户220 kV的变电站。

变压器：整个系统共设3台储能用降压变压器，变压器采用双绕组双分裂干式变压器。

开关站：储能站10 kV系统采用单母线接线，10 kV出线柜4个（储能变压器用3个、220 kV企业用变压器出线柜1个），1面母线PT柜（Potential Transformer Cabinet，电压互感器柜，直接装设到母线上，以检测母线电压和实现保护功能，内部主要安装有电压互感器PT、隔离刀、熔断器和避雷器等以实现系统侧检无压重合闸功能）及1面计量柜。

无功补偿装置：加入储能装置后，企业的有功功率需求下降，但无功功率不变，容易发生功率因数不达标的情况，但本案例中由于储能规模仅为负荷的10%(6MW/82MW=0.07)左右，因而不存在电容器补偿分级不能满足无功补偿需求的问题，因而不需要新建或改造原系统的无功补偿装置。

3. 储能系统的成本和收益测算

1）储能系统的成本测算

储能系统的成本测算如表6-2所示。

表6-2　储能系统的成本测算

序号	项目	预估费用/万元
1	电池仓+电气仓（含PCS、变压器、10 kV开关）	3 100
2	10 kV接入点以下开发设计+土建基础+动力电缆+工程施工+并网手续（10 kV）（接入、评审与验收，电气调试）+一次、二次预制仓（10 kV开关柜、EMS、控制台、值班室）	600
3	10 kV二次接入改造方案	30
4	220 kV变电站升级	300
5	其他开发费用	100
合计		4 130
单价		1.72元/（W•h）

2）储能系统的收益测算

储能系统的收益测算如表6-3所示。

表6-3　储能系统的收益测算

储能系统容量/（kW•h）	25 160	电芯实质循环次数/次	5 000	业主储能收益分成/%	12
储能系统可用容量/（kW•h）	23 902	电芯实质寿命假设/年	8	项目税前20年IRR/%	9.63
系统充放电效率/%	82	储能系统折旧年限/年	10	税前项目回收期/年	8.52
每天充放电次数/次	2	基础工程折旧年限/年	10	项目税后20年IRR/%	8.06
工厂运转有效天数/天	340	储能系统维护费/%	1	税后项目回收期/年	9.03
电芯单次充放衰减率/%	0.004 5	储能系统维护费年增长率/%	3	资本金IRR/%	10.91
电芯放电深度/%	95	电池维护费年增长率/%	3	资本金投资回收期/年	11.46

4. 储能电站规划设计应注意的问题

在进行储能电站规划设计时应重点关注以下几个方面的问题：

（1）系统的成本：为降低系统集成的成本，可以采用动力电池梯次利用的形式来采购储能电站的储能电池，对储能电池要通过大数据分析了解电池的可充放电次数及衰减特性。

（2）由于储能电池数量大，难免会出现电池的一致性问题，因此在进行储能电池的选型方面，应尽量减少电池性能的“木桶效应”。

（3）设计时用来计算的系统效率要考虑直流系统的转换效率、PCS 的转换效率及线路的损耗，要注重储能系统的整体质量和能力，避免过度关注电池的性能和质量。

（4）预防电池热失控应作为储能电站规划设计的重点，对储能电池必须做到“单体电池温度监测无盲点”。

（5）合理规划储能电站的运维系统，使得运维系统能对储能系统的故障进行预防和告警，尽量减少系统运行的故障率，保障系统正常运转天数。

6.2 工商业并离网型智能微电网的规划设计案例

6.2.1 工商业并离型智能微电网系统组成结构和工作原理

储能系统的并离网智能微电网广泛应用于工厂、商业等峰谷价差较大、或者经常停电的场所。该类智能微电网系统一般是由光伏电池组件组成的光伏方阵、汇流箱，光伏并离网控制逆变一体机、蓄电池组、风力发电机、负载、电网等构成。光伏方阵在有光照的情况下将太阳能转换为电能，通过光伏控制逆变一体机给负载供电，同时给蓄电池组充电，多余的电还可以送入电网；在无光照时，由电网给负载供电；当电网停电时，由蓄电池组通过逆变一体机给负载供电。

并离网型智能微电网系统的组成结构示意图如图 6-6 所示。

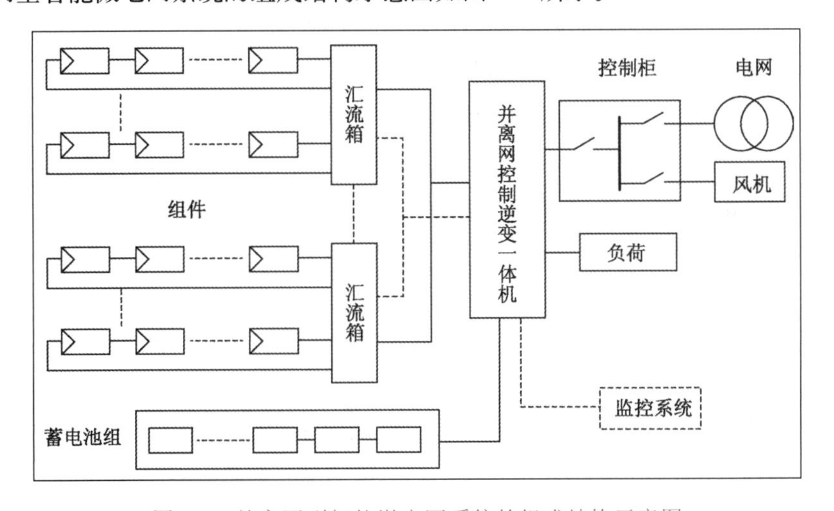

图6-6 并离网型智能微电网系统的组成结构示意图

从图 6-6 中可以看出，并离网型智能微电网系统主要包括以下几部分：

1. 光伏电池组件

光伏电池组件是太阳能供电系统中的主要部分，也是太阳能供电系统中价值最高的部件，其作用是将太阳的辐射能量转换为直流电能。

2. 光伏并离网控制逆变一体机

主要功能分为两部分，MPPT 太阳能控制器和双向 DC/AC 变流器，其作用是对光伏电池组件所发的电能进行调节和控制，对蓄电池进行充电，并对蓄电池起到过充电保护、过放电保护的作用。同时把光伏组件和蓄电池的直流电逆变成交流电，给交流负载使用，在适当的时候，电网也可以向蓄电池充电。

3. 蓄电池组

其主要任务是储能，以便在电网停电时保证负载用电。

6.2.2 工商业并离型智能微电网系统方案设计

1. 项目概况

项目要求规划建设一个既可并网运行又可离网独立运行的智能微电网系统，系统内的负荷最大用电功率约为 50 kW，整个系统的需求是保障负荷供电的安全、稳定和可靠，系统计划配置一个 50 kW 左右的光伏发电系统及一个容量为 300 kW · h 的储能系统，使得系统在离网运行条件下能保障系统内负荷可连续稳定运行 6 h 左右。

2. 系统设备选型

1）光伏组件选型

光伏组件是将太阳光能直接转换为直流电能的发电装置。根据用户对功率和电压等级的不同要求，可以让一个光伏组件单独使用，也可以将多个光伏组件经过串联（以满足电压要求）和并联（以满足电流要求），形成光伏阵列以提供更大的电功率。光伏电池的发电量会随着日照强度的增加而按比例增加，随着温度的变化，光伏组件的电流、电压、功率也会发生变化，但随着光伏组件表面温度的升高发电量反而会略有下降，因此在进行光伏组件的选型及光伏阵列的设计时应考虑电压负温度系数对发电量及光伏组件性能的影响。

目前市场上主要有单晶、多晶和薄膜 3 种类型的光伏组件，其相对应的外观结构图如图 6-7 所示。

考虑到系统的成本因素，本项目选取了阿特斯的几种多晶的光伏组件进行比较选择，其对应的参数如表 6-4 所示。

根据表 6-4 所示的光伏组件的参数，本方案选用了 300 W 的多晶类光伏组件，数量为 180 块，18 串 10 并（18 块光伏组件串联在一起组成一串，一共有 10 串接入到一个 10 进 1 出的汇流箱中），总设计功率为 54 kW。

（a）单晶硅

（b）多晶硅

（c）薄膜

图6-7　光伏组件的外观结构图

表6-4　光伏组件参数比较

CS3K	295	300	305	310
最大输出功率P_{max}/W	295	300	305	310
输出功率公差/W	0~+5			
最大功率点电压V_{mp}/V	32.5	32.7	32.9	33.1
最大功率点电流I_{mp}/A	9.08	9.18	9.28	9.37
开路电压V_{oc}/V	39.1	39.3	39.5	39.7
短路电流I_{sc}/A	9.57	9.65	9.73	9.81
组件效率/%	17.75	18.05	18.36	18.66

2）光伏并离网控制逆变一体机的选型

目前，市场上的光伏并离网控制逆变一体机并不多，其中的古瑞瓦特 HPS 50 kW 三相光并离网逆变控制一体机，采用新一代的全数字控制技术，纯正弦波输出；太阳能控制器和逆变器集成于一体，方便使用；适用于电力缺乏和电网不稳定的地区，为其提供经济的电源解决方案，该一体机的结构原理及对应的参数如图 6-8 所示。

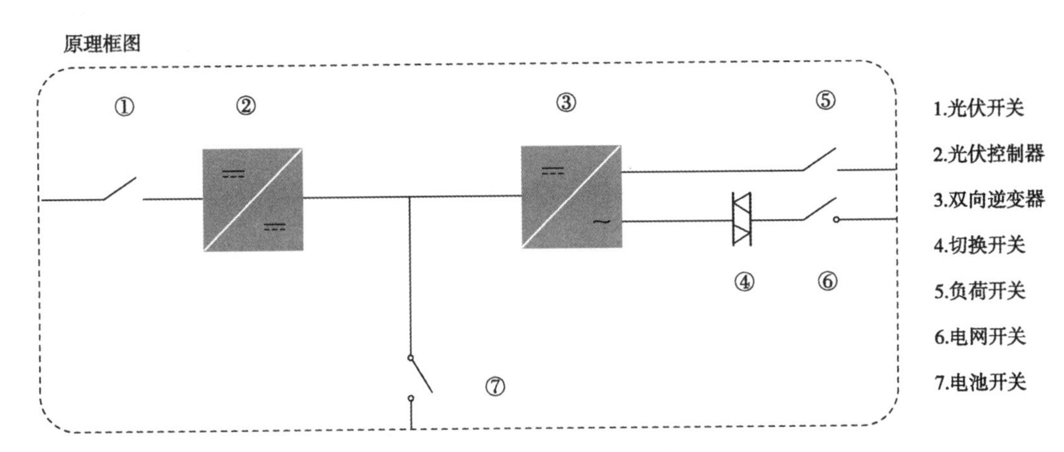

图6-8　光伏并离网控制逆变一体机组成结构原理及参数图

交流（并网）	HPS 30	HPS 50	HPS 120
额定功率/（kV·A）	38	60	150
有功功率/kW	30	48	120
额定电压/V	400	400	400
电压范围/V	360~440	360～440	360~440
额定频率/Hz	50/60	50/60	50/60
频率范围/Hz	47~51.5/57~61.5	47～51.5/57～61.5	47~51.5/57~61.5
THDI/%	<3	<3	<3
功率因数	0.8超前~0.8滞后	0.8超前～0.8滞后	0.8超前～0.8滞后
交流制式	3/N/PE	3/N/PE	3/N/PE
交流（离网）			
额定功率/（kV·A）	38	60	150
有功功率/kW	30	48	120
额定电压/V	400	400	400
THDU	≤1%线性	≤1%线性	≤1%线性
额定频率/Hz	50/60	50/60	50/60
过载能力	110%-10min 120%-1min	110%-10min 120%-1min	110%-10min 120%-1min
直流			
最大光伏输入电压/V	1 000	1 000	1 000
最大光伏功率/kWp	33	55	132
MPPT电压范围/V	480～800	480～800	480～800
*电池电压/V	352～600	352～600	352～600

图6-8　光伏并离网控制逆变一体机组成结构原理及参数图（续）

古瑞瓦特 HPS 50 kW 三相光并离网逆变控制一体机的优点主要有以下几个方面：

（1）控制逆变一体机：集成太阳能控制器和逆变器，连接简单，方便使用。

（2）效率高，效率达到 95% 以上，能最大限度地利用太阳能。

（3）可靠性高：逆变器采用工频设计，过载能力强，适应空调等冲击性负载。

（4）完善的保护功能：蓄电池过充过放保护和先进的蓄电池管理功能，延长蓄电池寿命，并具有过载保护、短路保护等功能，能保护设备和负载安全可靠运行。

（5）LCD 液晶屏直观显示：能直观显示光伏输入电压 / 电流，交流输出电压 / 电流，电池容量等多种工作运行状态及参数。

（6）储能系统兼容铅酸蓄电池和锂电池，为用户提供多种选择。

（7）光伏充电、市电（油机）充电、混合充电等多种充电方式，蓄电池供电、市电供电等多种供电方式。

（8）支持多台逆变器并机，能进行方便的功率扩展。

根据 HPS50 控制逆变一体机的上述特点，本方案就选用 HPS50 控制逆变一体机，该一体机的有效输出功率达 48 kW，能够达到系统的运行要求。

3）蓄电池的选型

储能电池及器件是智能微电网系统中不可缺少的存储电能的部件，其主要功能是存储光伏发电系统所产生的电能，并在日照量不足、夜间以及应急状态下为负载供电。常用的储能电池有铅酸蓄电池、碱性蓄电池、锂电池、超级电容，它们分别应用于不同场合或者产品中，目前应用最广的是铅酸蓄电池，从 19 世纪 50 年代开发出来至今，已经有 160 余年的历史，目前衍生出来很多种类，如富液铅酸电池、阀控密封铅酸电池、胶体电池、铅碳电池等，发展最快的是锂电池，各种类型蓄电池的性能比较如表 6-5 所示。

表6-5　各种类型蓄电池的性能比较

种类	优缺点
AGM密封铅蓄电池	（1）循环充电能力高，使用寿命为2~3年； （2）在整个使用寿命周期内具有更高的电容量稳定性； （3）低温性能更可靠； （4）降低事故风险，减少环境污染风险； （5）维护很简单，减少深度放电
GEL胶体密封铅蓄电池	（1）使用寿命约5年； （2）胶体铅酸蓄电池的自放电性能好； （3）胶体铅酸蓄电池在严重缺电的情况下，抗硫化性能很明显； （4）胶体铅酸蓄电池在严重放电情况下的恢复能力强； （5）胶体铅酸蓄电池抗过充能力强； （6）胶体铅酸蓄电池后期放电性能好
铅碳电池	铅碳电池使用寿命为5~8年，是一种新型的超级电池，是将铅酸蓄电池和超级电容器两者合一，既发挥了超级电容器瞬间大容量充电的优点，也发挥了铅酸蓄电池的比能量优势，且拥有非常好的充放电性能。而且由于加了碳（石墨烯），阻止了负极硫酸盐化现象，改善了过去电池失效的一个因素，更延长了电池寿命
锂电池	使用寿命约10年，质量小、储能容量大、功率大、无污染、寿命长、自放电系数小、温度适应范围广

考虑到负载条件、使用环境、使用寿命及成本因素，本项目选择 GEL 胶体铅酸免维护电池。具体选用的胶体铅酸蓄电池的参数为：2V 800A · h，总计 270 个，采用全部串联的方式使整个蓄电池的电压达到 2×270 V=540 V，容量可以达到 $2\times800\times270$ kW · h=432 kW · h，蓄电池组按 70% 的放电量来计算，可以输出的电能达到 $432\times70\%$ kW · h=302.4 kW · h，完成可以满足系统内负荷 300 kW · h 电的电能需求。根据上述系统硬件设备的选型情况，得到如表 6-6 所示的系统硬件设备选型表。

表6-6　系统硬件设备选型表

序号	名称	型号	数量
1	并离网逆变控制一体机	HPS50	1台
2	组件	300 W	180块
3	汇流箱	10进1出	1台
4	铅酸蓄电池	2V 800A•h	300台
5	监控		1套

4）监控系统设计

为保障智能微电网系统的正常运行，系统应设计计算机监控平台和手机 APP 监控平台。本系统所规划设计的监控系统平台及其功能分别如图 6-9 和图 6-10 所示。

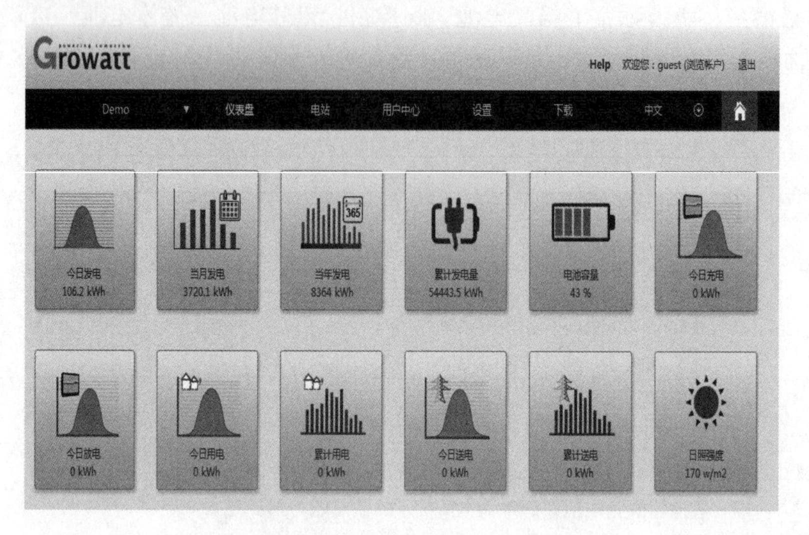

图6-9　计算机监控系统示意图

图6-10　手机APP监控平台示意图

6.3　光储充一体化智能微电网系统的设计案例

6.3.1　光储充一体化智能微电网系统简介

某中转站停车场占地面积 40 300 m^2，利用中转站停车场投资建设光伏车棚储能充电桩一体化项目。综合考虑接线的便利及减少投资，拟利用小车停车区部分区域建设光伏车棚及储能系统。本项目由光伏发电供应充电桩，不足部分由市电补充，多余光伏电量存储到储能电池。由储能系统利用峰谷时间段进行充放电，赚取峰谷电价差收益。另外，储能电站与光伏电站结合后，可以使光伏发电更加平稳，电能质量得到提升，并可提高光伏发电自发自用率；而充电桩在这个电动汽车快速发展的时代，成为了当下停车场必不可少的电气设备，因此建设光储充一体化项目具有较好的示范意义。

1. 项目所在地的场地情况

项目所在地的场地情况如图 6-11 所示。

图6-11　项目所在地的场地情况

2. 项目所在地的太阳能资源情况

拟建项目所在地车棚倾角为 10°，方位角 90°，年均辐射量 1 255 kW · h/m²，属于太阳能资源较为丰富的地区，较适宜太阳能光伏发电的建设，光伏发电系统首年利用小时数达 1 004 h，月均总辐射量如图 6-12 所示。

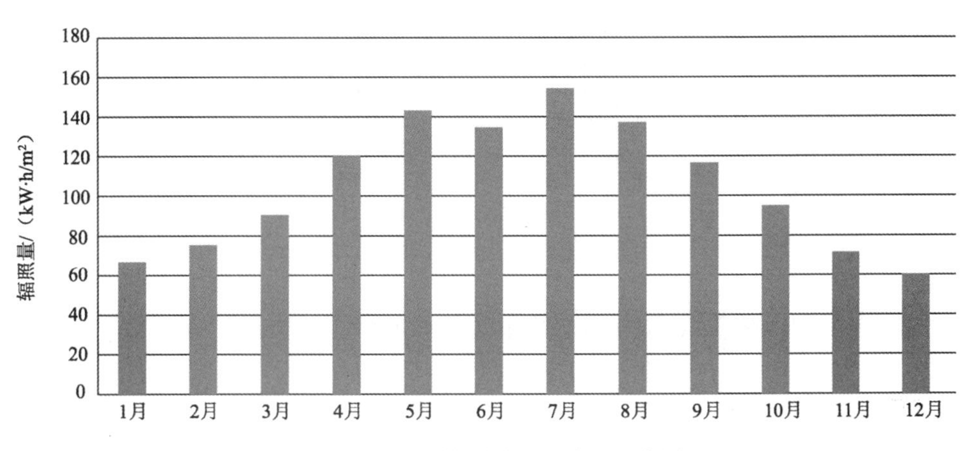

图6-12　项目所在地太阳能资源分布图

3. 项目所在地的电价情况

根据项目所在地的电费单可知相应的峰、平、谷电价图如图 6-13 所示，详细的电价表如表 6-7 所示。

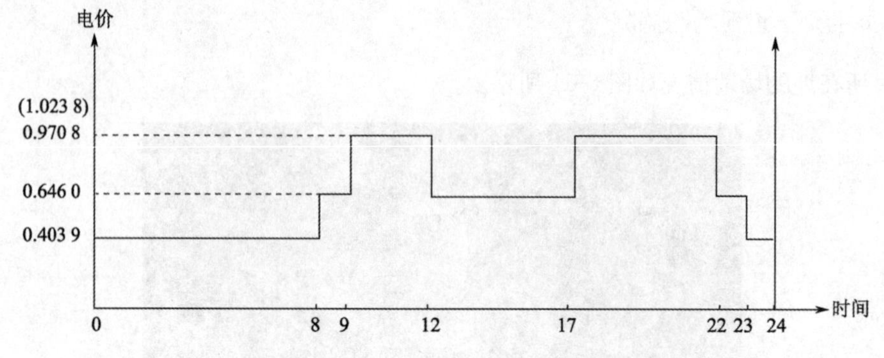

图6-13　峰、平、谷电价图

表6-7　峰、平、谷电价表

安徽省电价分段	峰	平	谷
时间段	9:00~12:00 17:00~22:00	8:00~9:00 12:00~17:00 22:00~23:00	23:00~8:00
电价	0.970 8元/（kW•h） 尖峰1.023 8元/（kW•h） （7—9月）	0.646 0元/（kW•h）	0.403 9元/（kW•h）

4. 项目所在地的负荷情况

根据业主方的相关功率监控仪器记录的项目所在地的日负荷曲线如图 6-14 所示。

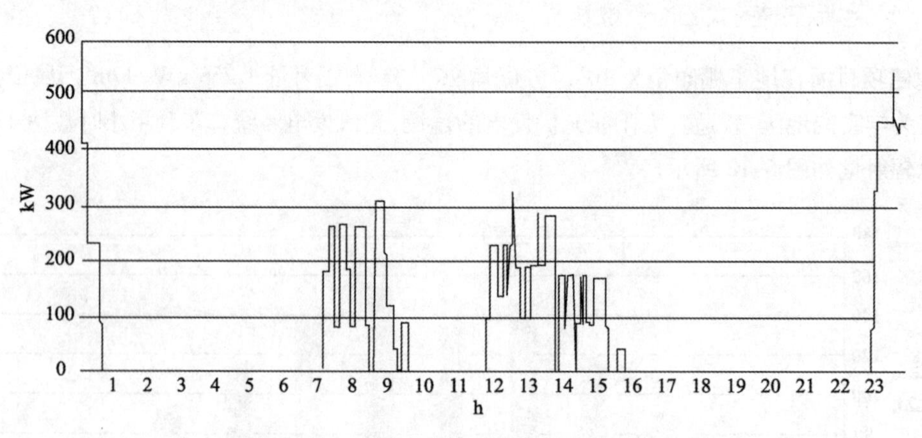

图6-14　项目所在地的典型日负荷曲线

6.3.2　光储充一体化智能微电网系统的规划设计

1. 光伏发电系统部分的规划设计

光伏组件平铺在车棚顶面，组件安装倾角为 10°。车棚为铝合金结构，主次檩条采用铝型材，基础为钢筋混凝土基础。组件 900 块，车棚上组件按 5 排、180 列布置，总容量 261 kWp。单个车位宽 3 m，长约 5 m，每套车棚长约 150 m，共 2 套车棚，100 个车位。光伏车棚的实际位置图如图 6-15 所示。

图6-15 光伏车棚的实际位置图

光伏车棚对应的尺寸布置及 3D 图如图 6-16 所示。

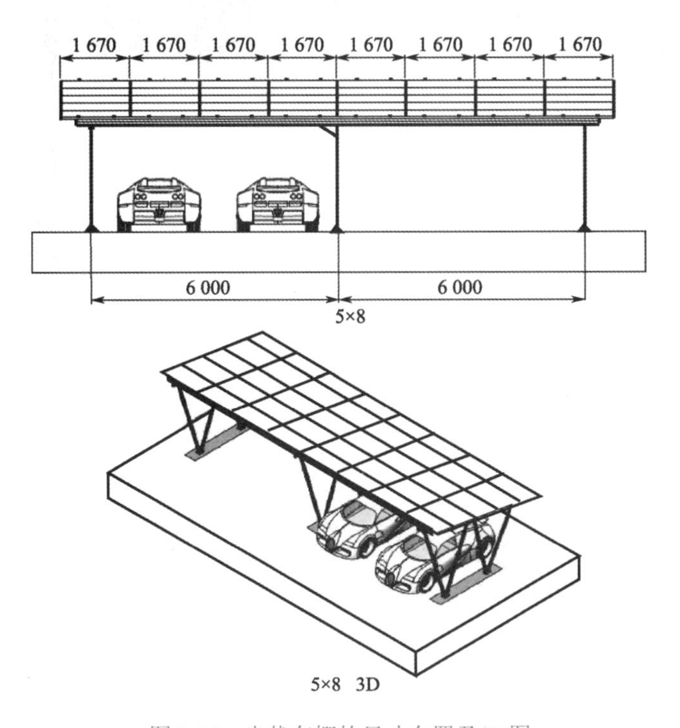

图6-16 光伏车棚的尺寸布置及3D图

根据充电站日充电表单计算出负荷曲线图，其中有一段间断时间；充电站运营公司根据光伏发电曲线优化调整大巴和运维车充电班次，满足光伏发电尽可能被消纳。最终光伏发电自发自用比例由63.97%提高到85.55%，充电站消纳不了的光伏发电部分储存到储能系统中。根据光伏发电的输出功率及充电站的充电情况进行用电的调整图如图6-17所示。

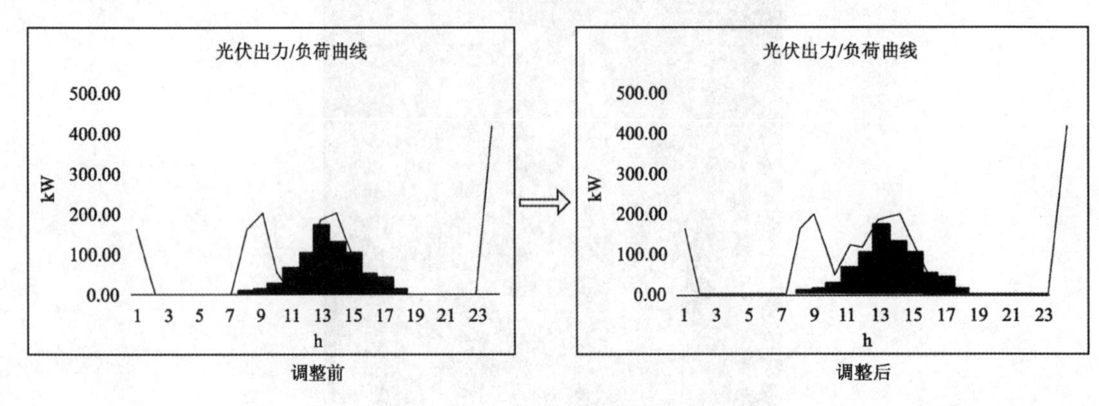

图6-17　用电调整图

2. 充电桩部分的规划设计

充电桩包含4台120 kV·A双枪直流充电桩，每台可以同时为2辆大巴车提供快速充电，还包含8台7 kV·A交流充电桩，可同时为8辆电动汽车或运维车充电。充电桩的外形图如图6-18所示，充电桩的布置图如图6-19所示，实际效果图如图6-20所示。

图6-18　直流和交流充电桩外形图

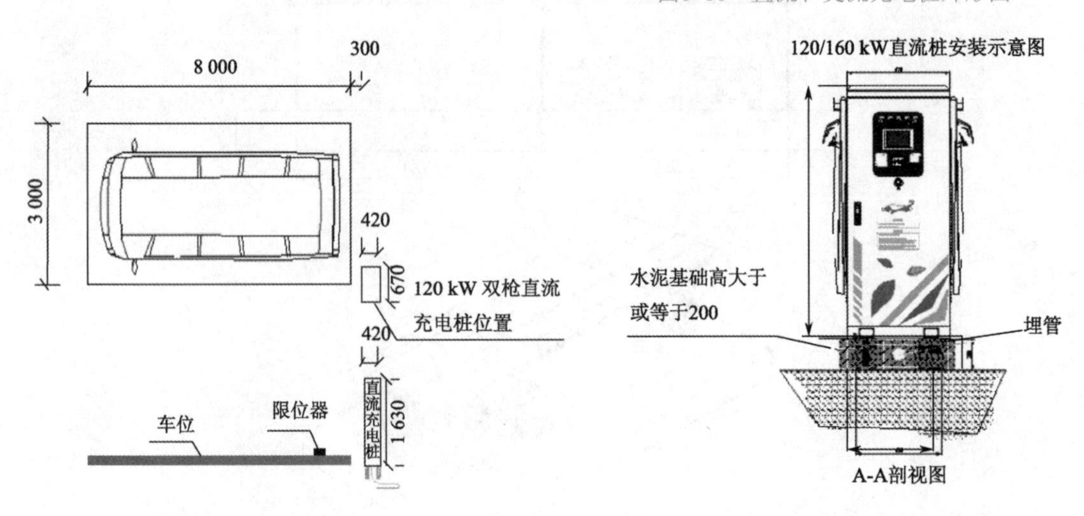

图6-19　充电桩的布置图

图6-20　充电桩的实际效果图

3. 储能系统部分的规划设计

本光储一体化储能系统采用磷酸铁锂电池。储能系统由储能电池组，以及双向储能变流器 PCS、能量管理系统 EMS、电池管理系统 BMS、电气设备、消防系统等组成。主要作用有：削峰填谷，提高电站效率，实现峰谷套利；存储无负荷时光伏所发电量，使光伏自发自用最大化。

1）储能系统的设计依据

根据典型日负荷功率曲线、光伏发电曲线得到的储能系统容量设计依据表如表 6-8 所示。

表6-8　储能系统容量设计依据表

时间	用电时段	每小时光伏平均出力/kW	每小时平均用电负荷/kW	余电上网功率/kW	电价及划分时段/[元/（kW•h）]
0:00—1:00	谷段电价	0.0	158.66	0.0	0.403 9
1:00—2:00	谷段电价	0.0	0.00	0.0	0.403 9
2:00—3:00	谷段电价	0.0	0.00	0.0	0.403 9
3:00—4:00	谷段电价	0.0	0.00	0.0	0.403 9
4:00—5:00	谷段电价	0.0	0.00	0.0	0.403 9
5:00—6:00	谷段电价	0.0	0.00	0.0	0.403 9
6:00—7:00	谷段电价	2.6	0.00	2.6	0.403 9
7:00—8:00	谷段电价	5.2	160.00	0.0	0.403 9
8:00—9:00	平段电价	13.1	201.00	0.0	0.646
9:00—10:00	峰段电价	26.1	52.00	0.0	0.970 8
10:00—11:00	峰段电价	65.3	120.00	0.0	0.970 8
11:00—12:00	峰段电价	104.4	120.00	0.0	0.970 8
12:00—13:00	平段电价	169.7	191.00	0.0	0.646
13:00—14:00	平段电价	130.5	211.00	0.0	0.646
14:00—15:00	平段电价	104.4	90.00	14.4	0.646
15:00—16:00	平段电价	52.2	21.00	31.2	0.646
16:00—17:00	平段电价	39.2	0.00	39.2	0.646
17:00—18:00	峰段电价	13.1	0.00	13.1	0.970 8
18:00—19:00	峰段电价	5.2	0.00	5.2	0.970 8
19:00—20:00	峰段电价	0.0	0.00	0.0	0.970 8
20:00—21:00	峰段电价	0.0	0.00	0.0	0.970 8
21:00—22:00	峰段电价	0.0	0.00	0.0	0.970 8
22:00—23:00	平段电价	0.0	0.00	0.0	0.646
23:00—00:00	谷段电价	0.0	427.46	0.0	0.403 9

储能系统在谷时段 6:00—7:00 充电，优先存入光伏多余的电；储能系统在平时段 14:00—17:00 充电，优先存入光伏多余的电；总存入 87.4 kW · h 光伏多余的电，此时配置 100 kW · h 的储能（DOD=90%），可使光储充整个系统尽可能多的自发自用。

2）储能系统的充放电方案

根据表 6-8 所示的峰平谷电价数据并结合相应的光伏发电量、负荷用电量情况，确定在 23:00—08:00 谷时段，储能系统利用谷电为电池充满电，谷时段充电电量 100 kW · h，在 09:00—12:00 第一次峰时段，储能系统放电，放电量 100 kW · h，可部分补充此时段车棚光伏给充电桩供电；在 12:00—17:00 平时段，储能系统进行第二次充电，主要是储存光伏发电，平时段充电电量 100 kW · h，在 17:00—22:00 第二次峰时段，储能系统放电，放电量 100kW · h。当车棚光伏 + 储能系统放电无法满足需求时，则通过原有市电系统进行补充，储能系统的充放电曲线图如图 6–21 所示。

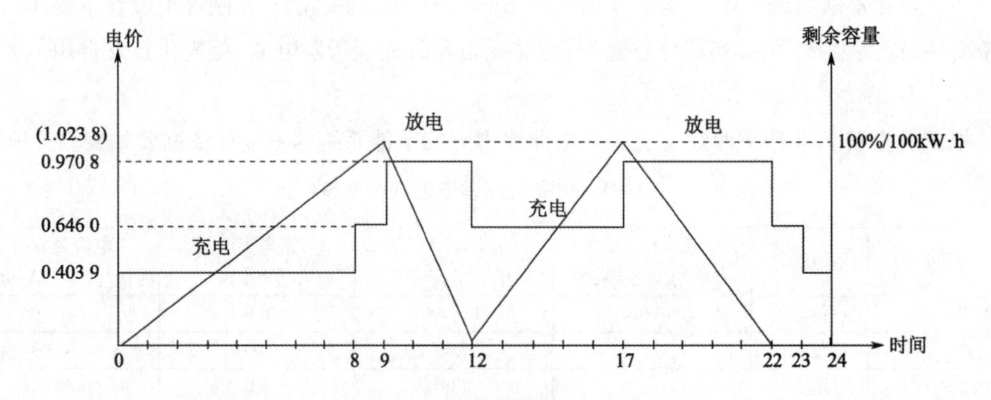

图6–21　储能系统的充放电曲线图

借助储能系统最终得到的光伏系统综合利用效率如表 6–9 所示。

表6–9　光伏系统综合利用效率

年平均每日发电量	光伏年平均每日上网电量	光伏年平均自发自用率
730.80	105.63	85.55%

4. 监控平台的规划设计

智慧能源采集终端采集光伏逆变器、储能并网点电表、充电桩电表的数据，并将数据通过 4G 网络上传至云服务器，并通过登录云平台展示各设备运行情况。具体云平台的组成和结构如图 6–22 所示。

云平台的特点：可远程查询光储充运行信息；平台后期接入速度较快；平台前期开发周期较长；多园区信息可汇总展示，光伏充运行监测部分的功能则有：形象展示光、储、充一次接线原理图；统计光伏电站和各逆变器日、月、年发电量及累计发电量；展示光伏电站和各逆变器实时发电功率及历史发电功率；统计光伏电站日、月、年收益及累计收益；分析光伏发电自用比例；统计储能系统日、月、年充放电量及累计充放电量；展示储能系统实时充放电功率及历史充放电功率；统计储能系统日、月、年收益及累计收益；分析储能系统每月充放电效率；统计充电桩日、月、年用电量及累计用电量；展示充电桩实时用电功率及历史用电功率；统计充电桩日、月、年收益及累计收益；分析充电桩当前使用率情况。

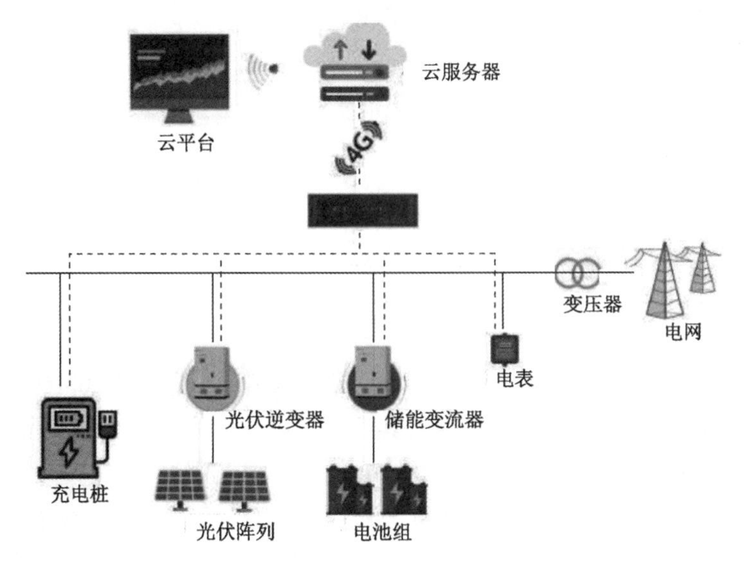

图6-22　监控云平台的组成和结构

5. 收益测算

整个系统的收益测算前置条件如表 6-10 所示。根据光伏发电年均收入 = 光伏容量 × 一年天数 × 日峰值小时数 × 光伏系统效率 × 自发自用率 ×[峰值电价加权值 ×0.3+ 平值电价 ×0.7+ 国家补贴]+ 光伏容量 × 一年天数 × 日峰值小时数 × 光伏系统效率 ×（1- 自发自用率）×（燃煤标杆电价 + 国家补贴）；其中，光伏运营年限用 20 年来计算；储能年均收入 = 电池能量 × 一年天数 × 储能效率 ×DOD×（峰值加权值 - 谷值电价）+ 电池能量 × 一年天数 × 储能效率 ×DOD×（峰值电价加权值 - 燃煤标杆电价）；其中，储能运营年限使用 10 年来计算。峰值电价加权值 =0.75×0.970 8+0.25×1.023 8，得到的收益表如表 6-11 所示。

表6-10　整个系统的收益测算前置条件表

序号	预算成本项目	成本价格
1	光伏（装机容量为）	261 kWp
2	光伏成本/（元/W）	4.00元
3	光伏+车棚成本/（元/W）	6.00元
4	运维成本/（元/W）	0.06元
5	自发自用比例	86%
6	日平均峰值小时数	3.44
7	光伏系统效率	80%
8	加权电价	0.75
9	储能模式	存光伏电量
10	储能使用年限	5
11	储能能量/kW•h	100
12	储能单位能量成本/（元/W•h）	1.80元
13	储能效率	90%
14	DOD	90%

表6-11 收益测算表

投资组合	光伏	光伏+车棚	光伏+储能	光伏+储能+车棚
总投资/万元	104.4	156.6	122.4	174.6
项目内部收益率 Project IRR	10.40%	5.12%	9.67%	4.89%
股本内部收益率 Equity IRR	11.73%	4.40%	10.74%	4.05%
NPV（折现率8%时）	150 853	−262 378	114 499	−298 732
项目回收期	7.42	11.5	7.45	11.54
股本回收期	9.99	14.86	9.3	14.17

本项目的收益主要来自电动汽车充电花费，党政机关、企事业单位和社会公共停车场中设置的充电设施用电，执行“一般工商业及其他”类用电价格，约为 0.87 元 /（kW · h）；电动汽车充换电设施用电，执行峰谷分时电价政策。

电动车在自家之外充电，2015 年 6 月 1 日起，除电费，电动车主在公用充电设施充电将缴纳充电服务费，每千瓦 · 时收费上限标准为当日北京 92 号汽油每升最高零售价的 15%。经营单位可在不超过上限标准情况下，制定具体收费标准。以北京销售相对较好的北汽 E150EV 电动汽车为例（100 km 平均耗电 16 kW · h），比如北京 92 号汽油最高零售价为 6.46 元 /L，百公里花费上限（公用充电设施）16 × 0.87 元 +16 × 6.46 元 × 15%=29.42 元。

习　题

1. 简述带储能装置的用户侧智能微电网系统规划设计的原则。
2. 简述智能微电网规划设计的方法及步骤。
3. 简述并离网型智能微电网系统规划设计的方法。
4. 简述光储充一体化智能微电网系统规划设计的方法和步骤。

第7章 能源互联网

学习目标

（1）了解全球能源发展的现状和挑战；

（2）掌握能源互联网的定义；

（3）掌握能源互联网的层次结构和典型的组成结构；

（4）掌握能源互联网的主要模块的组成、结构和功能；

（5）掌握能源互联网的各组成部分与传统电力供电网络的区别。

本章简介

能源是人类生存与经济发展的物质基础，而传统化石能源大规模开发利用导致的资源短缺、环境污染、气候变化等一系列全球性难题摆在人类面前，清洁能源取代化石能源将是大势所趋，构建能源互联网将是能源发展的必由之路。

7.1 全球能源发展的现状和挑战

能源是经济社会发展的重要物质基础，全球能源发展经历了从薪柴时代到煤炭时代，再到油气时代、电气时代的演变过程，每一次时代变迁，都伴随着生产力的巨大飞跃和人类文明的重大进步。目前，全球能源供应以化石能源为主，然而传统化石能源的大量开发使用导致资源紧张、环境污染、气候变化等问题日益突出，严重威胁人类生存和可持续发展。全球化石能源资源有限，能源资源与能源消费分布不均衡，能源开发越来越向少数国家和地区集中，一些资源匮乏国家能源对外依存度不断提高，能源安全问题十分严峻。未来，随着全球经济增长和世界人口的增加，全球能源需求将持续增长，以化石能源为基础的传统能源发展方式面临巨大挑战，统筹解决能源和环境问题，破解全球经济社会发展瓶颈，已经变得十分紧迫。

7.1.1 全球能源发展的现状

长期以来，全球能源消费需求总量持续增长，能源结构不断调整。19 世纪中叶，人类消耗的能源以薪柴为主，煤炭占比不足 20%。随着工业革命的推进，煤炭比重大幅度上升，到 20 世纪初达到 70%以上。20 世纪以来，随着石油、天然气比重不断上升，煤炭比重快速下降。在经

历二十世纪七八十年代两次全球石油危机之后，石油比重逐步下降，天然气比重不断上升，煤炭比重有所回升。特别是近 20 年，全球能源发生了深刻变革，总体上形成煤炭、石油、天然气三分天下，清洁能源快速发展的新格局。

1. 全球能源资源

截至 2013 年，全球煤炭、石油、天然气剩余探明可采储量分别为 8 915 亿 t、2 382 万 t 和 186 万亿 m^3，折合标准煤共计 1.2 万亿 t，其中煤炭占 52%、石油占 27.8%、天然气占 20.2%。按照目前世界平均开采强度，全球煤炭、石油和天然气分别可开采 113 年、53 年和 55 年。这些化石能源在全球分布很不均衡，煤炭资源 95% 分布在欧洲及欧亚大陆、亚太、北美等地区，石油资源 80% 分布在中东、北美和中南美，天然气资源 70% 以上分布在欧洲及欧亚大陆、中东地区。中国化石能源资源以煤炭为主，石油、天然气等资源相对贫乏，化石能源剩余探明可采储量总计约为 896 亿 t 标准煤，其中煤炭占 91.2%、石油占 3.9%、天然气占 4.9% 储采比分别为 31 年、12 年和 28 年。

2. 全球能源消费

全球能源消费呈现总量和人均能源消费量持续“双增”态势。1965—2013 年，受世界人口增长、工业化、城镇化等诸多因素拉动，全球一次能源年消费总量从 53.8 亿 t 标准煤增长到 181.9 亿 t 标准煤，近 50 年时间增长了 24 倍，年均增长 2.6%。

随着经济持续增长和人们物质生活水平不断提高，改革开放以来中国能源消费量逐年攀升，目前已超过美国成为世界最大的能源消费国。1980—2013 年，中国能源年消费总量由 6.0 亿 t 标准煤增长至 37.5 亿 t 标准煤，年均增长率达 5.5%，为同期世界年均增长水平的 2.8 倍；年人均消费量从 0.6t 标准煤增长到 2.8t 标准煤。

3. 全球能源生产

全球能源的生产总量稳步上升，化石能源逐步增加，清洁能源发展迅猛。目前，从全球来看，石油在化石能源生产中，仍然占据着最重要的地位，其次是煤炭和天然气。1980—2013 年，世界石油年产量从 30.9 亿 t 增至 41.3 亿 t，增长了 33.7%，年均增长 0.9%，中东、非洲在全球石油生产中的地位趋于上升，北美地区趋于下降；天然气年产量从 1.4 万亿 m^3 增长至 3.4 万亿 m^3，增长了 1.3 倍，年均增长 2.6%，欧洲成为世界天然气最主要产区；煤炭年产量从 38.4 亿 t 增长至 79.0 亿 t，增长了 1.1 倍，年均增长 2.3%，亚太地区成为世界煤炭最主要产区。进入 21 世纪以来，太阳能、风能等清洁能源发展迅猛。2000—2013 年，全球风电、光伏发电装机容量分别由 1 793 万 kW、125 万 kW 增长到 3.2 亿 kW、1.4 亿 kW，分别增长了 17 倍和 111 倍，年均增长率分别达到 24.8% 和 43.7%。但由于总体基数小，太阳能、风能等可再生能源比重仍然较低，占全球一次能源供应总量的 2.2%。

4. 全球能源贸易

全球能源贸易总体以化石能源为主，总量稳步增加。化石能源生产和消费分布通常是不均衡的，这时就需要能源资源在全世界范围内优化统筹配置，在全球经济迅猛发展的今天，铁路、海运、油气管网等能源运输网络逐步建立并完善，这使得跨国跨洲的能源贸易流量逐渐增大。2013 年，全球化石能源跨国跨洲流动规模达到 63 亿 t 标准煤，其中石油、天然气和煤炭分别占 63%、22% 和 15%。目前，石油仍然是全球能源贸易量最大的能源品种，2013 年，中东地区和俄罗斯石油产量合计占全球总量的 45%，而其石油消费量占全球消费总量的 12.9%。与此相反，北美、欧洲和亚太地区石油产量合计占全球总产量的 35.8%，而其消费量却占全球消费总量的 75.6%。

当前，全球能源生产与消费结构仍然是以化石能源为主，清洁能源为辅。由于能源分布不均衡，能源供需分离程度不断加深，全球能源贸易规模不断扩大。

7.1.2 全球能源发展的挑战

1. 能源供应面临挑战

在全球经济发展的带动下，世界能源消费总量从 1965 年的 53.8 亿 t 标准煤增加到 2013 年的 181.9 亿 t 标准煤，增长 2.4 倍。未来，世界能源消费量仍将保持增长态势。

能源供应成本是影响能源发展的重要经济因素，目前化石能源与清洁能源供应成本总体呈现出“一升一降”的趋势。化石能源开采成本逐渐增长，清洁能源开发成本逐步下降，但仍处于高位。未来需要进一步提高清洁能源的经济性，使其具备市场竞争能力，才能真正实现清洁能源对化石能源的大规模替代。

2. 能源环境面临挑战

化石能源燃烧是全球温室气体排放的主要来源。能源活动在当前及今后较长时期依然是影响温室气体排放的决定性因素。温室气体排放带来的温室效应，对人类生存发展构成了四大威胁，包括陆地面积缩减、大量物种灭绝、威胁食物供应、危害人类健康。

化石能源燃烧排放大量的烟尘等污染物，导致雾霾频发，严重危害人类的身体健康。自工业革命以来，以氮氧化物、碳氢化合物及二次污染物形成的细粒子污染为特征的复合型污染在大多数发达国家和部分发展中国家已经出现，导致大气能见度日趋下降，雾霾天数增加，人类健康受到威胁。大量化石能源在开采、运输、使用的各环节对水质、土壤、大气等自然生态环境造成严重的污染和破坏。

3. 能源配置面临挑战

全球化石能源配置具有总量大、环节多、输送距离远等特征。现有海运、铁路、公路等。传统化石能源运输方式通常链条长、效率低，需要几种运输方式相互衔接才能完成整个能源运输过程，在能源输送过程中易受外界因素影响。

世界能源向清洁化发展，电能远距离、大范围配置的重要性将越来越凸显，但现有电力配置能力明显不足。为应对全球能源总量供应及能源环境的挑战，大力发展清洁能源势在必行，世界能源结构正在经历从化石能源为主向清洁能源为主转变。随之而来的，世界能源配置需求也将从目前的化石能源为主逐步转变为清洁能源为主。为适应清洁能源大规

模开发的需要，应加快构建全球电力高效配置平台。随着清洁能源的大规模开发，必将形成以电力为主导的能源配置格局，亟待建立以清洁能源为主导、以电为中心、更高电压等级、更大输电容量、更远距离的全球能源配置网络平台，以满足清洁能源的大规模、远距离配置的需要。

4. 能源效率面临挑战

目前，无论是化石能源，还是清洁能源，其开发、配置、利用效率仍不够高，有很大的提升空间。

开发环节存在资源开发利用率低、能源转换效率低的问题。化石能源配置环节多、配置效率不高。化石能源除了部分直接作为终端能源使用外，还有相当一部分煤炭、天然气，甚至燃油用于发电。这部分化石能源要经过多个环节输送至电厂，中间环节多，由此造成的能源损耗大。使用环节，能源利用效率低，电能占终端能源消费比重低。提高电能在终端能源消费中的比重，可以增加经济产出，提高全社会整体能效。

总体来看，世界能源发展在资源、环境、配置和效率等方面都面临重大挑战。特别是化石能源大规模的开发利用，带来大气污染、气候变化、资源枯竭等一系列问题，同时清洁能源发展依然面临成本高、效率低和远距离配置困难等现实难题。为应对挑战，需要大力推进能源革命，推动世界能源安全、高效、清洁、可持续发展。

7.2 能源互联网概述

7.2.1 能源互联网的定义及特点

1. 能源互联网的定义

能源互联网（Energy Internet；Internet of Energy）在于构造一种能源体系使得能源能像Internet中的信息一样，任何合法主体都能够自由地接入和分享。从控制角度看，在于通过信息和能源融合，实现信息主导、精准控制的能源体系。

——清华信息科学与技术国家实验室（筹）公共平台与技术部主任　曹军威

能源互联网：大幅提升能源产生和消费的效率，最终形成能源交易、能源资产交易两个市场。

——远景能源 CEO　张雷

从技术角度来说，能源互联网可定义为：以互联网及物联网方式，通过对能源的取材、转换、输配、存储、交易、使用等与能量及信息相关因素的采集调控、互联互通和耦合互补，实现能源利用的安全、清洁、经济、便利、高效和可持续发展。可以预见，一个未来可持续发展的经济模式蓝图如图 7-1 所示，即利用分布式新能源技术，全球数以亿计的人们将在自己家里、办公室里、工厂里生产出自己的绿色能源，并在能源互联网上与大家分享，这就好像在网上发布、分享消息一样便捷，现有的能源体系和结构将被能源互联网所替代。

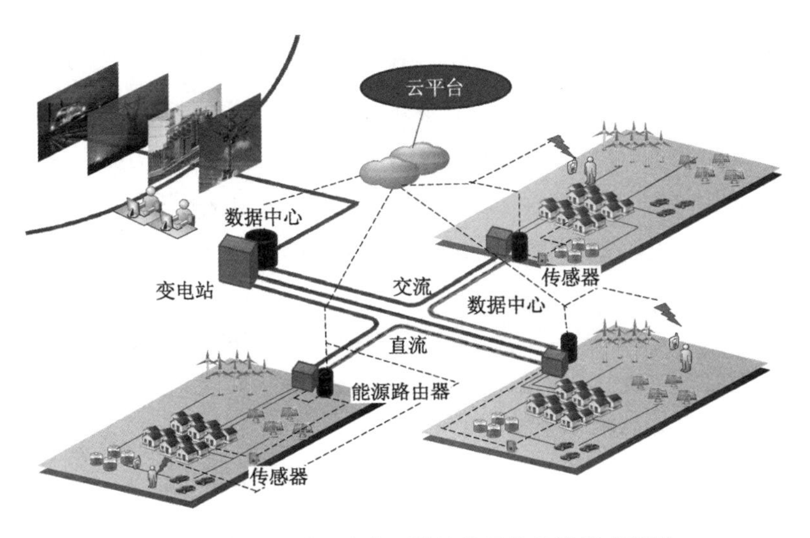

图7-1　能源互联网未来可持续发展的经济模式蓝图

2. 能源互联网形成的基础

信息通信技术是能源互联网形成的必要条件。能源互联网通过整合运行数据、天气数据、气象数据、电网数据、电力市场数据等，进行大数据分析、负荷预测、发电预测、机器学习，打通并优化能源生产和能源消费端的运作效率，使得需求和供应将可以进行动态调整。能源互联网涉及的技术如图 7-2 所示。

图7-2　能源互联网涉及的技术

连接生产和消费端的数百亿设备和组件是能源互联网形成的充分条件。能源互联网用先进的传感器、控制和软件应用程序，将能源生产端、能源传输端、能源消费端的数以亿计的设备、机器、系统连接起来，形成了能源互联网的“物联基础”。智能发电、用电、储电设备，最终都将接入网络，借助信息流，形成自我对话。

（1）可靠性高：能源互联网电力供应的可靠性极高，极少断电。

（2）稳定性强：即使在新能源大规模接入的条件下，也能保证电力高质量的稳定供应。

（3）安全：使用信息符合规定，无法被入侵，无论是从物理上还是网络上都无法侵入。

（4）自适应性强：能够与各种混合能源资源一同运作，通过本地层面的决策就能够实现自愈。

（5）经济效益好：通过监控和传感提高资产效用，减少不必要冗余。

（6）智能化程度高：利用大数据、云计算和智能技术，实现系统和设备的智能控制，并能够实现跨系统和跨设备的分享和控制。

7.2.2 能源互联网的层次、结构和主要模块

1. 能源互联网的层次

能源互联网和物联网一样也可以分为四个层次，分别是设备层、通信层、数据层和应用层。图 7-3 所示为华为 AMI 方案。

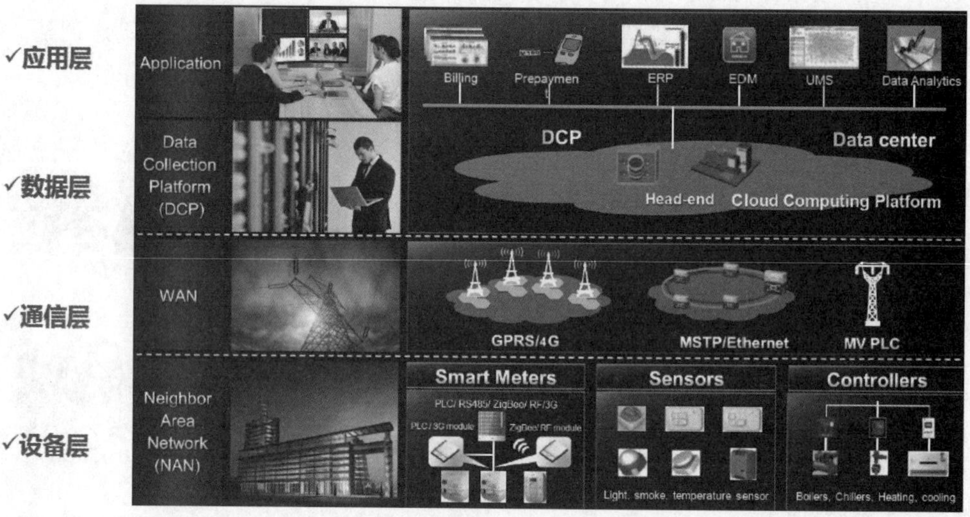

图7-3 华为AMI方案

2. 能源互联网的典型结构

能源互联网的典型结构如图 7-4 所示。

在能源互联网的典型结构中能源互联网由分布式发电或智能发电、发电侧及用电侧储能、能源路由器、通信网络、智能配电和智能微电网、能源管理系统、智能用电终端、数据存储、数据分析及数据挖掘等相关软硬件设备构成。

3. 能源互联网的主要组成模块

能源互联网的主要组成模块如图 7-5 所示。

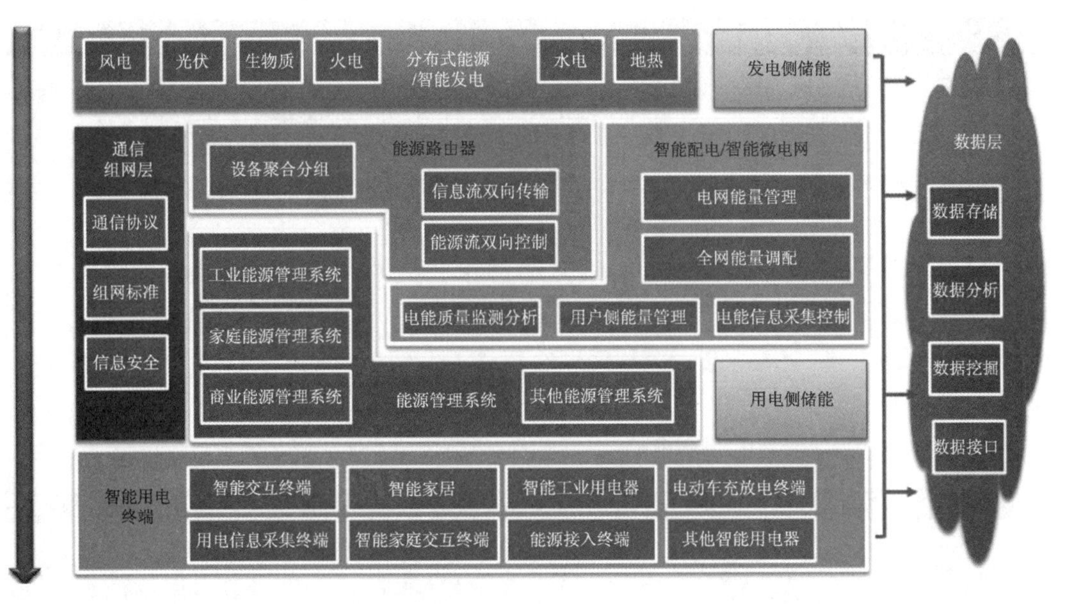

图7-4　能源互联网的典型结构

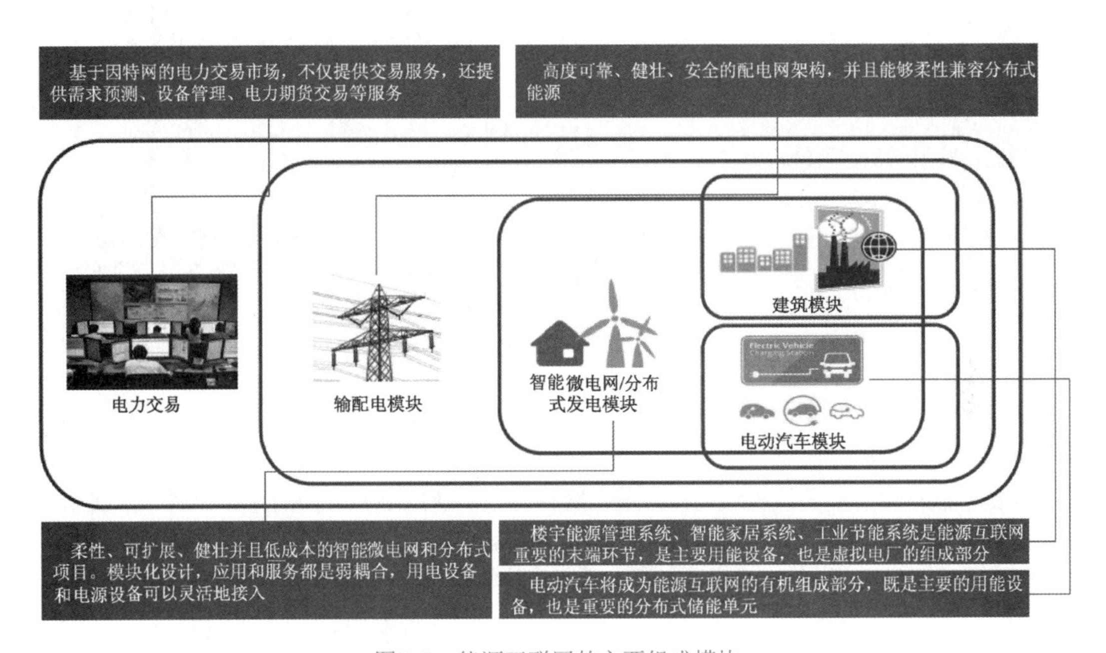

图7-5　能源互联网的主要组成模块

1）发电模块

能源互联网中发电模块与传统发电系统的差异如图 7-6 所示。

2）输配电模块

能源互联网中输配电模块与传统配电网中的输配电模块的差异如图 7-7 所示。

在能源互联网中引入了虚拟发电厂技术（Virtual Power Plants，VPP）即通过分布式电力管理系统将配电网中分散安装的清洁电源、可控负荷和储能系统合并作为一个特别的电厂参与电网运行。像实体电站一样编制交易计划、确定市场价格、实现实时市场交易。

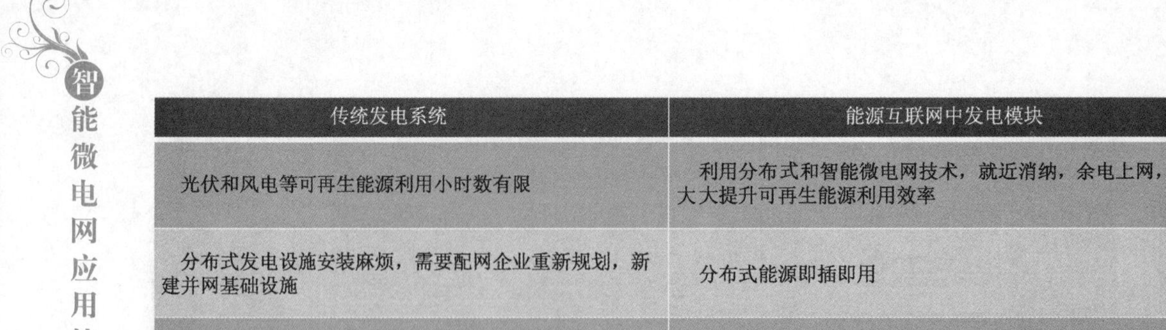

传统发电系统	能源互联网中发电模块
光伏和风电等可再生能源利用小时数有限	利用分布式和智能微电网技术，就近消纳，余电上网，大大提升可再生能源利用效率
分布式发电设施安装麻烦，需要配网企业重新规划，新建并网基础设施	分布式能源即插即用
维护保养困难，不能及时了解设备运行情况	设备状态在线监测，故障预警，自愈，确保设备可用性
峰谷用电需求差异巨大，严重影响发电资产经济性和安全性	通过需求侧管理和预测，平缓波峰波谷，燃气轮机及时启停，减少煤电和核电基础负荷

图7-6　能源互联网中发电模块与传统发电系统的差异

传统配电网中的输配电模块	能源互联网中输配电模块
只能监控一次变电所，无法监控低压变电所	监控电网中所有输配电设备，并且在新能源大规模接入的情况下也能保证电力质量
非直接的故障侦查，模糊的故障定位	广泛运用传感器和建立在ICT技术基础上的控制系统，能够快速发现故障，并实现精确定位和自动修复
固定模式的需求预测和发电调度	更详细的实时用电信息，甚至预测，实现适应发电端的电力消费（需求侧管理）
非受控的分布式电源接入； 对于智能微电网：有不同接口类型的分布式电源的智能微电网在进入孤岛运行模式时，系统很难维持电压和频率的稳定，难以做到即插即用	能够提供系统服务的逆变器或变流器（如无功补偿） 对于智能微电网：在大电网突然失效的情况下能够实现独立运作，并且在大比例接入可再生能源的情况下也能确保电力质量

图7-7　能源互联网中输配电模块与传统配电网中的输配电模块的差异

备注：ICT技术是信息、通信和技术三个英文单词的词头组合（Information Communications Technology，ICT），它是信息技术与通信技术相融合而形成的一个新的概念和新的技术领域。

3）智能建筑模块

能源互联网中智能建筑模块与传统配电网在与智能建筑融合方面的差异如图 7-8 所示。

传统配电网的智能建筑模块	能源互联网中智能建筑模块
大部分现有建筑，以及建筑内的现有设备难以连接或者使用先进ICT技术实现楼宇自动化	利用开放共享的ICT技术和接口可扩展的智能硬件，实现现有楼宇整体和各子系统的自动化和智能化
楼宇管理系统（BMS）和常规通信服务（电话、互联网）基础设施割裂	将楼宇管理系统（BMS）和其他ICT基础设施和服务融为一体，以减少基础设施的投资，实现规模经济。更重要的是，同ICT基础设施一体化的BMS系统能够提供更多的数据，实现更有效率的服务
楼宇管理系统（BMS）的设计、装配和维护都十分复杂，需要非常专业的知识才能操作	BMS能够实现自组态、自管理的目标。并且系统可扩展，方便更新和维护
普遍采用脆弱（不够强壮）、集中式的、难于扩展的、非智能的楼宇能源优化解决方案	最少化人工编程，集中和离散相结合的、面向对象和应用的、方案可扩展的、自适应的能源管理系统

图7-8　能源互联网智能建筑模块与传统电网在智能建筑融合方面的差异

备注：楼宇管理系统BMS（Building Management System）是针对楼宇内各种机电设备进行集中管理和监控的综合系统。

楼宇自动控制系统主要包括空调新风机组、送排风机、集水坑与排水泵、电梯、变配电、照明等。在整个楼宇范围内，通过整套楼宇自动控制系统及其内置最优化控制程序和预设时间程序，对所有机电设备进行集中管理和监控。在满足控制要求的前提下，实现全面节能，用控制器的控制功能代替日常运行维护的工作，大大减少日常的工作量，减少由于维护人员的工作失误而造成的设备失控或设备损坏。

与能源互联网相连的智能建筑中的消费端将前所未有地同生产端直接互连，从被动的信息接收到主动的控制和参与，电网将不仅仅是能源传输的网络，更是信息网络和控制网络，电网直接控制家用电器将成为现实，智能建筑将是能源互联网最具有想象力的部分。

4）电动汽车模块

电动汽车（Electric Vehicle，EV）是装备有代替了发动机的电动机和电池、车载充电器、蓄电池、控制装置等，用充电电池的电力代替汽油驱动的汽车。EV在未来的大量接入会给电力系统带来严峻挑战。EV既可以作为电力系统的负荷，又可以作为储能设备或分布式电源设备，如果能正确处理EV同电网的关系，可成为辅助电网运行的积极参与者，但如果不能，EV就将成为能源发展的瓶颈。在能源互联网中，EV将通过同电网的交互（V2G）、同家庭的交互（V2H2G）、同社区的交互（V2C）等方式和手段来积极主动参与能源的存储与交互。因此，在能源互联网中的电动汽车将成为电网安全的贡献者，而不像传统电网一样成为电网安全的挑战者。电动汽车模块在能源互联网和在传统配电网中的差异如图7-9所示。

传统配电网中电动汽车模块	能源互联网中电动汽车模块
基础设施缺乏，并且通用性差，服务提供主体单一	基础设施广泛存在，同其他基础设施完美融合，通用性佳，服务主体多元化
电动汽车价值链上的不同参与者之间缺乏互动，商业模式单一	通用的ICT平台打造电动汽车价值链参与者之间的强关系和强互动，商业模式消费电子化
仅仅作为交通工具，大规模推广会威胁电网安全	同电力系统完美融合，成为能源互联网的核心之一，发挥多元作用

图7-9　电动汽车模块在能源互联网与传统配电网中的差异

5）电力市场

能源互联网时代的电力交易将是“互联网＋期货＋信用＋批发＋零售＋碳交易”等等。能源在互联网中将实行差异化定价、个性化定价，这样的机制将使得能源互联网中的用户通过能源资源的合理配置能达到用电免费、省电赚钱的目的。

能源互联网中的电力市场与传统电力市场的差异如图7-10所示。

在能源互联网中，电力市场通过电力交易的现货市场、期货市场和信用市场，实现“电力交易＋互联网金融”“电力交易＋资产管理”“电力交易＋碳金融”，使得电力价格可以按照使用时间、使用地点、电力来源、用户属性、使用习惯等要求来个性化制订，真正实现电力市场的市场化，还原电力的商品属性，同时与互联网模式的结合，将使得电力市场的商业模式更为多元、自由、有趣。

传统电力市场	能源互联网中的电力市场
大部分电力市场参与者都无法直接并且即时地了解电力市场的相关信息	所有参与者（包括用户）都能够即时获得有外延的电力市场信息
电力市场缺乏交易工具、交易模式和衍生产品，交易的商品仅仅是电量，并且交易量的颗粒度较大	先进的ICT技术应用，将使电力市场的交易如证券市场一样多元化，当然这是在确保交易的即时、可靠、安全的基础上进行的

图7-10　能源互联网中的电力市场与传统电力市场的差异

7.3　能源互联网应用案例

7.3.1　北京市延庆区智能微电网示范工程

1. 项目背景

北京市延庆区是国家绿色能源示范区、北京市新能源和可再生能源示范区、北京市循环经济试点区。延庆区境内有效风能储量 5 832 MJ/（m²• 年），太阳能辐射总量 5 600 ~ 6 000 MJ/（m²• 年），生物质能资源量 37 万 t，拥有丰富的风能、太阳能、生物质能等绿色可再生资源，新能源发电潜力巨大，并且现有新能源产业孵化园智能微电网群（29 个智能微电网群，群内拥有多种新能源形式的分布式发电项目），随着分布式可再生能源的大量并网，以智能微电网为核心的能源互联网已成为历史发展的必然选择。北京市延庆区智能微电网示范工程场景如图 7-11 所示。

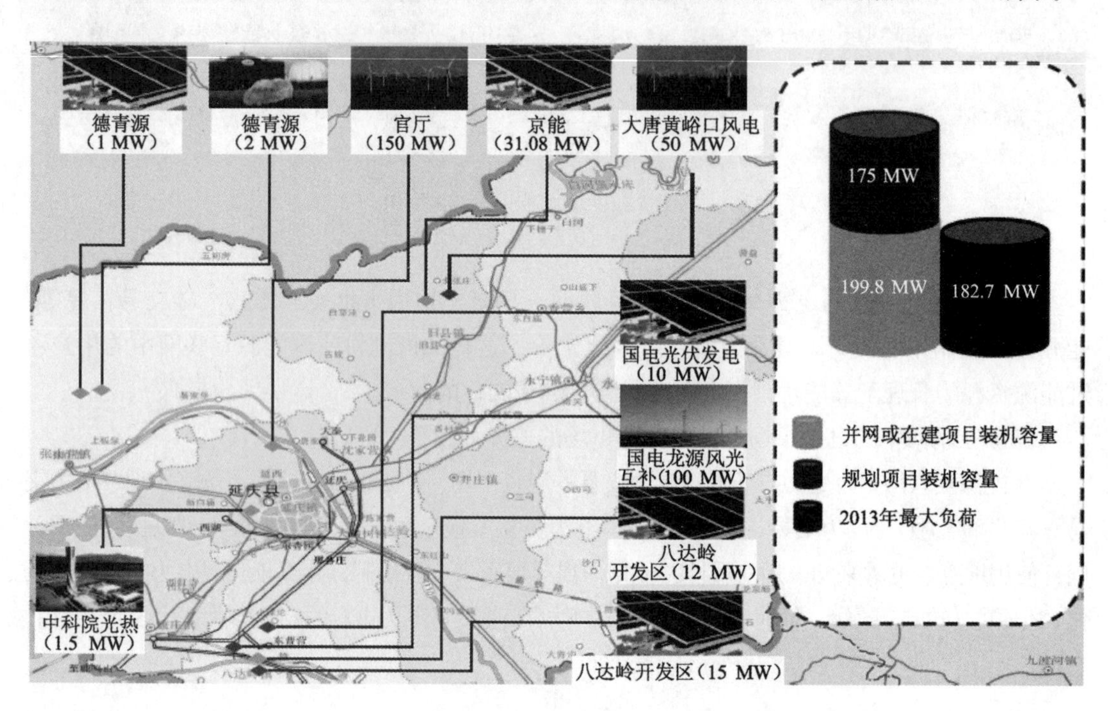

图7-11　北京市延庆区智能微电网示范工程场景

北京市延庆区现有配电网络结构不满足高渗透率分布式能源配送需求，能源生产与消费时空不匹配，缺乏优化配置的手段，并且相关能源生产与消费的政策有待完善。

为适应能源供需格局的新变化，国家电网公司启动了智能微电网创新示范基地建设，提出总体思路：突出社会广泛的参与，突出前沿技术的融合，突出示范和展示的效果，瞄准未来十年电网发展方向，着重推动清洁能源、分布式电源的开发应用，着重探索智慧服务模式，建设能源优化配置网络和智慧公共服务网络，实现能源的互联与服务的互动，示范城市“能源互联网”，推动能源开发、配置、消费方式的变革和生产生活方式的改变。其建设目标规划图如图 7-12 所示。

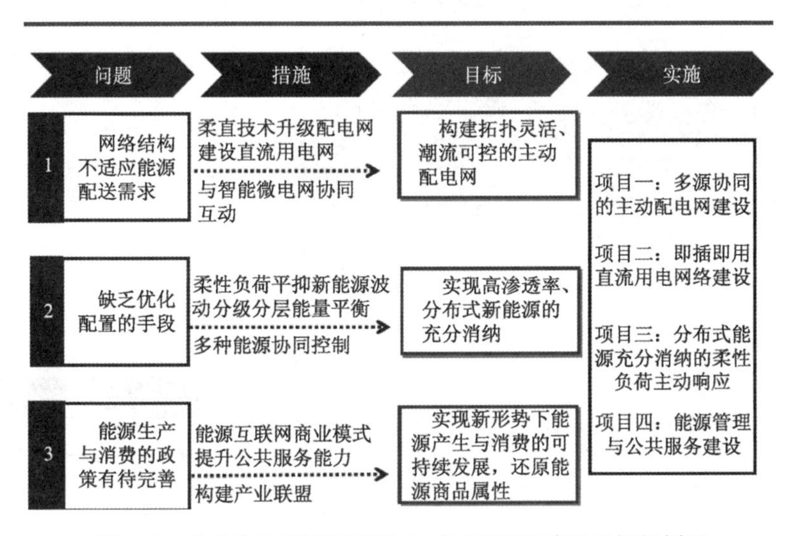

图7-12　北京市延庆区智能微电网示范工程建设目标规划图

2. 总体方案

总体方案是分期建设，最后形成一个由多源协同的主动配电网和即插即用直流用电网络所构成的，并能满足分布式能源充分消纳的柔性及负荷主动响应的能源管理与公共服务平台的能源互联网。其总体方案图如图 7-13 所示。

3. 具体实施

1）项目一：多源协同的主动配电网建设

（1）整体规划。利用柔直技术升级改造配电网，构建拓扑灵活、潮流可控的主动配电网，支持分布式能源的灵活接入，实现与智能微电网的协同互动，提升能量传输网络的优化配置能力。提高分布式能源的消纳能力，提高用户的电能质量和供电可靠性，提高配网设备利用率。一期建设内容规划图如图 7-14 所示。

（2）主动配电网与智能微电网的协同优化。智能微电网位于开发区内的北京新能源产业孵化园，包括 2.1 MW 屋顶光伏、2.5 MW 储能、小风电示范、电动汽车充电示范、智能用电、园区高速通信、智能微电网控制与能量管理系统等。主动配电网与智能微电网的协同优化平台的整体架构图如图 7-15 所示。

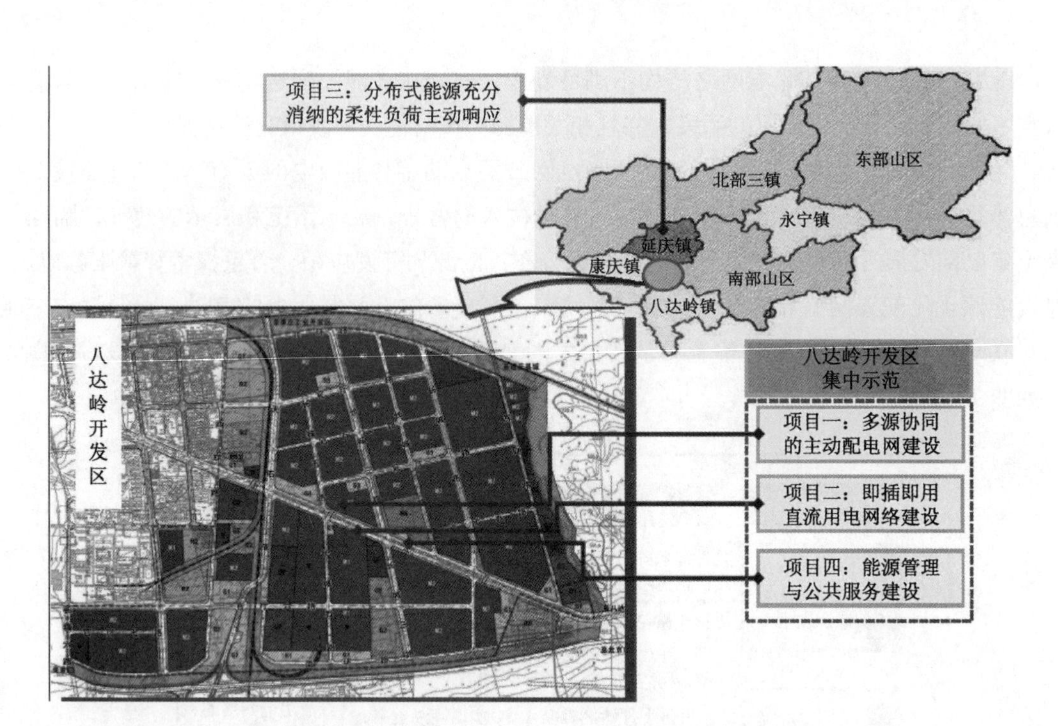

图7-13　北京市延庆区智能微电网示范工程总体方案图

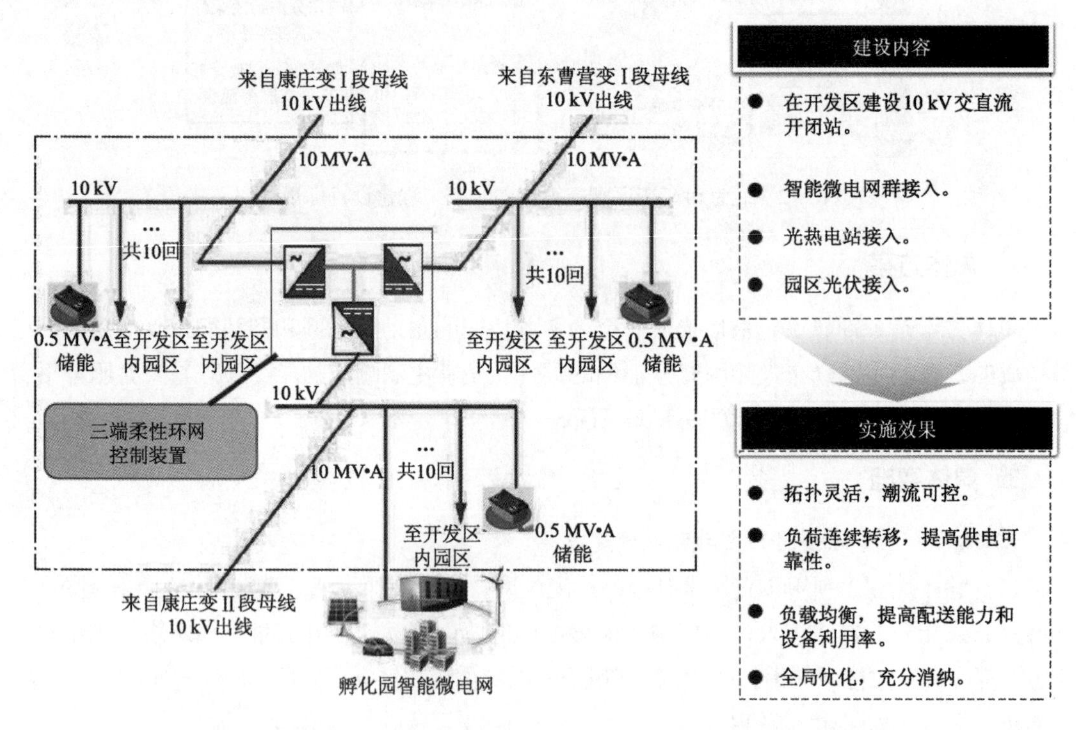

图7-14　北京市延庆区智能微电网示范工程一期建设内容规划图

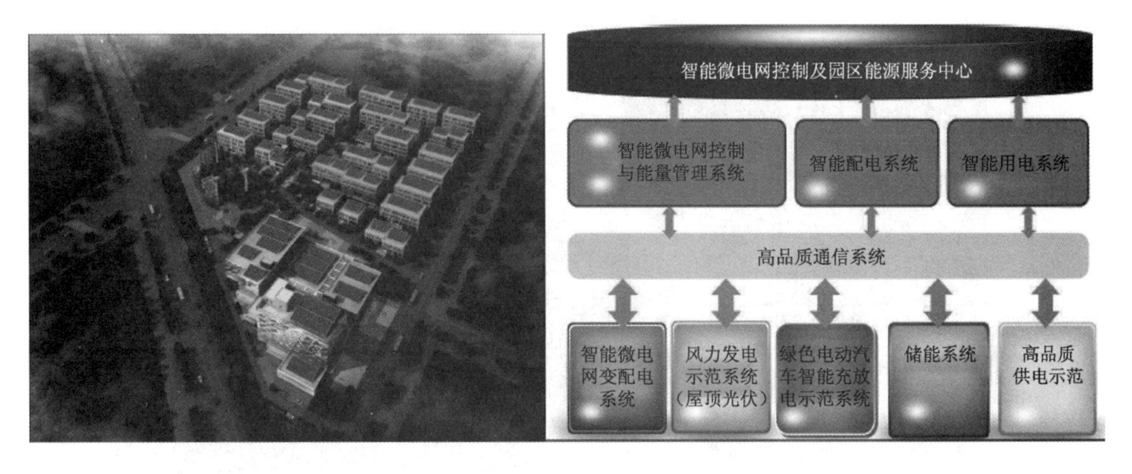

图7-15 主动配电网与智能微电网的协同优化平台的整体架构图

该协同优化平台能将智能微电网接入主动配电网，实现能量双向流动、信息广泛互联、用户充分互动、多方合作共赢。平台协同优化的效果图如图 7-16 所示。

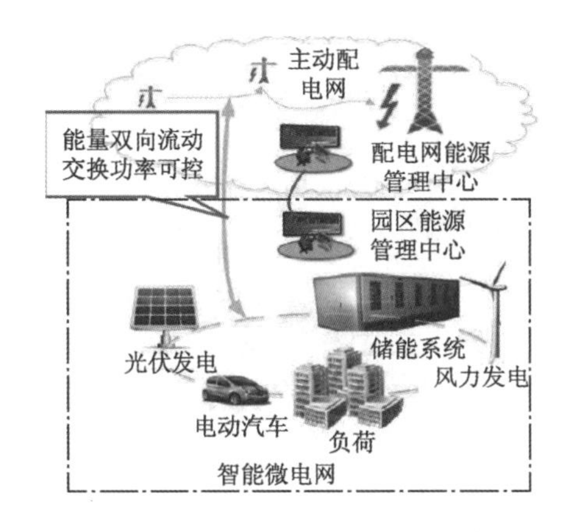

- 2.5 MW储能，支援主动配电网消纳新能源。
- 主动配电网从全局角度确定全网能量分配，将智能微电网作为柔性负荷，设定其交换功率。
- 智能微电网作为多能源综合利用的自治系统，进行内部调节，满足与主动配电网接口的交换功率要求。
- 通过互动，实现能量相互支援、合作共赢。

图7-16 平台协同优化的效果图

2）项目二：即插即用直流用电网络建设

建设直流用电网络，支持直流负荷和电源的即插即用，简化用能转换环节，降低能量损耗，减少设备投入，实现高效直流用电。

通过充、放、发、储“四位一体”直流用电网络示范，探索电动汽车、分布式能源、储能、配电网的协调发展模式，实现新能源汽车绿色充电，实现光伏等分布式能源的高效消纳，实现退运电池的价值延伸，提高直流用电网络的综合运营效益。即插即用直流用电网络的规划图如图 7-17 所示。

3）项目三：分布式能源充分消纳的柔性负荷主动响应

利用用户侧可控资源的响应能力，通过多种能源协同控制，平抑新能源波动，实现示范区高渗透率分布式新能源的充分消纳。工程三期规划和实施效果图如图 7-18 所示。

图7-17　即插即用直流用电网络的规划图

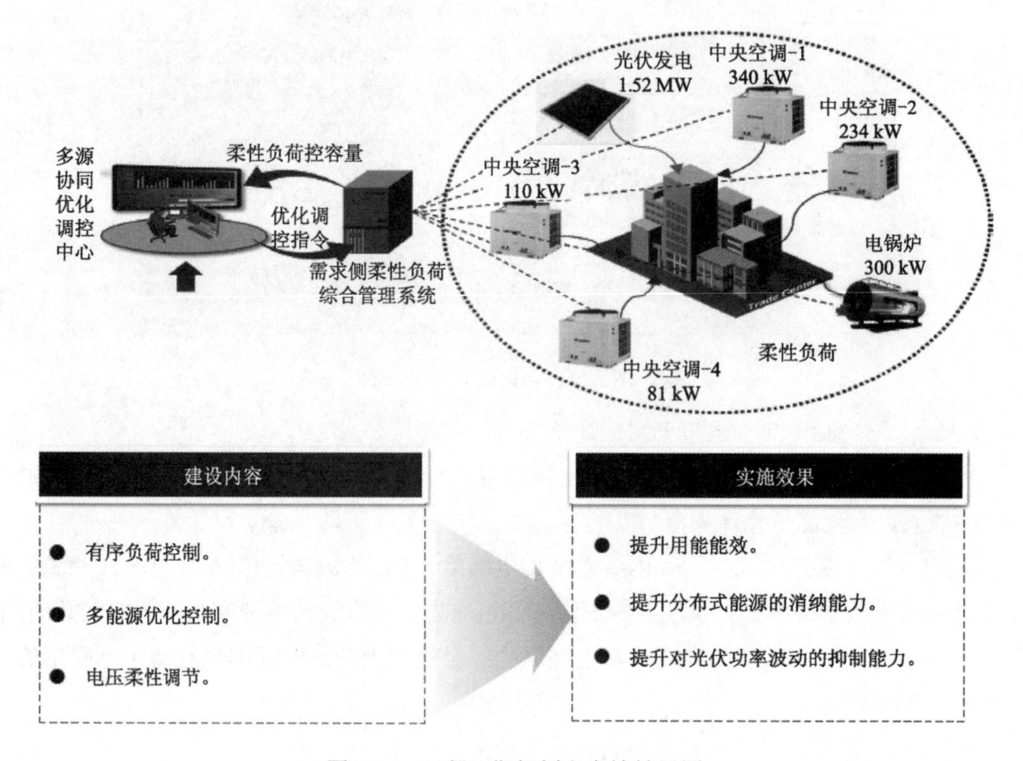

图7-18　工程三期规划和实施效果图

4）项目四：能源管理与公共服务建设

构建基于能源大数据平台的能源管理中心，通过“区域自治、全局优化”，实现能量的分层分级平衡；利用大数据技术，提供分布式能源预测、用户用能行为分析等公共服务。工程四期规划和效果图如图 7-19 所示。

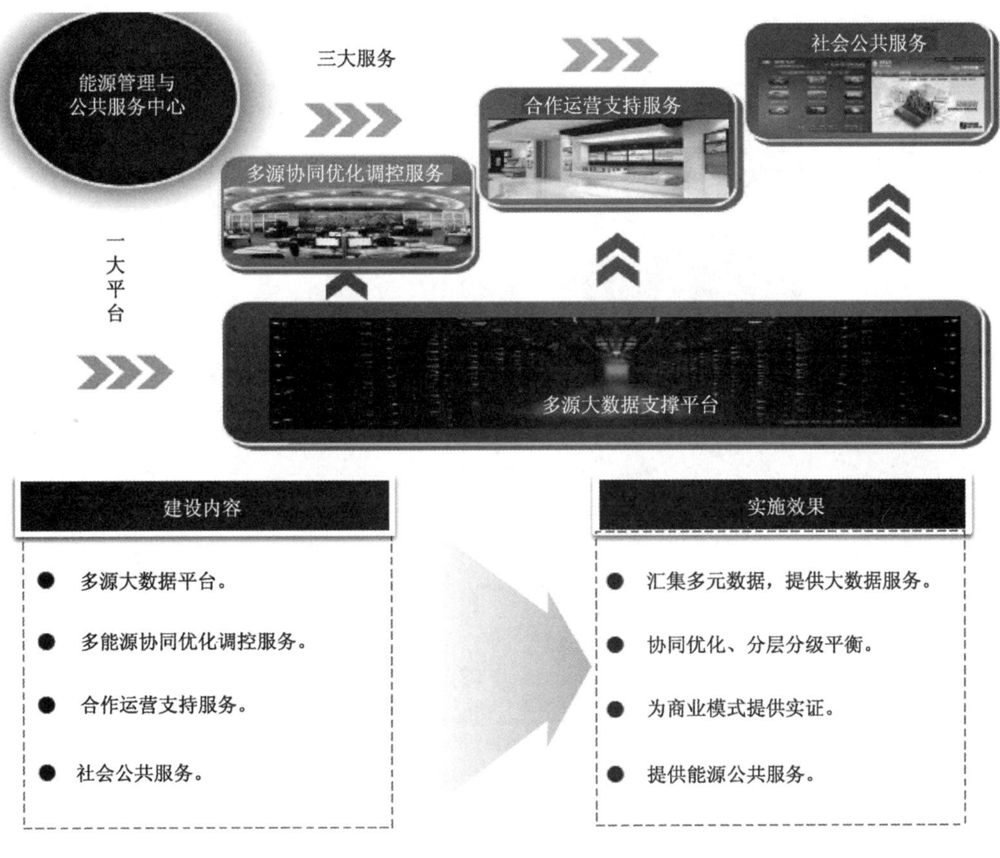

图7-19　工程四期规划和效果图

图 7-20 至图 7-24 为能源互联网多种形式的应用架构图。

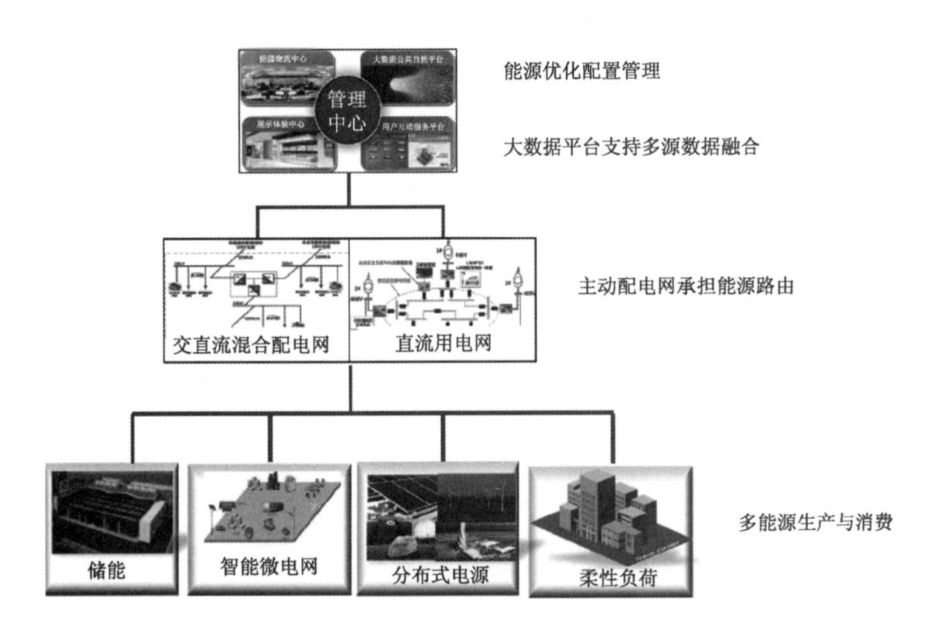

图7-20　能源互联网应用架构图一

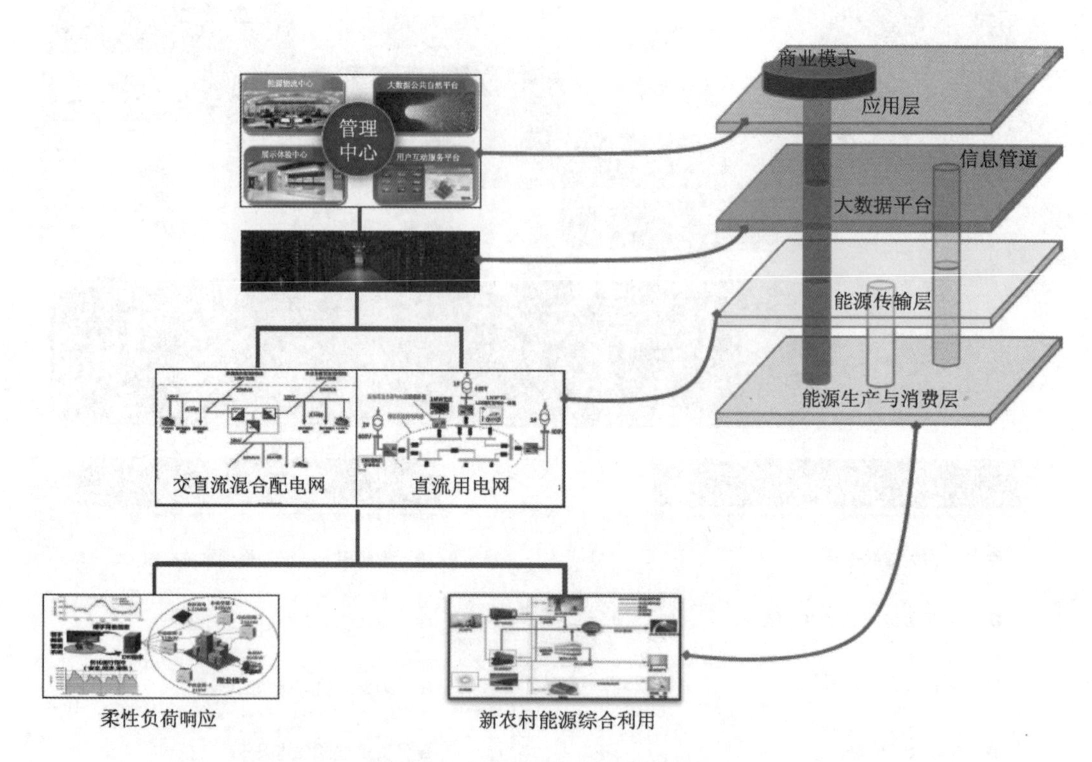

图7-21　能源互联网应用架构图二

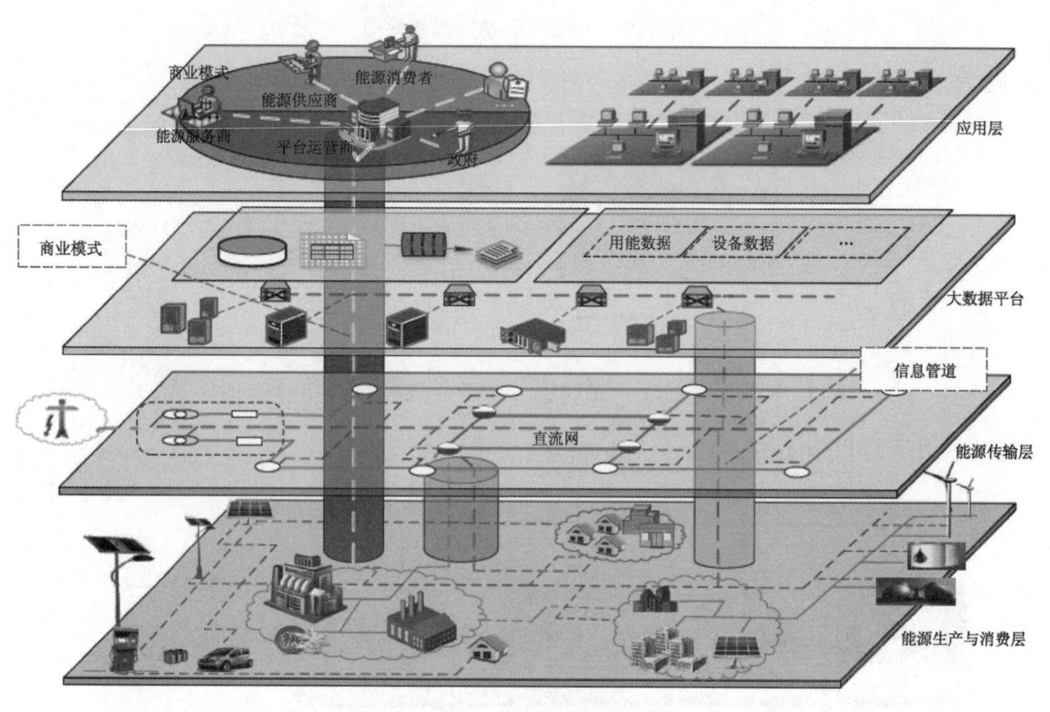

图7-22　能源互联网应用架构图三

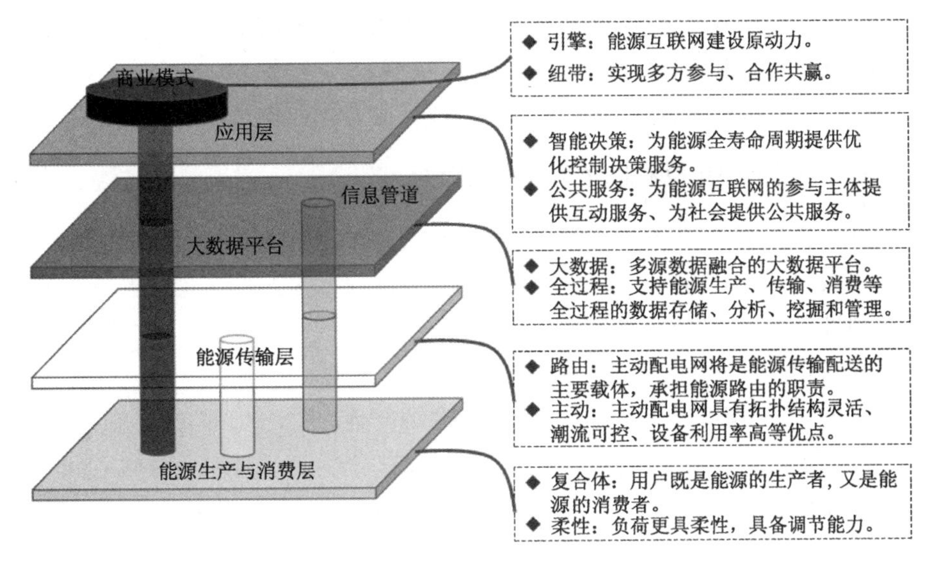

图7-23　能源互联网应用架构图四

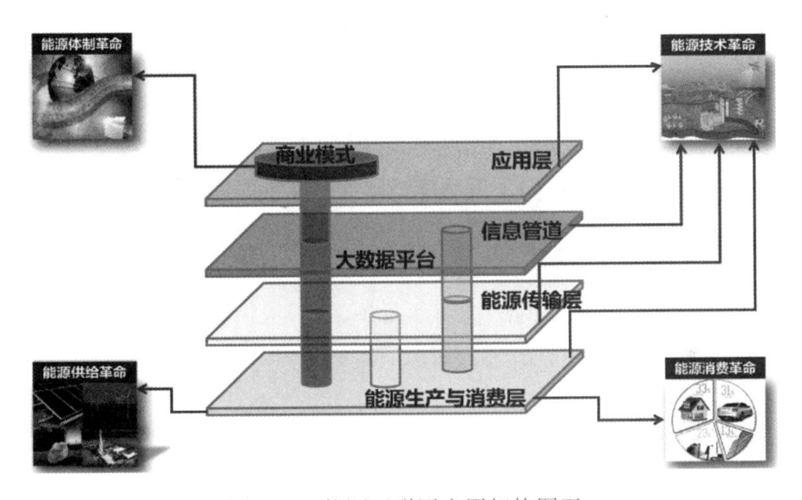

图7-24　能源互联网应用架构图五

7.3.2　多能互补智能微电网社区示范项目

1. 项目背景

目前光伏发电存在以下不足：

(1) 有光即可供电，可以无处不在，但是能量密度较低。

(2) 光照不连续且不稳定。

(3) 光伏转换效率偏低且为直流，光伏电站要占用大量土地面积。

除上述不足外，光伏发电还需要解决以下问题：

(1) 使光伏电力稳定且可交流供电。

(2) 使断续的光伏电力，连续供电不间断。

（3）提高光伏利用率，提高转换效率，降低发电到用电之间的损耗。

（4）减少光伏发电组件的有效占地面积。

（5）减少发电到用电过程的投资，降低利用光伏电力的成本。

2. 多能互补智能微电网社区示范项目的特点

使用基于直流平衡调配的发电直供与共享技术、交流调配共享输电供电技术、群组共享组网技术（解决独立自治和共享调配的智能控制技术）来建立一个具备以下特征的社区智能微电网示范项目。

（1）由负荷和分布式电源共同组成，可同时提供电和热。

（2）内部的电源主要由电力电子器件负责能量的转换，并提供必需的控制。

（3）智能微电网相对于外部大电网表现为单一的受控单元，并可同时满足用户对电能质量和供电安全等的要求。

（4）即发即用、就近消纳、受控馈电、直流调配、光伏直供，并具备电能调控管理（提高经济性）。

3. 多能互补智能微电网示范项目研究的内容

通过建立 100 户智能光伏智能微电网子示范系统组合成 MW 级多能互补分布式智能微电网示范系统来研究新型智能微电网拓扑结构、可再生能源功率预测技术、储能系统平滑光伏输出功率波动的机理与策略、智能微电网智能监控等技术。

4. 智能微电网示范项目的结构

多能互补智能微电网示范项目的结构图如图 7-25 所示。主体结构是通过建立多个局域的子智能微电网系统来组合成一个较大的智能微电网系统。

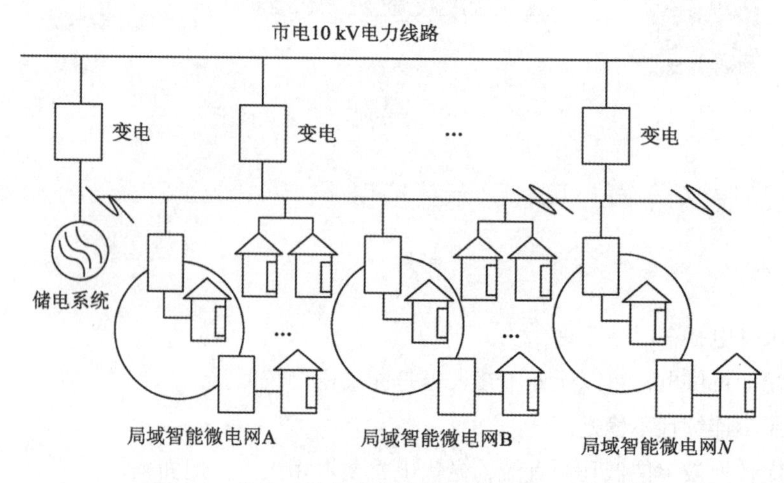

图7-25　多能互补智能微电网示范项目的结构图

智能微电网示范项目内部的局域智能微电网结构图如图 7-26 所示。

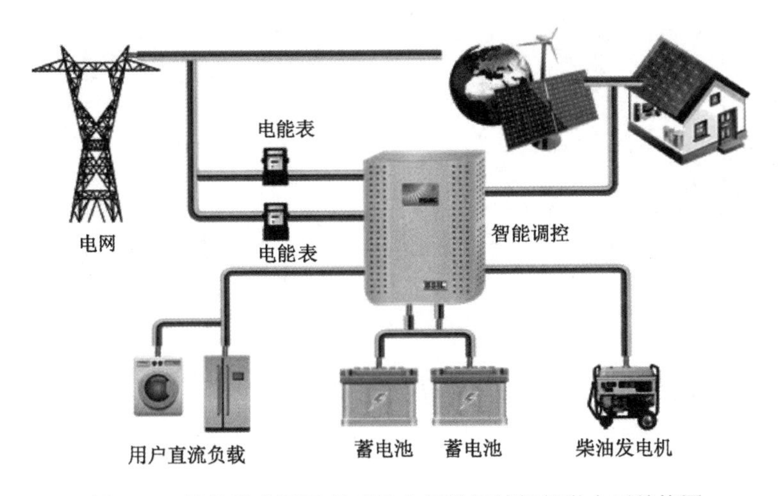

图7-26　智能微电网示范项目内部的局域智能微电网结构图

该局域智能微电网中光伏发电输出的电力可直接给蓄电池充电或与蓄电池并联经逆变后一起给负载供电，或经智能调控设备后与市电交流电一起给负载供电，不需要加装并网逆变器，大大提高了资源利用率，减少了充放电及电力转换次数，增加了系统整体效率。

习　　题

1. 全球能源面临的挑战有哪些？
2. 能源互联网的定义是什么？
3. 构建能源互联网有何意义？
4. 能源互联网的基本架构包含了哪几部分？
5. 构造能源互联网需要哪些充分必要条件？

智能微电网应用案例

附录A 新大陆智能微电网应用实训系统

1. 系统概述

“新大陆智能微电网应用实训系统”由智能微电网环境模拟平台（Environmental Simulation Platform，ESP）、智能微电网管控平台（Control Simulation Platform，CSP）、能源互联网仿真规划平台（Energy Internet Simulation Platform，EISP）三个核心应用平台，以及智能微电网中心管控软件（Controlling Center Software，CCS）、能源互联网仿真规划软件（Energy Internet Simulation Software，EISS）两大管理软件模块构成。系统整体设计源于国际新能源成熟应用系统，同时采用大量高精度工业级电子器件，可实现智能微电网动态模型仿真实验、智能微电网运行设备特性、分布式能源并网的电能质量、智能微电网内分布式电源和各种负荷协调优化控制，以及新能源电子产品创意设计等教学实训。

新大陆智能微电网应用实训系统采用模块化积木式设计理念，可根据专业设置、课程设置情况自由组合，或延展所需平台模块，同时根据专业方向配有系统的课程体系设计建议及相应丰富的项目教学、实训资源，可满足新能源科学与工程专业，应用电子、新能源电子技术、光伏工程技术、光伏发电技术及应用、分布式发电与智能微电网技术、风力发电工程技术、自动化控制等专业建设需要。

2. 系统外观

新大陆智能微电网应用实训系统的外观如图 A-1 所示。

图A-1 新大陆智能微电网应用实训系统的外观

3. 系统特点

（1）融合多学科的前沿技术，满足学科专业交叉融合的发展趋势。新大陆智能微电网应用实训系统，将新能源发电技术、应用电子技术、传感技术、信息通信技术、自动控制技术和供配电等技术高度集成，涵盖未来新能源产业中产能、供能、储能、用能多环节技术，可同时满足电子、制造、材料能源乃至土建等新能源专业方向的人才培养及竞技要求。

(2)延展知识体系构建,符合多层次教学实训、人才培养需求。系统教学设计符合教育逻辑，从基础的新能源理论知识开始，到现场发电系统安装、调试、控制，故障排除等，直至智能微电网的规划、设计、实施，策略运维等进行教、学、实训。不同产品模块组合，所呈现出的可实训知识体系符合中职、高职、本科院校教学实训需求。同时，使用者需要综合评估“能源—经济—安全—环境—气候”等一系列链条的综合因素，着眼于培养学生具有统筹、宏观的视角高度以发现问题、解决问题的能力，亦契合现今新经济常态下高技能型人才宏观、创新、持续学习的职业素养的培养诉求。

（3）模块化系统设计，灵活匹配专业建设各阶段需求。系统整体采用框架式多平台，将电源变换与控制技术，新能源发电与控制技术，智能微电网、智能电网、柔性电网核心技术以工业产品教学化的转换路线单模块展现，各平台可与 GSP 自由组合成不同实训产品，使用者选择不同平台组合模式进行实训，既保障了专业建设的阶段性教学需求，又有效地降低了院校投资。

（4）配套教学资源丰富，响应真实应用驱动教学改革机制。系统教学资源涵盖课程体系设计建议、推荐教材、实训指导书、核心课程 PPT、实训项目资源库等，同时自建 NL.Rhea 云端新能源知识管理平台，有效支撑新兴专业建设、教学过程的模式创新。

4. 系统组成

1）智能微电网环境模拟平台（ESP）

（1）平台概述。ESP 作为智能微电网应用实训系统的多种能源发电模拟平台，是国内首创具有自主知识产权的，可全面呈现并整合多种能源部署环境的可自由组合型模拟平台。ESP 由地面光伏发电模块、屋顶光伏发电模块、风力发电模块三部分构成，三个模块组合安装在预留数控冲铣网孔的柔性支撑屏架上，可满足多场景智能微电网环境的教学展现,以及各种新能源发电系统的安装、调试、实训。

（2）平台外观。ESP 外观图如图 A–2 所示。

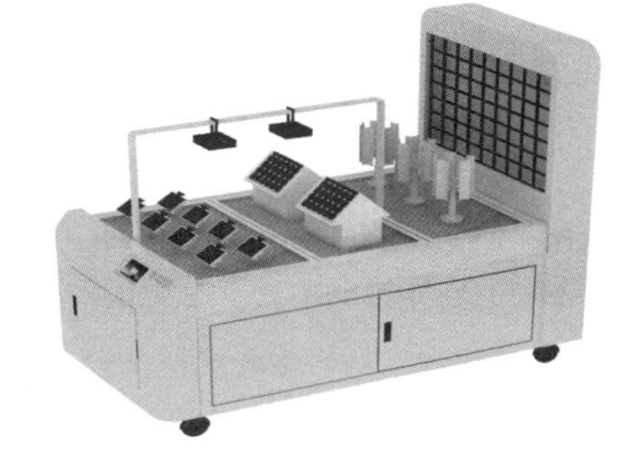

图A–2　ESP外观图

（3）平台特点：

① 首创多能源输出方式，灵活组合，统一部署。ESP 紧扣真实智能微电网项目建设诉求，首创将地面光伏发电模块（G）、屋顶光伏发电模块（R）及风力发电模块（W）的部署基础环境统一整合于柔性支撑屏架上，实训者可以根据课程进度，或实训项目需求，自由部署能源输出方式，如 G+R+W 或者 2G+W 等等。同时，ESP 预留了可延展的，如地源热泵等新能源输出方式的部署环境，满足多方向可拓展的专业建设需求。

② 环境资源条件丰富呈现，可满足多种实训情景。ESP 带有模拟光源、风场、环境控制组件，可搭建出不同地形、地貌、纬度、天气、光照湿度等资源条件环境，模拟太阳东升西落，不同区域纬度的项目环境资源。在满足教学实训需求的同时，亦能有效激发实训者的学习热情。

③ 专利垂直风机设计，紧扣前瞻主流技术。ESP 部署的垂直静音风力发电机组，选择了目前分布式能源建设在城市风力发电系统中的主流技术，采用永磁悬浮技术和自动迎风护罩式相结合的专利技术。低风速启动，无噪声，比传统水平轴风力发电机效率高 20% ～ 35%，并能适应不同风向，安全可靠。叶片脱落、断裂和叶片飞出等问题得到了很好的解决。

2）智能微电网管控平台（CSP）

（1）平台概述。CSP 作为智能微电网应用实训系统的中枢管理平台，是以符合人体工学的钢结构和铝合金型材为基础材料的柔性工位为载体，以数据采集、集中控制、能源负载、人机界面等组件为实现环境，通过各类高精度工业级元器件部署而成的具有光伏发电控制、风力发电控制、能源转化储存、电能控制调度、双向存储逆变等功能的智能控制平台。

（2）平台外观。CSP 外观图如图 A-3 所示。

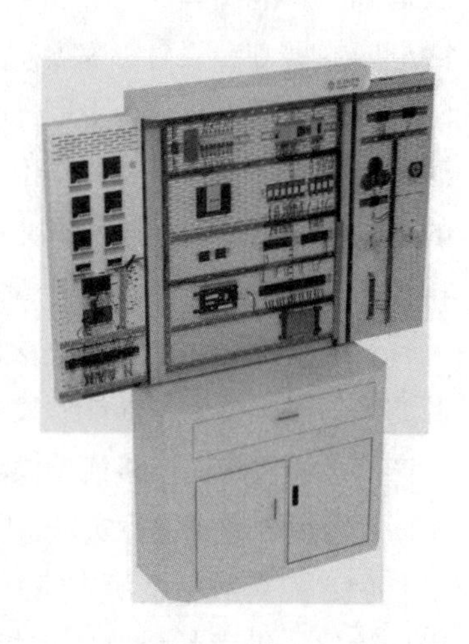

图A-3　CSP外观图

（3）平台特点：

①“蝶式”柔性工位设计，科学规划功能区间。CSP 柔性工位采用富有艺术色彩的“蝶式”双翼设计，可以一定程度匹配不同的实验室建设空间需求，选择合拢或者伸展；同时科学地规划了人机交互、采集与控制，负载呈现三个功能区间，清晰地呈现了智能微电网智能控制领域的各典型业务流程，有效提高认知度及教学实训的实操性。

② 高精度工业级自研核心电子器件，无缝衔接实际工程项目。CSP 全系列采用国内在建智能微电网工程项目中实际使用的各类高精度电子器件，通过铝合金导轨安装，集可编程控制器、继电器、逆变器等各类仪器仪表等于一体，实训者在实训过程中即可认知、掌握产业主流技术。如具备短路、过载、过电压、欠电压、超温五种保护功能的，转换效率极高的纯正弦波逆变器；具有电池反接、光伏电池反接保护功能的冲控模式，工作状态和发电数据可以实时上传的风光互补控制器。

③ 套件式组件提供，灵活拓展创新应用。CSP 部署各类组件均以套件形式提供，实训者根据不同实训需要选择不同组件安装部署；同时在标准套件外亦可满足衍生的创新设计，针对不同的新能源电子产品、应用产品开发需求自主选配套件。

3）能源互联网仿真规划平台（EISP）

（1）平台概述。EISP 设计源自于国际成熟的能源智能规划系统，以三维全景交互式仿真沙盘为实训载体，融合仿真建模、空间数据处理、信息通信、分布计算及显示控制领域的核心技术，模拟再现多元化的能源供需网络系统情景。实训者可以根据区域整体环境状况，根据对于多种能源的不同需求，规划设计匹配的能源系统，对其进行协同优化。通过 ESP 上产生的数据，转换至 EISP 上的能源参数，模拟能源供需系统衔接、运维，实现在模拟燃气管网、低压电网、热力管网和冷源管网上的最佳协作，以能源利用效率最大化和能效的最优化作为综合实训评估的依据之一。

(2) 平台外观。EISP 外观图如图 A-4 所示。

(3) 平台特点：

① 能源规划动态效果的可视化。EISP 以三维全景交互式仿真沙盘和 PC 为载体，用可视化和网络化的形式完美呈现了新能源系统的规划设计、部署实施、能源调配、能效监控等新能源开发利用的全过程。EISP 显著改善了在智能微电网教学领域缺乏直观解析的现状，尤其能够改善多场景、多目标、不确定性等多重变量下教学和实训效果不明晰的局面。

图A-4　EISP外观图

EISP 采用超大屏幕，可以动态、立体地展示能源设施、能源分布等情况 。

② 能源仿真系统的真实性、扩展性和主动性。EISP 数据库中的地理数据、气象数据等基础信息均为来自气象、统计、规划部门的真实数据；实训过程中的数据来源可以利用 ESP 平台数据源，也可以调用数据库中的数据，或根据教学要求，按园区模块、地形模块、气候模块、能源模块、用能模块等进行新能源模拟沙盘推演。用户可针对不同方案设置不同的模型数据(或导入环境平台数据)，通过链接的方式将环境、管控平台数据与属性数据关联，达到方案推演的真实效果。

4）智能微电网中心管控软件（CCS）

CCS 登录界面如图 A-5 所示。

图A-5　CCS登录界面

(1) 软件概述。CCS 是智能微电网应用实训系统的中枢控制软件，部署于 CSP 上，主要通过对 ESP 产能模块的控制，ESP 产能数据的采集，以及就此真实数据与 EISP 产生的模拟数

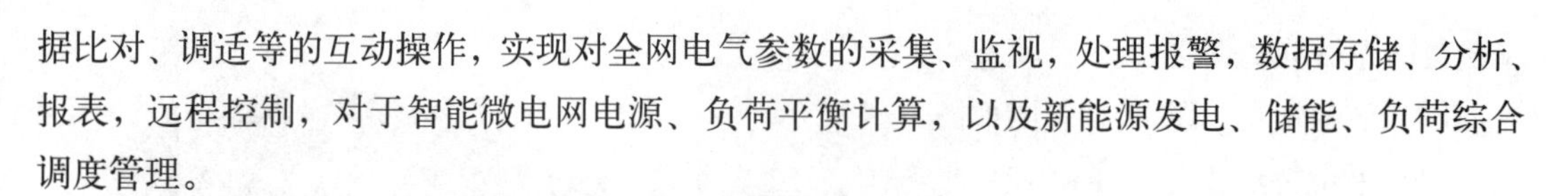
据比对、调适等的互动操作，实现对全网电气参数的采集、监视，处理报警，数据存储、分析、报表，远程控制，对于智能微电网电源、负荷平衡计算，以及新能源发电、储能、负荷综合调度管理。

（2）软件功能：

① 实时数据采集。实时数据采集是环境管控平台的基础部分，测量记录的主要数据包括实训柜的输出电流、电压波形图，外设示波器，能源互联网仿真规划软件模拟数据，逆变器电流波形图，可查看实时状态下输出电流、电压，沙盘数据的基本波形图，通过 CCS 计算机将检测信号存储到实时数据库中，这需要实时数据库对用户应用程序的支持，该系统包括利用 PLC 系统、环境采集模块、风能发电机、太阳能发电板、逆变器、蓄电池等完成实时数据的采集和控制，并且查看实时监控数据与各设备的实时运行状态，为整个管控平台提供最基本的管控依据。同时管控平台将能源互联网仿真规划软件模拟数据进行整合，生成实时数据库，实现与能源互联网仿真规划软件的数据共享，保证数据的实时性、准确性、可靠性。实时数据采集界面如图 A–6 所示。

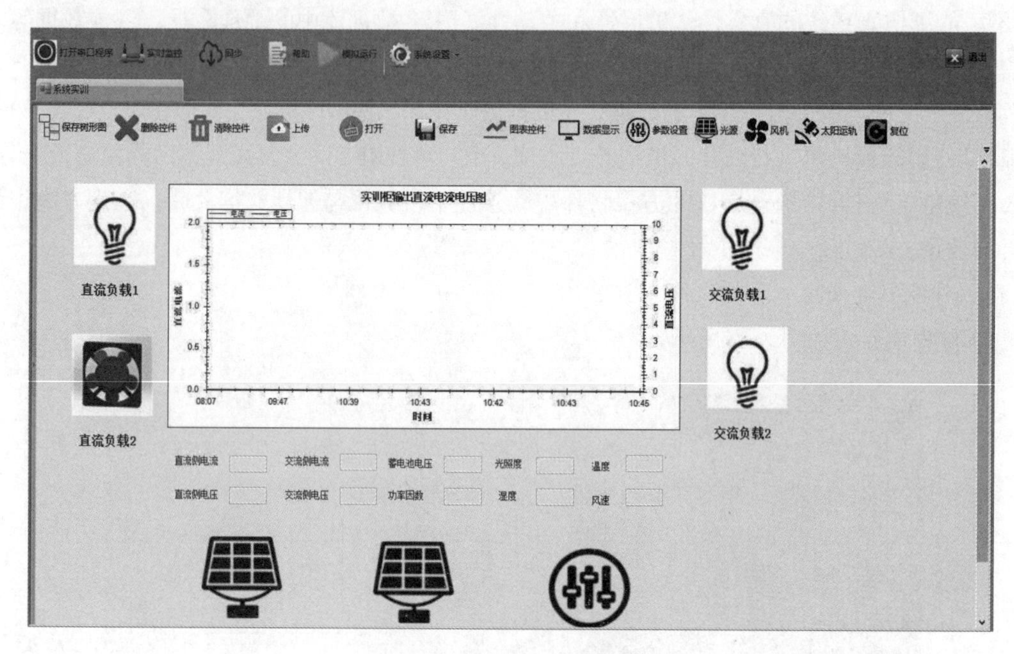

图A–6　实时数据采集界面

② 通信管理。管控系统与光伏充、放电控制器，风能充、放电控制器，逆变控制器、仪表、PLC、变频器通信主要通过 RS–232/RS–485 接口与 PLC 系统进行连接，进行数据采集、环境控制和负载控制等。通信管理界面如图 A–7 所示。

③ 报表及分析。收集大量历史数据，由管控平台报表系统，实现动态数据变化演示，用户可根据自己的需求定制报表数据，设置模拟时间（天、周、月、年）的方式回放数据内容，了解管控平台各项指标并进行数据分析。

④ 系统管理。系统管理模块主要分为用户管理、数据库管理、管控平台硬件控制三个子模块及数据采集，实现与 PLC 系统通信。其中，用户管理模块主要实现管理员对用户信息的添加

和修改、查看用户信息表、对用户的密码初始化，用户本身有修改密码及修改本人信息的权限，模块主要分为用户注册、注册管理、权限管理、其他用户的信息管理；数据管理模块采用 SQL Server 数据库系统建立数据结构，更充分地描述了数据间的内在联系，便于数据修改、更新与扩充，同时保证了数据的独立性、可靠性、安全性与完整性，减少了数据冗余，故提高了数据共享程度及数据管理效率；管控平台硬件控制模块采用与 PLC 系统的实时通信功能，对管控平台上风机、光源控制器、模拟太阳的运动轨迹、风能发电组、光伏发电组、蓄电池进行实时控制。

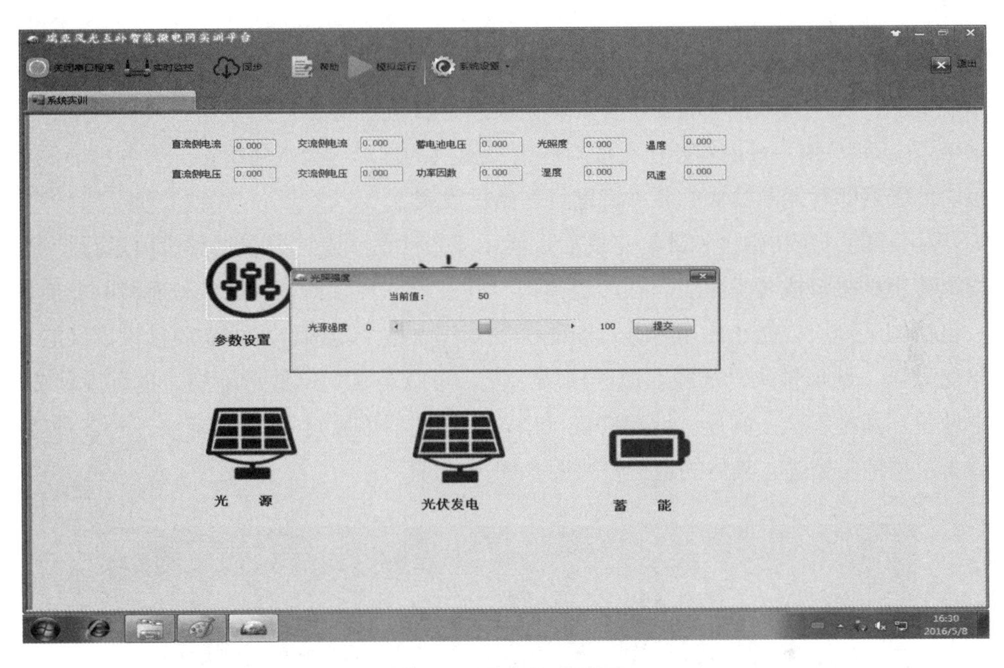

图A-7 通信管理界面

5）能源互联网仿真规划软件（EISS）

能源互联网仿真规划软件（EISS）首界面如图 A-8 所示。

图A-8 能源互联网仿真规划软件首界面

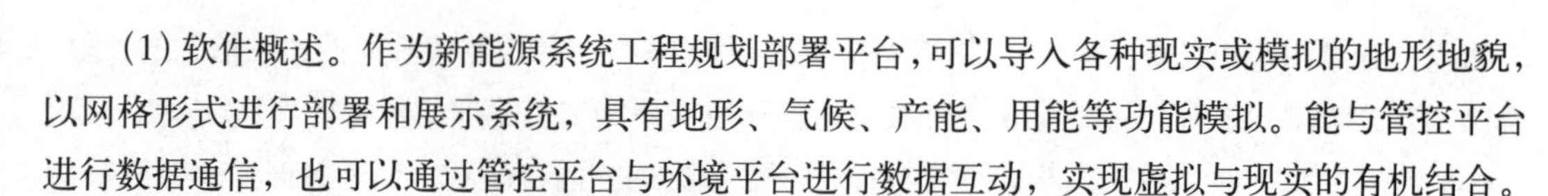

(1) 软件概述。作为新能源系统工程规划部署平台，可以导入各种现实或模拟的地形地貌，以网格形式进行部署和展示系统，具有地形、气候、产能、用能等功能模拟。能与管控平台进行数据通信，也可以通过管控平台与环境平台进行数据互动，实现虚拟与现实的有机结合。

本软件基于 Eclipse 的 IDE 进行开发，采用 SQLServer 作为后台数据库，通过 soap 协议与管控软件进行通信，供使用者用地图属性进行修正、部署供能设备，从而模拟出城市（区域）用能数据。

(2) 软件功能。

① 初始化功能。可根据项目不同需要导入相应的地形模块，将地形模块按照需要进行网格化同时初始化地形参数。在平面地图上单击用能模块，部署到相应区域，设置各种用能模块的用能情况，设定天气模块的各种参数，完成沙盘的初始规划。

② 部署功能。用户根据初始化完成对沙盘及提供的地形、天气情况，部署各种能源模块，能源模块部署后即对能源模块的各种值进行初始化设定。

③ 应用功能。在初始化和部署完成后，展示整个沙盘状态，并根据预设值进行计算和输出，根据输出结果形成各类报表。在沙盘模拟时间过程，可以动态调控各种能源的产能情况。其中，包括园区模块，能让使用者进行新能源规划部署整个范围，根据需要预设园区的尺寸，并网格化园区；地形模块，加载在园区模块之上，可以是真实的地形地貌，也可设计成虚拟的地形地貌，基本参数：高度、地貌特征（山川、河流、平原）、地表、植被、对各种能源的影响因素、用地类型等，具体的地形模块图如图 A-9 所示。

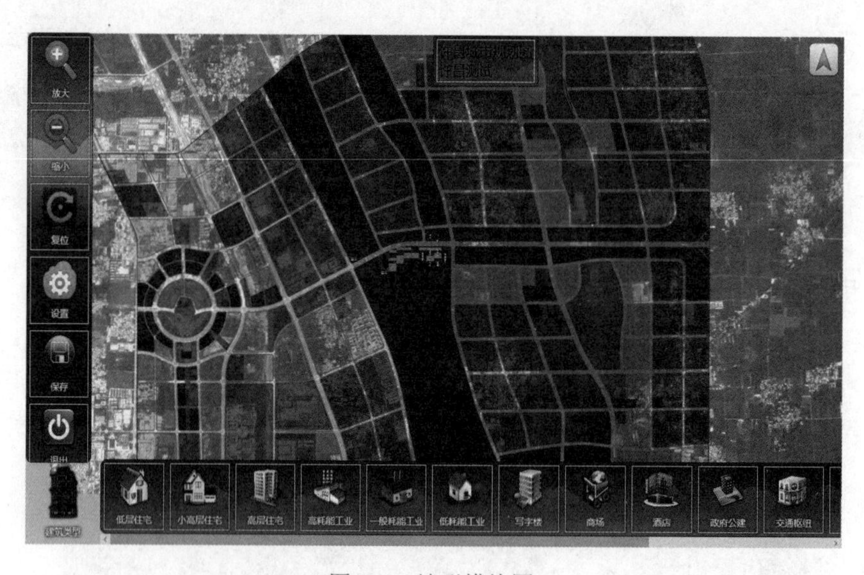

图A-9 地形模块图

应用功能模块中的能源模块，将新能源设备设定参数（装机容量，采用何种类型的能源模块，输出能源类型，各种能源理论最大输出量等）后放置到沙盘中，如图 A-10 所示。

应用功能模块中的用能模块，能根据设计园区内的各种工商业模型，设置各种用能模块的用能情况，如年平均用能，月平均用能，最高用能，最高用能时段，最低用能，最低用能时段等参数，用能模块参数设置图如图 A-11 所示。

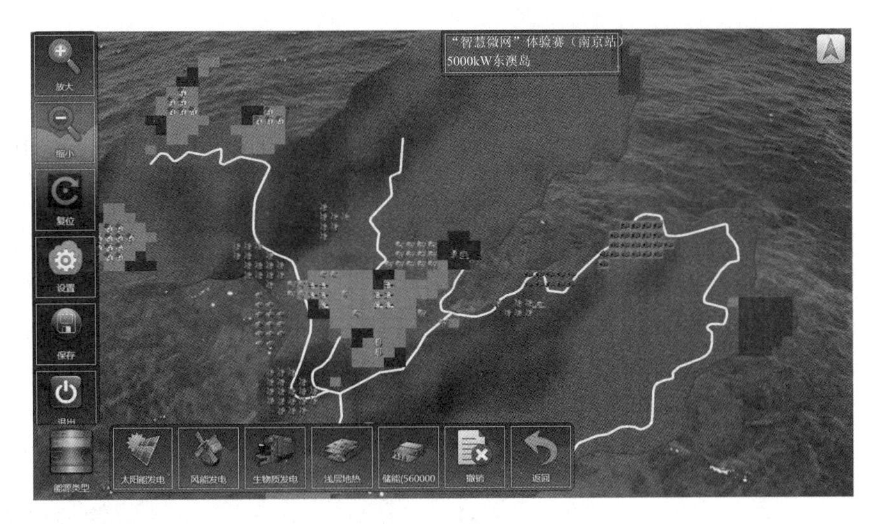

图A-10　能源模块图

建筑类型	占地格数	每格能耗(kW·h/d)	能耗合计(kW·h/d)	建筑类型	占地格数	每格能耗(kW·h/d)	能耗合计(kW·h/d)
低层住宅	29	360.00	10440.00	商场	1	16000.00	16000.00
小高层住宅	10	3200.00	32000.00	酒店	1	12800.00	12800.00
高层住宅	2	5000.00	10000.00	政府公建	0	8400.00	0.00
高耗能工业	0	10000.00	0.00	交通枢纽	0	1200.00	0.00
一般耗能工业	0	7200.00	0.00	农居点	0	80.00	0.00
低耗能工业	0	6240.00	0.00	其他	0	1200.00	0.00
写字楼	0	8400.00	0.00	合计 —	0	0.00	81240.00

图A-11　用能模块图

应用功能模块中的天气模块（系统第四层，二维网格，不显示），能根据设计园区的气候情况，根据预设的年平均用能、月平均用能条件，可以在平均值范围内进行随机模拟。主要参数为日照强度，日照时间，风力情况，降雨情况，阴天、晴天、雨天等各种影响新能源的气候。

④ 模拟功能。

模拟功能一：根据能源模块所部署的区域，将该区域的地形影响因素和天气影响因素进行分析计算，得出能源模块产生的实时能源量。同步图文显示。

模拟功能二：根据用能模块预设的用能参数，在设定范围内模拟计算出用能情况实时曲线，同步图表显示。

模拟功能三：根据设定模拟的间隔（按日、周、月）将天气模块加到能源模块，同步将能源模块计算产生的能源量和用能模块产生的能源量进行比较分析。

附录B　海南三沙市永兴岛智能微电网工程

海南三沙市永兴岛智能微电网工程地处海南省三沙市的永兴岛，位于北纬16°50′，东经112°20′。永兴岛原有电能主要靠柴油发电机组来保证，由于永兴岛远离陆地，燃料必须由大陆海运提供，且原有柴油发电机组的功率不大（两台500 kW的柴油发电机组），造成发电效率不高、基础建设投入过高、系统维护的成本也较高，因而造成用电成本过高。永兴岛500kW光储柴智能微电网工程于2013年12月31日建成并投入运行后，每天能发电1500～2000kW·h，能满足永兴岛上各单位及渔民村居民的用电需求。项目建成节约了柴油，减少了二氧化碳的排放，其建成后的部分效果图如图B-1所示。

图B-1　永兴岛500kW光储柴智能微电网工程部分效果图

该工程在三沙市永兴岛北京路沿线两侧屋顶安装光伏组件作为分布式能源，以一台柴油发电机组作为备用电源，蓄电池组则用容量为1000kW·h磷酸铁锂电池作为能量存储及缓冲，并结合智能微电网管控技术。该工程的原理结构框图如图B-2所示。

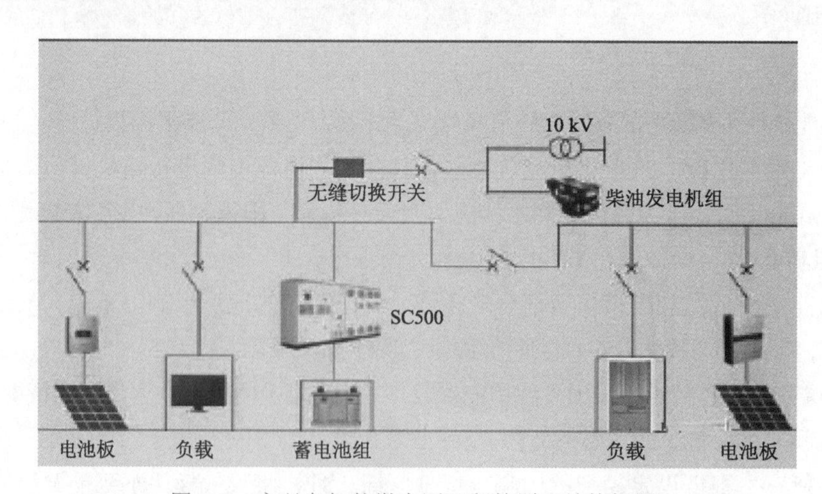

图B-2　永兴岛智能微电网工程的原理结构框图

附录C　浙江鹿西岛离网型智能微电网综合示范工程

浙江鹿西岛离网型智能微电网综合示范工程位于浙江省洞头县鹿西岛山坪村，占地面积为 11 062 m^2（约 16 亩），项目投资约 4 309 万元。是国家 863 计划“含分布式电源的智能微电网关键技术研发”课题的两个示范工程之一。该工程主要建有风力发电系统、光伏发电系统、储能系统：风力发电系统是将岛上的 1.2 MW 风力发电机接入到鹿西岛智能微电网示范工程中；光伏发电系统主要是由 500 kW 太阳能光伏发电场以及相应的并网逆变器和升压变压器构成；储能系统则是在智能微电网控制综合大楼内配置 2 MW × 2 h 的铅酸蓄电池组、500 kW × 15 s 的超级电容器和 5 台 500 kW 的双向变流器。鹿西岛离网型智能微电网综合示范工程原理框图如图 C-1 所示。

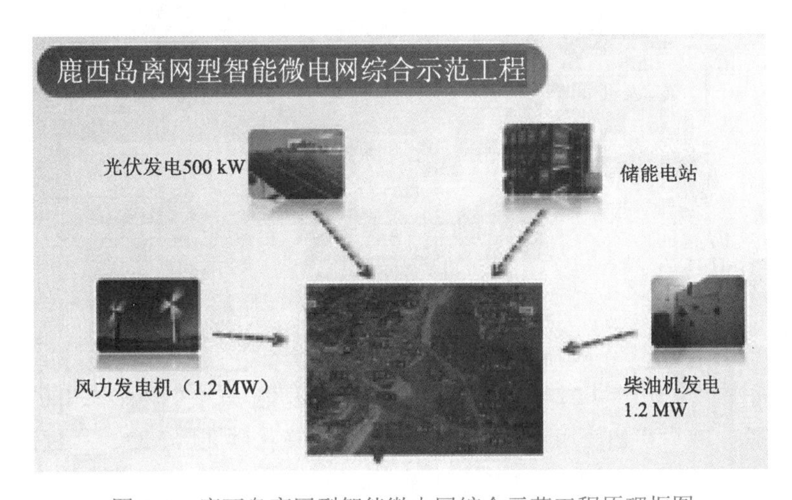

图C-1　鹿西岛离网型智能微电网综合示范工程原理框图

该工程充分开发和利用了岛上丰富的风能、光能等绿色资源，可靠的微型智能供电网络，有效解决了海岛电力供应问题；也是对分布式电源、储能和负荷构成的新型电网运营模式的有益探索，其部分效果图如图 C-2 所示。

图C-2　鹿西岛离网型智能微电网综合示范工程部分效果图

附录D 浙江南鹿岛离网型智能微电网综合示范工程

浙江南鹿岛离网型智能微电网综合示范工程总投资1.5亿元，主要在岛上建有1 100 kW的风力发电系统、500 kW的光伏发电系统、100 kW的海洋能发电系统，以及1 000 kW·h的储能系统，保留柴油发电系统，结合电动汽车充换电站、智能电表、用户交互等先进的智能电网技术，满足建设生态海岛、环保海岛的需要。浙江南鹿岛离网型智能微电网综合示范工程原理框图如图D-1所示。

图D-1 浙江南鹿岛离网型智能微电网综合示范工程原理框图

据不完全统计，该项目11台单机容量为100 kW的永磁直驱型风力发电机年发电总量能达250.5万kW·h，减少柴油使用量550 t，减少排放二氧化碳2 063.2 t、二氧化硫16.7 t，节约用水4 896.1 t。该项目2012年5月开工建设，2014年9月投入运行。浙江南鹿岛离网型智能微电网综合示范工程部分效果图如图D-2所示。

图D-2 浙江南鹿岛离网型智能微电网综合示范工程部分效果图

附录E　珠海东澳岛智能微电网示范工程

广东珠海东澳岛风光柴蓄智能微电网项目是2009年国家太阳能屋顶计划政策支持的项目之一，2010年10月建成并投入使用。该智能微电网电压等级为10 kV，包括1.067 MW光伏、50 kW风力发电、1 220 kW柴油发电机组、2 000 kW · h铅酸蓄电池和智能控制，多级电网的安全快速切入或切出，实现了微能源与负荷一体化，清洁能源的接入和运行，还拥有本地和远程的能源控制系统。该示范工程项目组成框图如图E-1所示，该示范工程的组成框图如图E-2所示。

图E-1　东澳岛风光柴蓄智能微电网工程项目组成框图

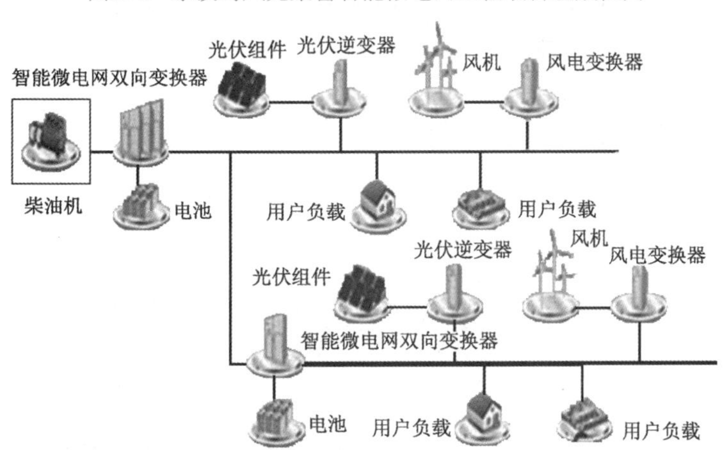

图E-2　珠海东澳岛示范工程的组成框图

智能微电网内的设备对应的安装位置如下：

(1) 综合楼屋顶安装100 kW的光伏发电装置；

(2) 文化中心屋顶安装256.7 kW的光伏发电装置；

(3) 室内安装有1 220 kW的柴油发电机组；

(4) 岛上安装50 kW的风力发电机；

(5) 山顶安装650 kW的地面光伏电站。

东澳岛上原来长期用柴油发电机组发电，不仅成本高、污染环境，而且发电质量不高，经常会因供电不稳定造成电灯、电视等忽明忽暗，岛上居民笑称为“鬼火”，遇上台风，柴油

运不上岛和发电机故障，就只能停电。

东澳岛原有柴油发电机装机容量为 1 220 kW，2009 年柴油发电机发电量约为 100 万 kW·h，居民用电价 2.8 元 /（kW·h），商业用电价 3.28 元 /（kW·h），这个价格是岛外的 34 倍。而海岛的生活用淡水平均每吨价格更高达 78 元，其他生活日用品的价格也都高于岛外。不仅成本高、发电效率低，同时还排放大量二氧化碳、二氧化硫和粉尘，极不利于生态环境保护。

通过能量系统监控调度，最大限度地利用可再生能源发电，尽可能少用或不用柴油发电。分布式智能微电网，不仅可以独立运行，也可并入大电网，提高供电可靠性，降低发电成本，实现能量管理控制的高效利用与智能化。该系统为海岛提供绿色电力供应，使全岛可再生能源发电比例全年达到 70% 或更高，在海岛旅游淡季基本不启用柴油发电。目前该系统特有的“调峰削谷”功能提高了海岛智能微电网供电稳定性。

东澳岛智能微电网示范工程利用可再生能源发电，每年将减少二氧化碳近 1 500 t，二氧化硫 45 t，粉尘 408 t。智能微电网系统年平均发电 13 万 kW · h，用户日平均用电 3 600 kW · h。同时，由于该智能微电网具有储能系统，能够起到“调峰削谷”的作用，不仅提高了能源利用效率，也保持了供电稳定。在海岛居民安心享用智能微电网科技发展成果的同时，海岛居民用电电价下调 0.10 元 /（kW · h）（政府补贴 1 元），商业用电电价下调 0.05 元 /（kW · h）。

珠海东澳岛风光柴蓄智能微电网使用的控制策略：光伏和风机发电优先供给用户负载，多余的电通过双向变换器对储能蓄电池充电，电池充满后系统对光伏和风机进行限功率。

新能源发电不足以满足负载用电需求时，蓄电池放电以补充功率缺额；蓄电池电量不足时，开启柴油发电机组为负载供电，并可以通过设置蓄电池充电功率的方式同时给蓄电池充电，使柴油发电机组工作在最佳功率点。

珠海东澳岛风光柴蓄智能微电网由于采用交流母线，系统扩容非常方便，直接将光伏、风机，以及其他发电能源设备并入交流母线，对应的双向变换器直接并机即可。

珠海东澳岛智能微电网能量管理系统完成了数据采集、实时监控、数据预测、电力系统状态评估、负荷用电量检测、安全分析、经济调度等功能。其对应的效果图分别如图 E-3 至图 E-11 所示。

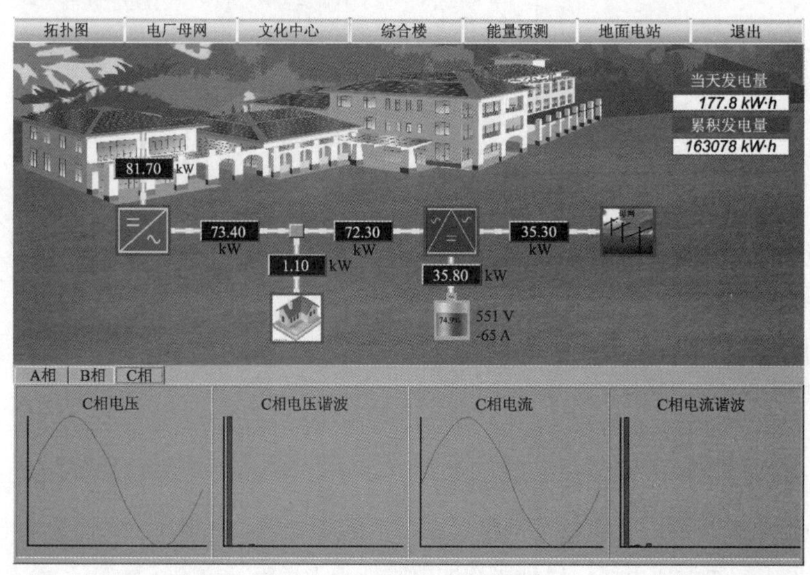

图E-3　储能、用电和上网电量实时监测界面

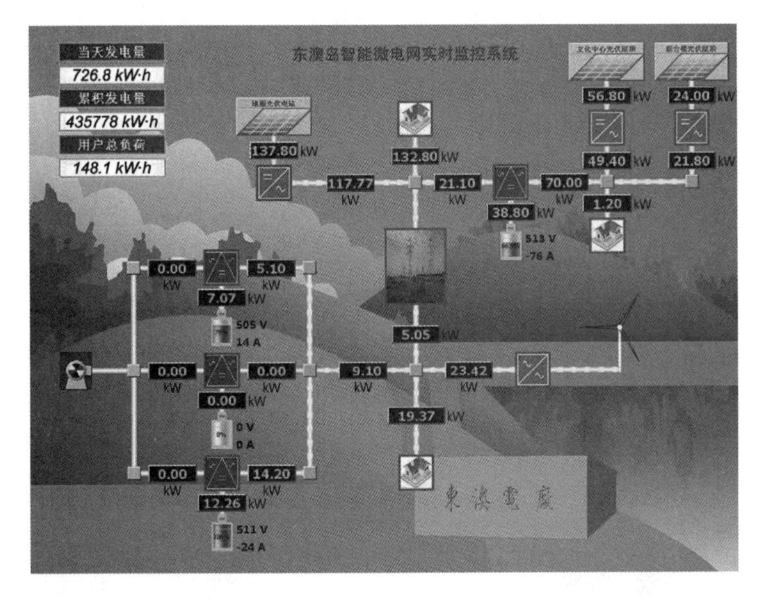

图E-4　风力、光伏和柴油发电机组发电实时数据监测界面

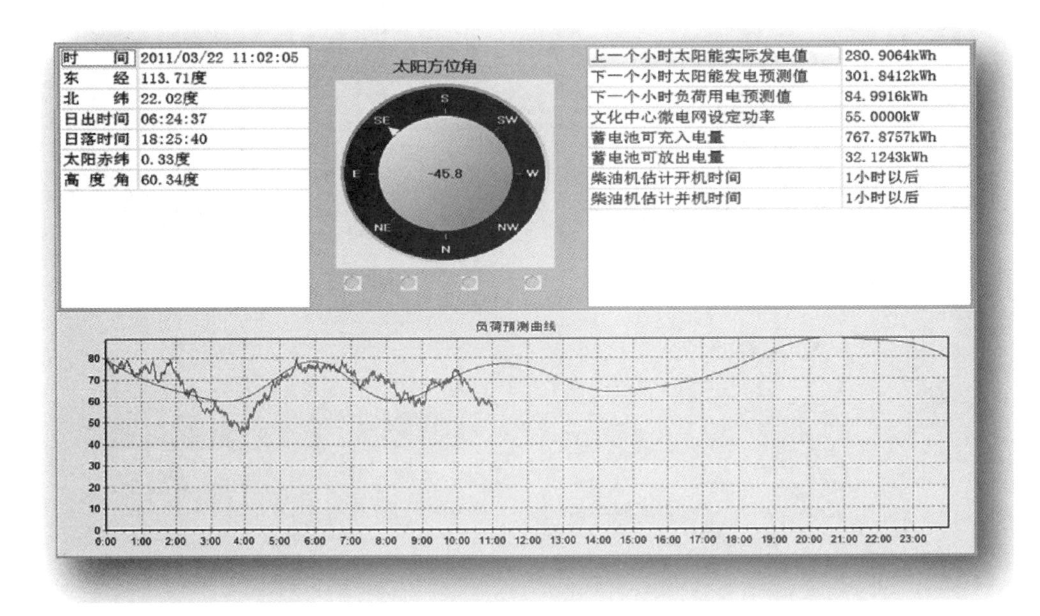

图E-5　发电量预测界面

虽然可再生能源发电在负荷很小的时候可以达到 90% 或更高，甚至在冬天，有很长一段时间根本就不用开柴油发电机组，但作为唯一可调控的能源，柴油发电机组还是不能缺少的，除非储能做得足够大或不在乎大量卸载能量。

由于负荷波动较大，原来柴油发电机组基本上是在“大马拉小车”或“小马拉大车”状态间转换，柴油发电机组发电效率很低。2011 年智能微电网利用储能调节柴油发电机组的负荷，柴油发电机组发电接近 40 万 kW · h，总油耗不到 100 t。

珠海东澳岛智能微电网示范工程应用总结：多级分层式控制结构加强了智能微电网的能量控制，保证了智能微电网内部的电能质量与用电安全，储能只是对智能微电网内部能量差值进行调节，尽量少地使用了储能；将可再生能源与负荷的不稳定因素消耗在智能微电网内部，对上一级电网没有任何冲击；当上一级电网故障停机时，子网可以利用储能和可再生能源为负荷提供电力，增加了智能微电网内部用电安全；智能微电网接收并响应上一级电网的能量调度，并能实现对上一级电网的有限支撑作用；实现了可再生能源利用最大化和柴油发电机组发电效率的最大化。

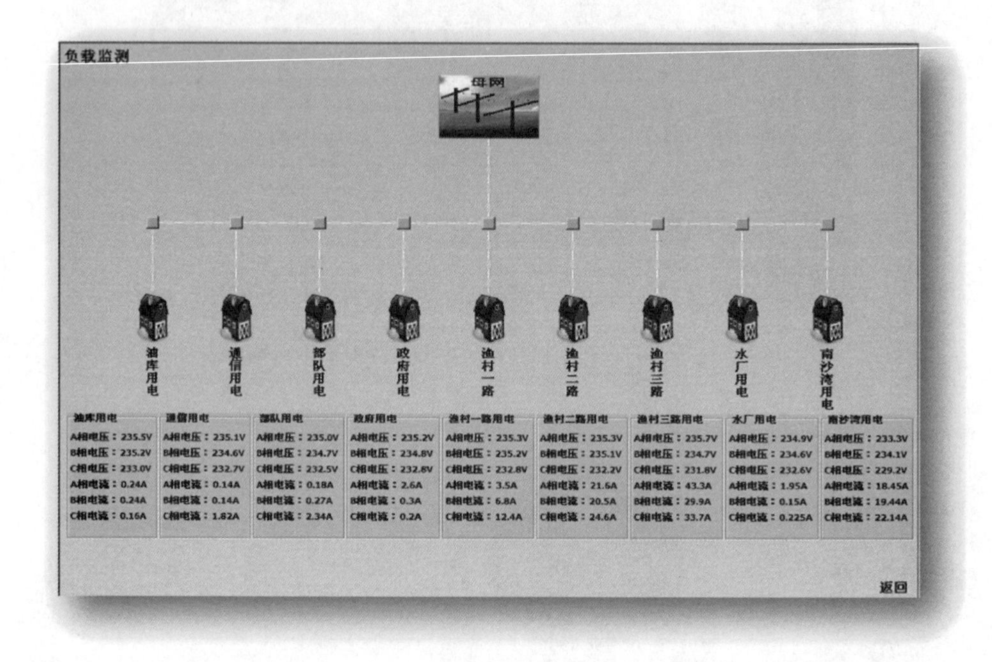

图E-6　负荷用电监测界面

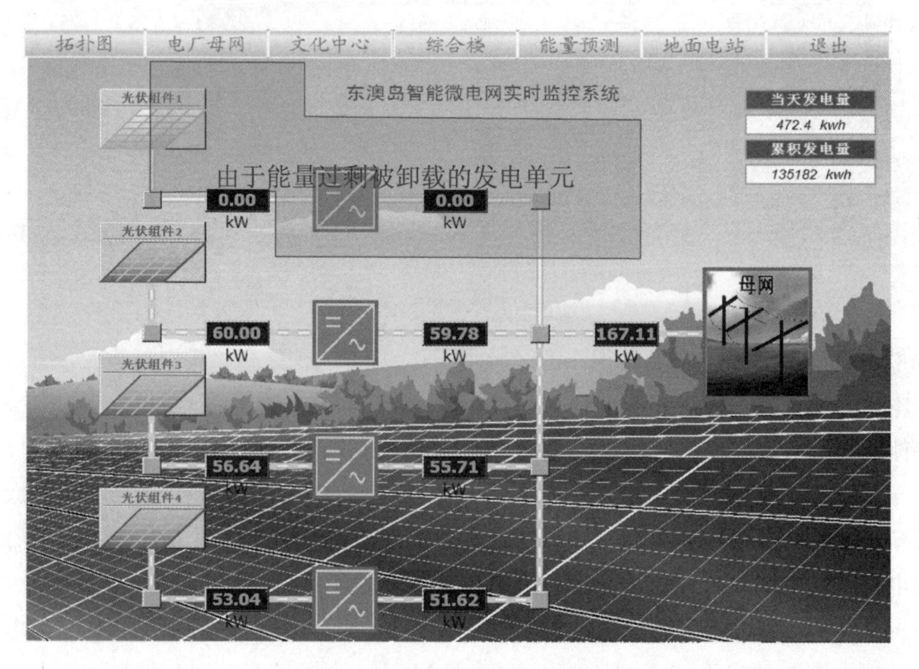

图E-7　能量经济调度界面

图E-8　储能系统监测界面

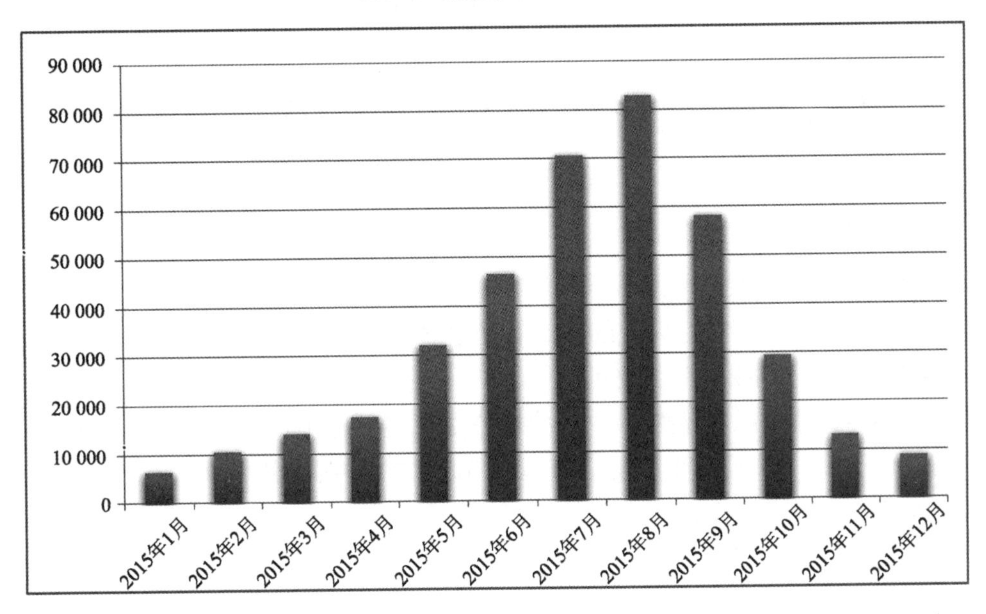

图E-9　柴油发电机组月发电量统计界面

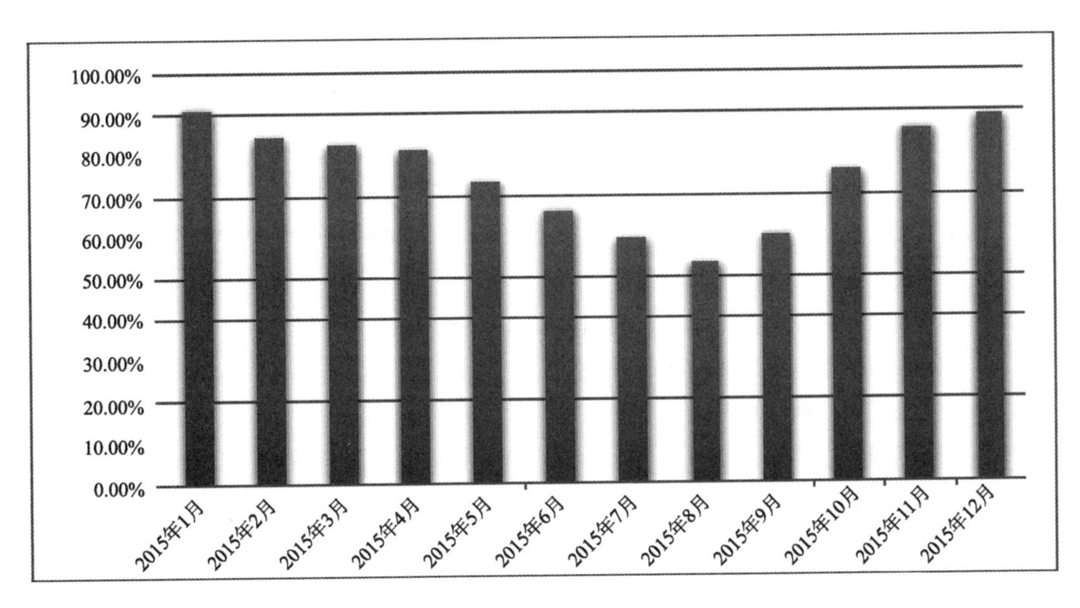

图E-10　可再生能源月发电比例统计界面

时间	总发电量/（万kW·h）	柴油发电量/（万kW·h）	消耗柴油/t	柴油机效率/[kg/（kW·h）]	停电次数
2005年	58.49	58.49	198	0.338 5	无数次
2006年	59.16	59.16	204	0.344 8	
2007年	65.80	65.80	220	0.334 3	
2008年	68.38	68.38	248	0.362 7	
2009年	74.86	74.86	257	0.343 3	
2010年	100.21	83.65	243	0.290 5	2010年10月后小于10次
2011年	136.75	39.05	82	0.209 3	

图E-11　东澳岛停电次数统计画面

附录F　高速公路远程智能微电网供电系统

1. 项目背景

1）传统高速公路供电情况

方式一：通过10kV架空线，在设备附近建立箱式变电站或地埋式变电站，降压至380V/220V，供高速公路相关设备使用。

方式二：在收费站/服务区变电站左右3km直接用铠装直埋电缆送出380V/220V交流电，再在低压侧将380V升压至660V，通过直埋电缆或架空线传输至设备侧，在设备侧分别降压至380V/220V供高速公路相关用电设备使用。

方式三：在设备侧采用光伏供电、蓄电池储能，采用逆变器或DC/DC直流变压，满足设备供电需求。

方式四：在设备侧采用风光互补供电、蓄电池储能，采用逆变器或DC/DC直流变压，满足设备供电需求。

方式五：直流远程供电（近几年刚出现），大多采用UPS（不间断电源）和直流远程输配电系统，联合给高速公路负载供电。

方式六：无UPS直流输配电系统直接给高速公路中的负载供电。

2）传统高速公路的负载形式

（1）全程监控系统建设的相关设备。

（2）公路沿线的摄像头、车牌识别等视频监控设备。

（3）公路沿线气象检测、微波车辆检测等信息采集设备。

（4）公路沿线可变情报板等信息发布设备。

（5）公路沿线信息传输设备。

（6）ITS相关设备的供电需求。ITS是Intelligent Transportation System（智能交通系统）的简称，是未来交通系统的发展方向，它是将先进的信息技术、数据通信传输技术、电子传感技术、控制技术及计算机技术等有效地集成，运用于整个地面交通管理系统而建立的一种在大范围内、全方位发挥作用的，实时、准确、高效的综合交通运输管理系统。ITS 可以有效地利用现有交通设施减少交通负荷和环境污染，保证交通安全，提高运输效率，因而，日益受到各国的重视。21 世纪将是公路交通智能化的世纪，人们将要采用的智能交通系统，是一种先进的一体化交通综合管理系统。在该系统中，车辆靠自身的智能在道路上自由行驶，公路靠自身的智能将交通流量调整至最佳状态，借助于这个系统，管理人员将对道路、车辆的行踪掌握得一清二楚）。

（7）多义性路径识别设备（联网收费区域路网内，出现了环形的路网拓扑结构，一对出入口之间存在两条或者多条的行车路径，造成出口收费时不能准确判断车辆的实际行驶路径，从而引起收费不精确、不同路段之间的结算也不准确的问题，称为路径识别问题）。

（8）其他电子设备。从上面所列举的高速公路的负载情况可以看出，其负载是沿线分布，远近不一、功率各异，并且对供电电源的要求各异，这就导致高速公路供电系统面临诸多的问题和挑战。

3）高速公路现有的供电系统所面临的问题和挑战

对于新建的高速公路，传统结构的供电系统面临以下问题：

（1）10 kV 到 380 V/220 V 降压进行供电的方式，需要电网公司或具备电力施工资质的企业或公司进行施工，需要市电电网扩容或接入审批，建设的成本较高。

（2）3 km 内的新能源和储能系统的联合供电方式，则只能解决 3 km 附近的设备供电，无法解决 3 ～ 25 km 范围内的其他设备供电，电缆和电缆埋设成本高。

（3）采用 380 V 升为 660 V，再由 660 V 降为 380 V/220 V 的传统供电方式，由于设备远近不同，造成末端电压不同，需要选用不同电压等级的降压变压器，另外，电缆直埋成本较高，架空线施工不便，防盗性较差。

对于使用光伏发电的方式进行供电的系统由于季节变化影响其发电效率，同季节天气状况变化也会影响其发电效率，地域性差异也会影响其发电效率，夜晚无法发电；对于使用风光互补供电的方式进行供电的系统，风力发电机高度有限，易受环境影响，风力的季节性差异太大，无法与光伏互补，造价高，施工难度大；如果采用蓄电池储能平衡气候变化的影响，则会拉高建设成本，另外，蓄电池使用寿命一般为 2 ～ 3 年，需要重复投入，蓄电池需要保温、防水、防止长期亏电，否则进一步缩短使用寿命，蓄电池的维护成本高，需要清雪、除尘等。

基于电信应用开发，不符合高速公路使用环境；电力传输距离较近，一般以 5 km 以内距离传输效果较好；使用环境苛刻，电源供应端一般置于机房环境，不适合野外环境；国家规范电压等级小于或等于 400 V，此电压等级下，无法保证较大功率用较细电缆传输；线路短路时因直流电固有的“拉弧”现象，易引发火灾。

对于已建成的高速公路，未实施全程监控的情况，传统方式供电也面临着电力电缆的埋设，需要破坏边坡或边沟，容易损毁路基，材料成本和施工成本都较高，需要考虑电力电缆的防盗问题；而对于使用分布式电源供电的已建高速公路，除与新建高速公路面临同样挑战外，施工安全性低、施工成本高，缺陷责任期内如果蓄电池损坏，修复成本降低项目利润。

对于已建成高速公路，并已实施全程监控的情况，其供电系统目前存在以下不足：3 km 内传统方式供电的区域，出现部分区域电力电缆已经被盗；分布式供电的区域，部分区域蓄电池损坏，导致设备无效；太阳能电池板设计发电容量偏低，导致冬季供电不足，设备无法工作；

长时间亏电导致蓄电池容量降低较大，连续阴雨天或雾霾天设备无法工作；太阳能电池板污损导致发电效率降低，无法支撑长时间应用；总是需要给蓄电池紧急充电，维护成本居高不下。

2. 项目解决方案

1）基于市电系统的远程供电系统

为了解决上述高速公路供电系统所面临的问题，针对高速公路相关设备本身分布在公路沿线，电压功率需求不一致，供电距离为变电站两侧 25 km 以内的特点，新的高速公路供电系统必须满足以下要求：

（1）供电效率尽量高，即线损尽量小。

（2）较容易的施工方式，高速公路中央隔离带的硅芯管，可以用吹缆的方式来敷设电缆。

（3）较低的建设成本。

（4）设备侧电压等级最好为交流 220 V，这样可减少设备选型的压力。

（5）用电安全等级不低于市电供电。

（6）供电系统在设备侧可以提供高质量的交流 220V 电源（方便设备使用，方便施工使用）。

（7）供电系统可以在 380 V 电压发生偏相、缺相等情况下正常使用。

（8）供电系统能够适应农电的电力质量较差的现状。

（9）供电系统既高效又安全。

基于市电系统的远程供电系统可以满足高速公路的上述供电需求，其组成结构图如图 F-1 所示。

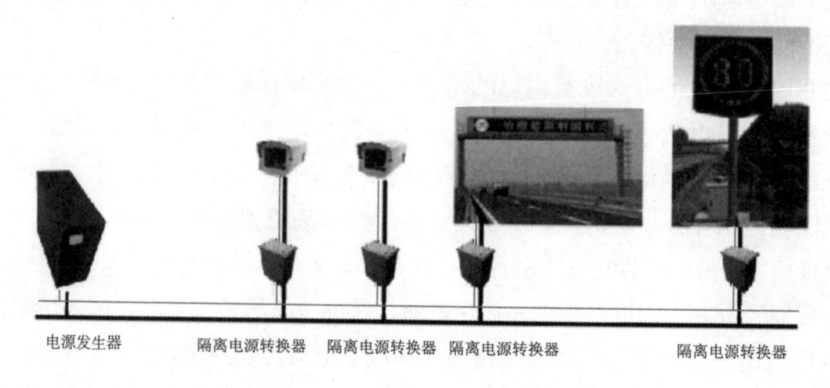

图F-1　基于市电系统的远程供电系统的组成结构图

所谓基于市电系统的远程供电系统是指远程供电系统的输入端采用市电规格输入（即 380 V/220 V 交流输入）；在公路沿线采用市电规格输出（即 380 V/220 V 交流输出）；电力的传输线缆采用 $2\times6\,\text{mm}^2\sim2\times10\,\text{mm}^2$ 的电力电缆，通过硅芯管敷设；传输过程中的电力采用“浮地”系统以保证用电安全，线路总负载不超过 15 kV · A 的供配电系统。

基于市电系统的远程供电系统从大体上来说是由局端设备和远端设备构成的。其中，局端设备是指放置于变电室的电源发生器，用于将市电变换后输出至外场设备侧；远端设备是指放置于路侧用电设备处的隔离电源转换器，用于将传输过来的电能转换为市电。局端设备和远端设备的外形图如图 F-2 所示。

(a) 局端设备（电源发生器）

(b) 远端设备（隔离电源转换器）

图F-2　局端设备和远端设备的外形图

基于市电系统的远程供电系统的基本特点：供电距离为变电站两侧 0 ~ 25 km，单一负载功率不高于 5 kW，总负载功率内，供电设备数量不限，设备侧供电单元，同功率可等效替换，方便维护。

基于市电系统的远程供电系统的技术特点如表 F-1 所示。

表F-1　基于市电系统的远程供电系统的技术特点

局端设备		远端设备	
额定输入电压	AC 380×(1±15%) V	额定输入电压	AC 800~1 000 V
额定工作频率	50×(1±15%) Hz	额定工作频率	50×(1±10%) Hz
最大输出功率	10 kV·A	最大输出功率	1 kV·A/3 kV·A/5 kV·A
输出电压	AC 800~1 000 V	额定输出电压	AC 220 V
额定输出频率	50×(1±10%) Hz	额定输出频率	50×(1±10%) Hz
恒压精度	10%	恒压精度	5%
功率因数	0.9	功率因数	0.95
转换效率	86%	转换效率	94%
环境温度	-25~+85℃	环境温度	-45~+85℃
相对湿度	10%~95%	相对湿度	10%~95%
工作噪声	距1 m处≤50 dB	工作噪声	距1 m处≤50 dB
海拔	0~3 500 m	海拔高度	0~3 500 m

2）基于市电系统的超小型智能微电网的智能供电系统

已建成的光伏 / 风光互补分布式供电系统的高速公路，因为部分或者全部蓄电池的失效，使得供电系统处于部分或全部失效状态，但其中的分布式发电系统还在生命周期内，这将导致发电设备的利用率降低，尤其是不能充分发挥分布式电源的潜力。基于市电系统的超小型智能微电网的智能供电系统，则能兼顾光伏 / 风力互补发电（以下称为“分布式发电”）和市电远程供电的优点，在分布式发电系统发电不足的情况下，按需从市电取电。当市电有故障时，利用分布式电源和储能设备联合给高速公路的相关设备供电。基于市电系统的超小型智能微电网的智能供电系统的拓扑结构图如图 F-3 所示。

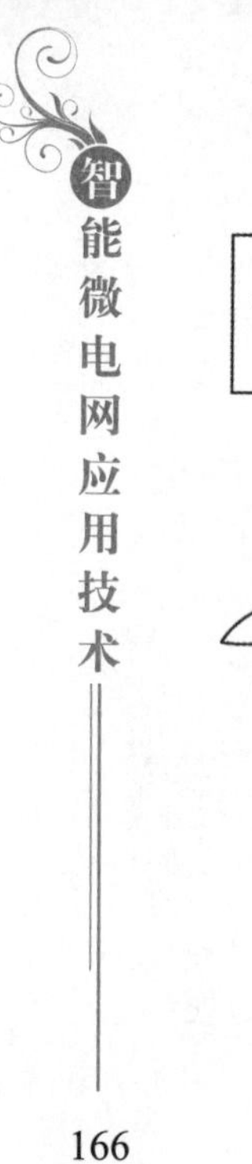

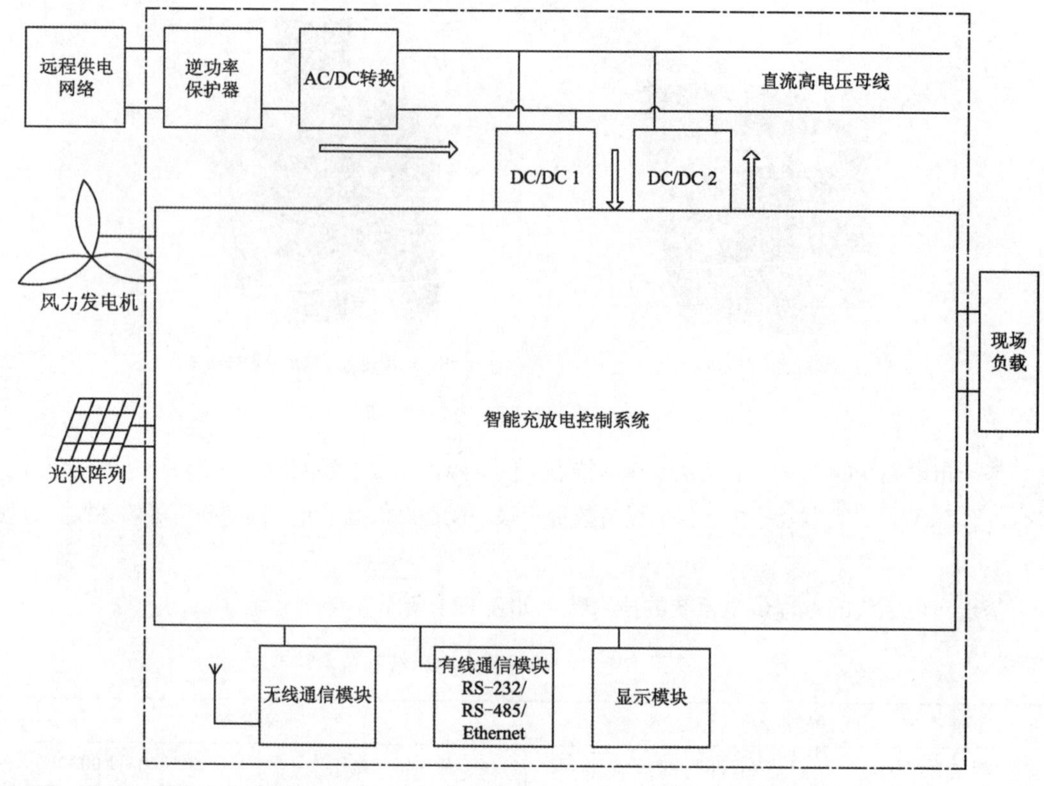

图F-3　基于市电系统的超小型智能微电网的智能供电系统的拓扑结构图

如图 F-3 所示，该拓扑结构的特点如下：

（1）使用智能充放电控制系统替代系统中原有的充放电控制器。

（2）最近端智能充放电控制系统通过升压降压系统与远程供电系统相连接。

（3）智能充放电控制系统通过升压降压系统相互连接。

（4）智能充放电控制系统之间的连接电缆与远程供电系统的电缆同规格，敷设方式通过吹缆方式进行。

基于市电系统的超小型智能微电网的智能供电系统具有下述功能：

（1）智能充放电控制系统完全具备系统中原有的充放电控制器的功能。

（2）智能充放电控制系统可自动检测蓄电池的可用性和性能。在蓄电池失效的状态下，将蓄电池从系统中自动剥离，并提供故障报警。

（3）无蓄电池或蓄电池发生故障时，分布式发电系统中的发电设备依然可用。

（4）智能充放电控制系统在分布式发电系统所提供电能不足的情况下能自动从智能微电网中获取。

（5）如蓄电池可用，智能充放电控制系统在分布式发电系统提供电能过剩的情况下，优先给蓄电池充电。电能过剩的情况下自动将多余电能上传至智能微电网；而当分布式发电系统无法提供电能时，可自动从智能微电网获取电能。

3）基于市电系统的超小型智能微电网的智能供电系统的几种典型应用

已建设分布式供电系统的高速公路，由于部分蓄电池损毁，导致供电不正常应用：将所有分布式供电系统相互连接，分布式供电系统与远程供电系统连接。

在太阳光/风能充足的情况下，优先使用太阳能/风能发电，多发电能在可用蓄电池中储存，如蓄电池全部不可用，则将多余电能泄放；在太阳光/风能不足的情况下，优先使用蓄电池电能，在蓄电池电能不足的情况下，从远程供电系统获得电能差额。如有需要，也可对蓄电池充电。

当给新建高速公路远程供电时，可以不采用蓄电池储能，将所有分布式供电系统相互连接，分布式供电系统与远程供电系统连接。在太阳光/风能充足的情况下，优先使用太阳能/风能发电，多发电能自动泄放；在太阳光/风能不足的情况下，可从远程供电系统获得电能差额。如果采用蓄电池储能，其应用模式和已建成分布式供电系统的高速公路相同。

4）基于市电系统的超小型智能微电网的智能供电系统的优点

（1）采用航天FMEA（故障模式及影响分析）技术，创造性地将航天供电技术引入民用，系统可靠性极高。

（2）投资节省。

（3）运营维护成本降低，不需要使用蓄电池储能。

（4）环保节能。

（5）电缆通过硅芯管敷设，建设、施工成本低，防盗性好。

（6）已建设分布式供电系统，但由于部分蓄电池损毁，导致供电不正常的情况下，基于市电系统的超小型智能微电网的智能供电系统解决了原有蓄电池损坏情况下的光伏/风光互补重新利用问题。即使全部蓄电池损毁，也可充分利用光伏/风光互补所发电力。

参 考 文 献

[1] 李富生 . 微电网技术及工程应用 [M]. 北京：中国电力出版社，2013.

[2] 赵波 . 微电网优化配置关键技术及应用 [M]. 北京：科学出版社，2015.

[3] 徐青山 . 分布式发电与微电网技术 [M]. 北京：人民邮电出版社，2011.

[4] 张建华，黄伟 . 微电网运行控制与保护技术 [M]. 北京：中国电力出版社，2010.

[5] 杨占刚 . 微网实验系统研究 [D]. 天津：天津大学自动化与工程学院，2010：65-69.

[6] 陈鉴 . 一种含微网的配电网过流保护方案 [D]. 成都：西南交通大学研究生院，2013：35-45.